配电自动化主站系统运维及应用指导手册
TOSCAN–D4000C 系统

国网山东省电力公司　编

中国电力出版社
CHINA ELECTRIC POWER PRESS

内 容 提 要

本书共 9 章，内容涵盖配电自动化系统图资系统操作、图模交互、终端投退运、终端调试、配电自动化实用化功能应用和高级应用、馈线自动化（FA）、配电自动化大Ⅳ区功能应用以及常见问题排查及处理等。

本书可供配电自动化主站系统运维人员学习使用。

图书在版编目（CIP）数据

配电自动化主站系统运维及应用指导手册：TOSCAN–D4000C 系统 / 国网山东省电力公司编 . —北京：中国电力出版社，2024.8
ISBN 978–7–5198–8130–6

Ⅰ . ①配…　Ⅱ . ①国…　Ⅲ . ①配电系统 – 电力系统运行 – 手册　Ⅳ . ① TM727–62

中国国家版本馆 CIP 数据核字（2023）第 173309 号

出版发行：中国电力出版社
地　　址：北京市东城区北京站西街 19 号（邮政编码 100005）
网　　址：http：//www.cepp.sgcc.com.cn
责任编辑：肖　敏（010–63412363）
责任校对：黄　蓓　李　楠
装帧设计：赵丽媛
责任印制：石　雷

印　　刷：三河市万龙印装有限公司
版　　次：2024 年 8 月第一版
印　　次：2024 年 8 月北京第一次印刷
开　　本：787 毫米 × 1092 毫米　16 开本
印　　张：14.5
字　　数：322 千字
印　　数：0001—3000 册
定　　价：127.00 元

　　为提升配电自动化系统市县主站运维水平，规范和标准化市县公司配电自动化作业流程，加快配电系统实用化功能落地，应对配电自动化人员流动性大、培养周期长的现状，国网山东省电力公司特编写本书。

　　本书以珠海许继新一代配电自动化系统 TOSCAN-D4000C 为平台，结合烟台供电公司配电自动化系统使用流程和经验，开展配电自动化系统基础流程讲解和功能应用讲解。本书共 9 章，内容涵盖配电自动化系统图资系统操作、图模交互、终端投退运、终端调试、配电自动化实用化功能应用和高级应用、馈线自动化（FA）、配电自动化大Ⅳ区功能应用以及常见问题排查及处理等。

　　本书中穿插小技巧、注意事项及常见问题，具备实用性强、作业安全、可实操度高、流程规范的特点，利于配电自动化主站相关工作高效、规范开展。

　　由于编写时间仓促，本书难免存在不妥之处，敬请批评指正，使之不断完善。

编者
2024 年 7 月

前　言

<<<<<<<<<< **第一部分　主站运维** <<<<<<<<<<

<<<<<<<<<< 第二部分　功能应用 <<<<<<<<<<

第一部分

主站运维

第1章 图资系统操作

图资系统是配电自动化系统的重要组成部分，主要实现图形数据和属性数据的统一维护，包括站内接线图、电气系统图、地理图数据、设备属性数据、DAS运行用参数等。

本章主要介绍图资系统的基本功能和常用操作。

1.1 系统登录

系统登录→双击桌面图资图标启动程序→输入用户名、密码→加载分区，勾选需要查看的分区，点击"登录"。图资系统登录界面如图1-1所示。

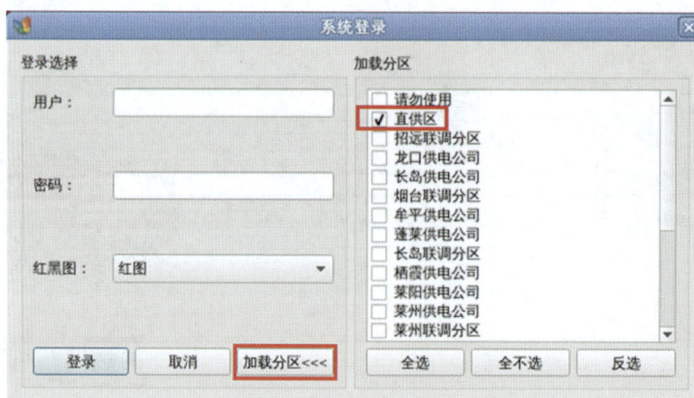

图1-1 图资系统登录界面

1.2 基本功能

图资系统主要包含图资维护、三遥（遥信、遥测、遥控）配置工具两个功能模块。图资维护主要对图模库进行一体化建模，其功能包括图形编辑、图形控制、改建计划、衍生电气图、工程定制、图形检查、数据发布等，图资系统菜单见表1-1。

表1-1 图资系统菜单

功能名称	功能描述
文件	操作日志、退出

续表

功能名称	功能描述
编辑	选择编辑区、开始作图、开始修改、查看属性、保存、撤销、重做、分区变更
图形控制	模糊查询、放大、缩小、漫游、区域放大、全图显示、图层控制
改建计划	新建计划、编辑计划、退出编辑、历史计划查看
衍生电气图	环网接线图
工程定制	供电公司维护、上级厂站维护、三遥模板库维护、三遥维护、地图背景色设置、图像淡化处理、作图比例设置、基本业务图层设置、版本信息维护、间隔模板维护、终端台账信息维护、图符维护、CIM 导出、模型备份和恢复、流程管理工具、EMS 导入
图形检查	图形连通检查、线段检查、区间检查、配电线检查
数据发布	DAS 状态查询、变电站模式匹配、DAS 数据发布（改建计划检查、改建计划发布、全数据检查、全数据发布、红 DAS 初始化发布、黑 DAS 初始化发布、通道数据发布）、发布错误记录、图资全数据发布或红/黑 DAS 初始化发布结束

注 CIM- 公用信息模型；EMS- 能量管理系统。

1.2.1 文件

1. 操作日志

通过点击"文件"→"操作日志"，进入图资操作日志窗口，对所选时间范围内的操作日志进行查询和导出。点击"导出"，选择需要保存的路径、保存的文件名。点击"保存"，将当前查询的操作日志保存为文件，如图 1-2 所示。

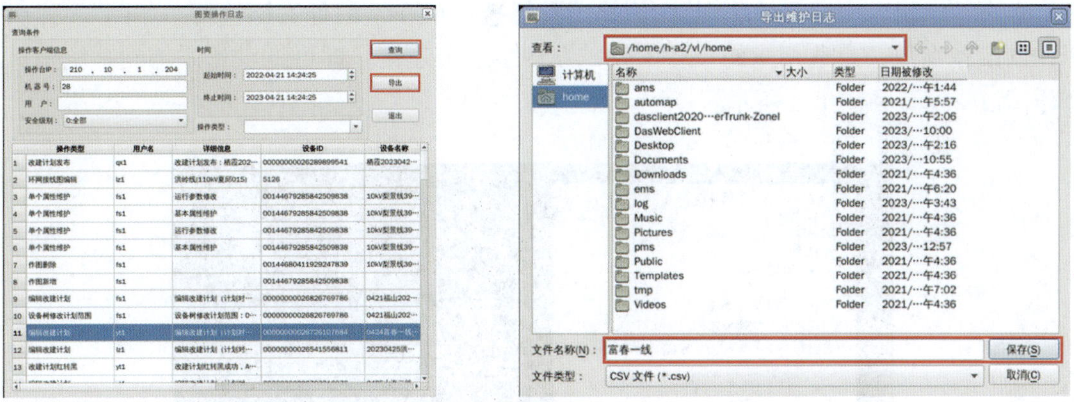

（a）　　　　　　　　　　　　　　（b）

图 1-2　操作日志查询保存界面
（a）操作日志查询导出；（b）操作日志保存

3

2. 退出

通过点击"文件"→"退出"，关闭图资维护程序。点击图资系统右上角⊠，也可关闭程序。

1.2.2　编辑

1. 选择编辑区

点击"编辑"→选择编辑区，或选择工具栏█。图形编辑前，应首先确认本次维护设备的所属分区，切换编辑分区后方可进行编辑。下拉选择对应的分区信息，点击"应用"，选择的分区即成为当前的编辑分区；点击"关闭"，本次操作无效。切换编辑区界面如图1-3所示。

注意：只能选择系统登录时勾选加载的分区。

图1-3　切换编辑区界面

2. 开始作图

点击"编辑"→"开始作图"，选择工具栏█，或在空白处右键选择"作图"，弹出选择作图设备窗口，点选相应的设备图元，在图上点击左键，即可把设备添加到系统中。选择作图设备窗口如图1-4所示。

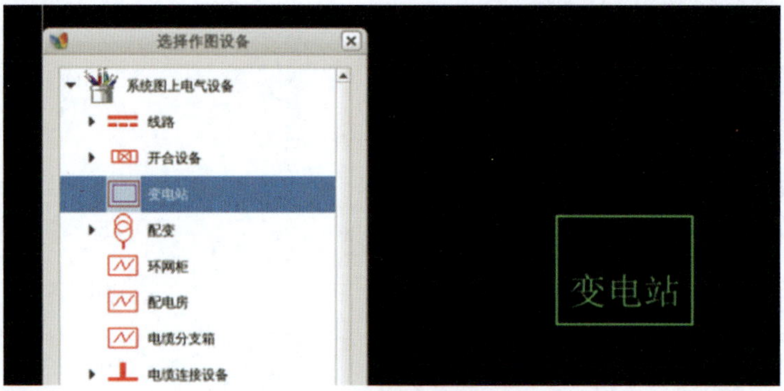

图1-4　选择作图设备窗口

3. 开始修改

点击"编辑"→"开始修改"，选择工具栏 🔶 ，或在空白处右键选择"修改"，在任意设备上点击右键，对设备进行编辑设备内接线图、设备删除、编辑属性、复制、查看分区号、查看电压等级等操作。不同类型设备右键菜单功能不同。

（1）编辑属性：在弹出的设备属性维护窗口，对设备基本属性、运行参数、终端配置进行添加、修改和删除，设备属性维护界面如图1-5所示。

环网柜 属性维护	
基本属性　运行参数　终端配置	
属性	值
设备编号	10kV通天河线#2环网柜
全局编号	reszf0706332251
描述	
产权归属	
管理部门	
运行班组	
投运日期	
维护人	
生产厂家	
安装地点	
型号名	
是否双电源	
纬度坐标	
经度坐标	

图1-5　设备属性维护界面

注意：通过"作图"功能新增的设备，需要先保存才能编辑属性，否则提示"该图形设备没有被保存到数据库中，请先保存，再编辑其属性数据"。

（2）编辑角度：输入需要旋转的角度值，点击"确定"，设备按照角度值进行旋转。设备旋转角度选择窗口如图1-6所示。

旋转角度选择窗口　❌
旋转角度：▢
确　定　　取　消

图1-6　旋转角度选择窗口

（3）设备删除：任意设备上右键选择"删除"，点击"确定"，即可删除该设备。

注意：已经与站外电缆建立连接关系的站房设备，不允许直接删除，提示"多回路有建立内外连接，不允许删除"，多回路设备禁止删除提示如图1-7所示。

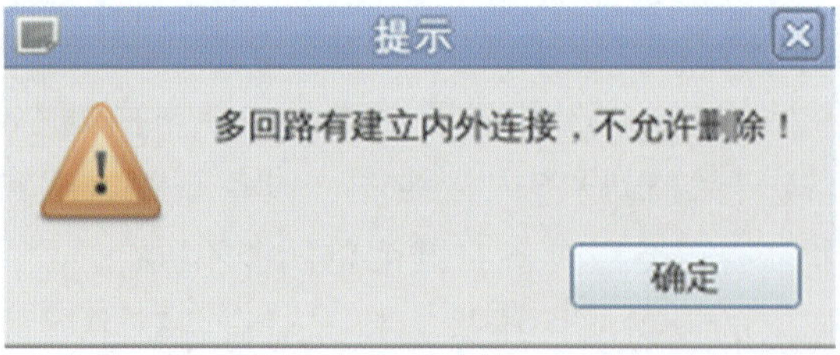

图 1-7　多回路设备禁止删除提示

　　站房设备上右键选择"编辑设备内接线图",找到与站外连接的间隔连接线,右键选择"断开连接",即可断开该间隔与站外电缆的连接关系。多回路设备断开连接界面如图 1-8 所示。

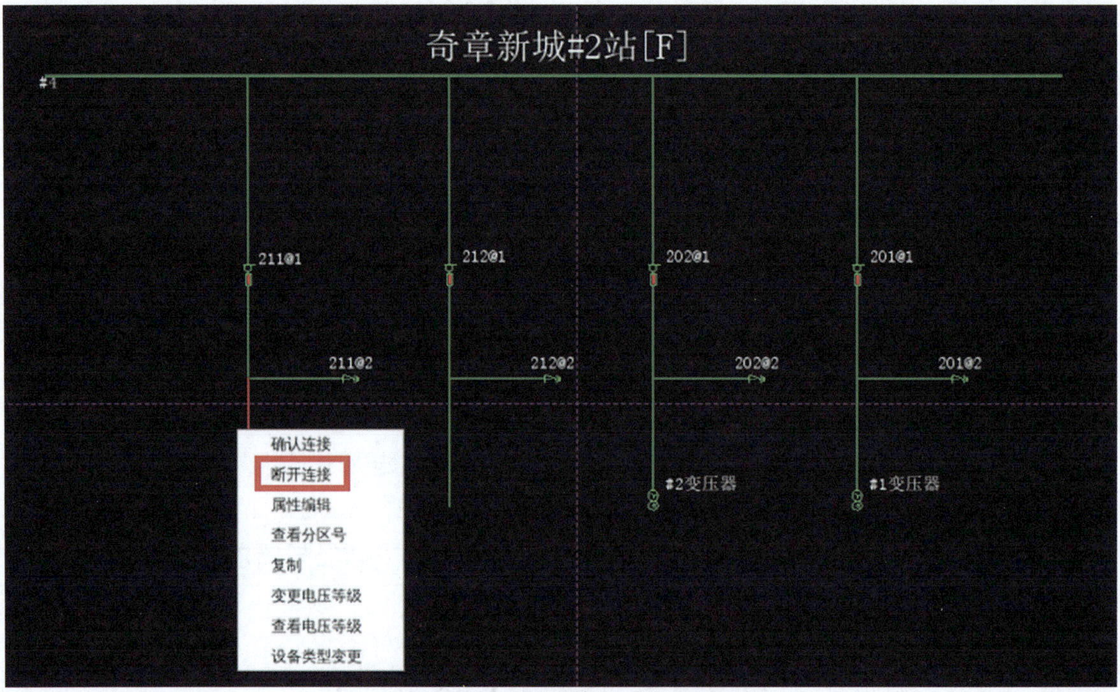

图 1-8　多回路设备断开连接界面

　　若要删除整个站房,则需断开站房内所有连接线,保存后关闭站内接线图,在系统图上删除与站房连接的所有连线,再在站房上右键选择"删除"。

　　(4)复制:任意设备上右键选择"复制",然后在空白处右键选择"粘贴",弹出提示框,点击"确定",生成新设备。

　　(5)设备类型变更:任意设备上右键选择"设备类型变更",在弹出的设备类型选择窗口选择需要变更的设备类型,点击"确定",当前设备类型更新为所选类型。

　　(6)查看分区号:任意设备上右键选择"查看分区号",弹出设备所属分区的提示窗口如图 1-9 所示,点击"确定",窗口关闭。

（7）查看电压等级：任意设备上右键选择"查看电压等级"，弹出设备电压等级的提示窗口如图1-10所示，点击"确定"，窗口关闭。

4. 查看属性

点击"编辑"→"查看属性"，选择工具栏 🔍，点击设备，或在设备上右键选择"查看属性"，弹出设备属性窗口。

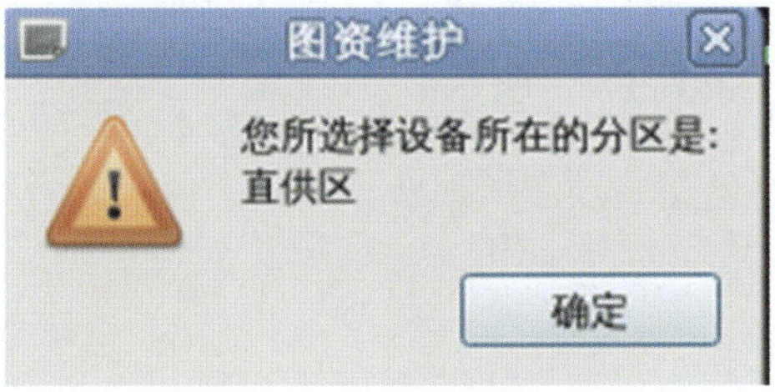

图1-9　设备所属分区提示

图1-10　设备电压等级提示

5. 批量操作

点击"编辑"→"批量操作"，框选多个设备图形点击右键，可对选中的设备进行整体移动、动态旋转、修改文本属性、复制、批量旋转等操作。设备批量操作界面如图1-11所示。

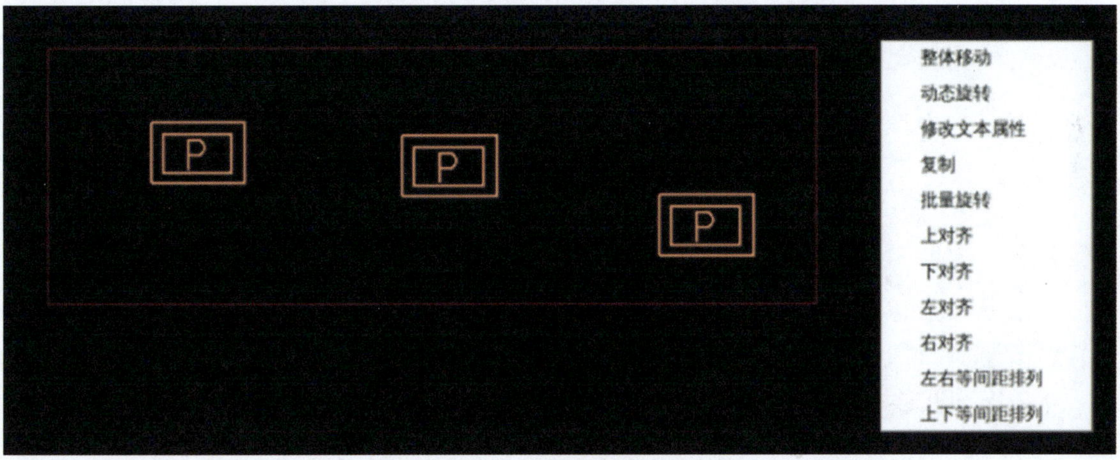

图1-11　设备批量操作界面

6. 保存

点击"编辑"→"保存"，或选择工具栏 💾，把所作编辑保存到数据库中。保存编辑以后，不可撤销。

7. 撤销

点击"编辑"→"撤销"，选择工具栏 ↺，或使用快捷组合（Ctrl+ Z），可对当前操作进行撤销。每执行一次撤销，即对当前操作进行一次回退。已经执行保存的操作不能撤销，撤销按钮灰化。

8. 重做

点击"编辑"→"重做"，或选择工具栏 ↻，对当前已撤销的操作进行重做。

9. 分区变更

点击"编辑"→"分区变更"，勾选变更范围，点击"确定"。下拉选择需要变更的编辑分区，点击"应用"，即可完成设备分区变更，如图 1-12 所示。

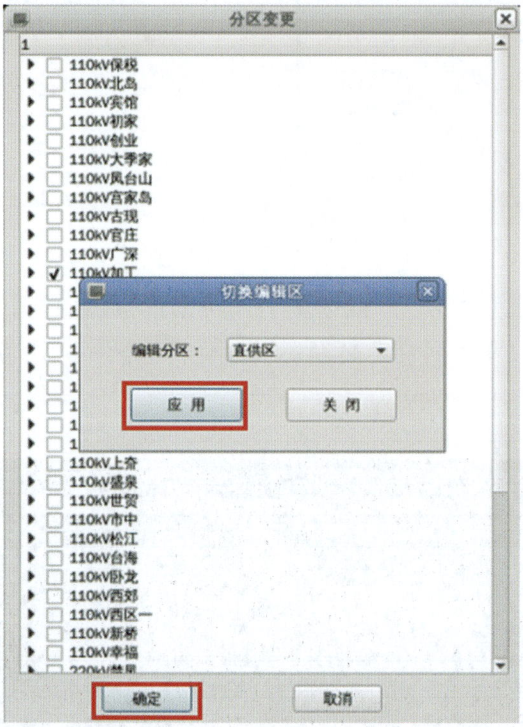

图 1-12 设备分区变更界面

1.2.3 图形控制

（1）模糊查询：点击"图形控制"→"模糊查询"，或选择工具栏 🔍，弹出名称编号查找维护窗口，输入设备名称或全局编号，点击"查找"，列出包含查询内容的设备清单。双击设备名称，可对设备进行快速定位。设备查询快速定位界面如图 1-13 所示。

（2）放大：点击"图形控制"→"放大"，选择工具栏 🔍，或使用鼠标滚轮，对当前的图形页面进行放大。

（3）缩小：点击"图形控制"→"缩小"，选择工具栏 🔍，或使用鼠标滚轮，对当前的图形页面进行缩小。

（4）漫游：点击"图形控制"→"漫游"，或选择工具栏 ✋，按住鼠标左键，对图形页面进行拖动。

（5）区域放大：点击"图形控制"→"区域放大"，或选择工具栏🔍，在图上框选需要放大的区域，可以对所选区域进行放大。

（6）全图显示：点击"图形控制"→"全图显示"，或选择工具栏⛶，图形页面将变成全图显示的状态。

（7）图层控制：点击"图形控制"→"图层控制"，或选择工具栏📑，弹出图层控制窗口，可对勾选设备的电气设备图层、地理图图层、名称编号控制进行显示比例最小值、显示比例最大值、是否显示名称、是否显示编号的调整设置。图层控制属性修改界面如图1-14所示。

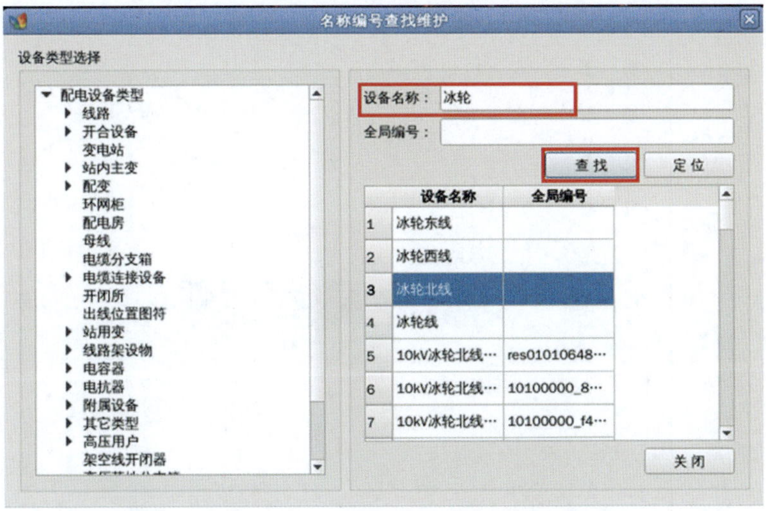

图 1-13　设备查询快速定位界面

图 1-14　图层控制属性修改界面

9

1.2.4　改建计划

1. 新建计划

点击"改建计划"→"新建计划"，或选择工具栏 ☐ ，弹出改建计划（新增修改中）窗口，录入计划相关内容，选择计划类型后，点击"保存"，再双击 … 修改范围，勾选改建范围，点击"确定"，完成改建计划创建。改建计划创建界面如图 1-15 所示。

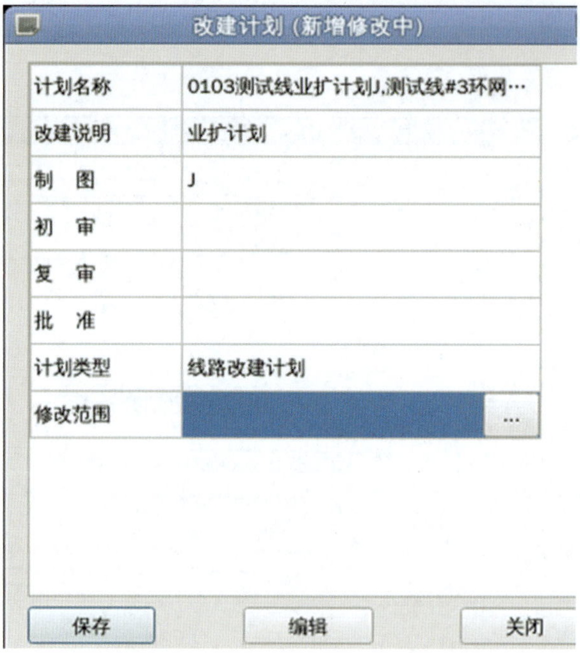

图 1-15　改建计划创建界面

说明：

（1）计划名称、改建说明、制图为必填项。

（2）计划名称格式：日期 + 线路名 + 计划类型 + 绘图人名字缩写 + 计划内容，如 0103××线业扩计划 J，新上 ×× 线 #3 环网柜，H3-4 间隔接带 ×× 用户。

（3）计划类型一般选择"线路改建计划"，如果选择"衍生图改建计划"，只能修改衍生电气图，不能修改电气接线图。计划类型一经选择保存，无法修改。

（4）修改范围一经选择保存，只能扩大不能缩小。

（5）"点选"方式添加修改范围，需先定位到设备，再点击设备将其增加至计划修改范围。

2. 编辑计划

点击"改建计划"→"编辑计划"，或选择工具栏 ↓ ，弹出改建计划列表；双击需要编辑的改建计划，提示"是否定位改建计划"，点击"确定"，再点击"编辑"，改建计划定位界面如图 1-16 所示。修改范围内设备图形显示为绿色，表示设备是可编辑状态。

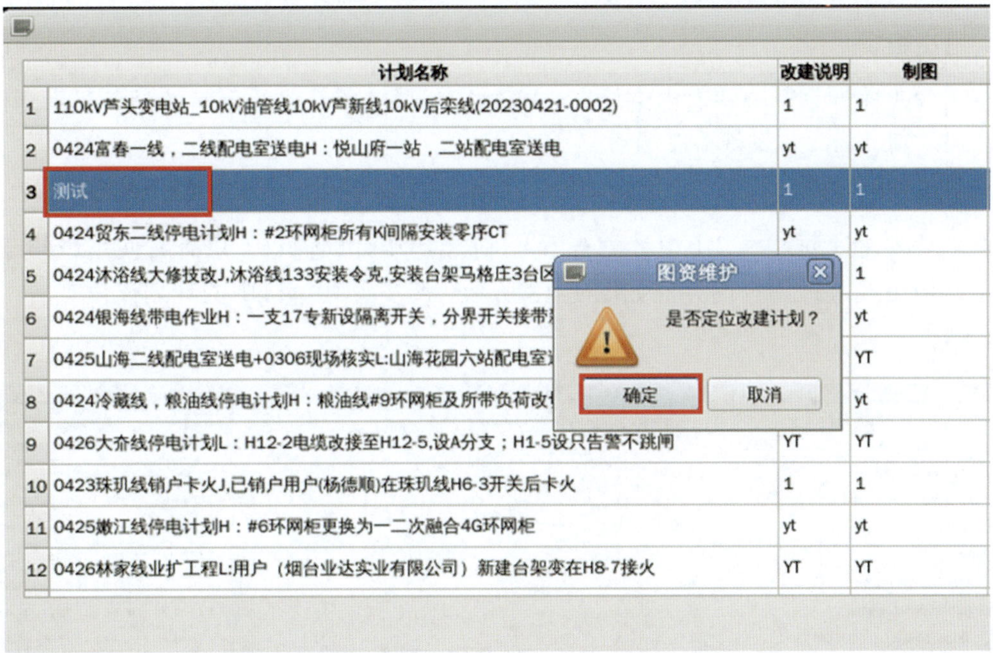

图 1-16　改建计划定位界面

选中改建计划列表中的某条计划，右键选择"删除"，点击"确定"，可删除改建计划，如图 1-17 所示。

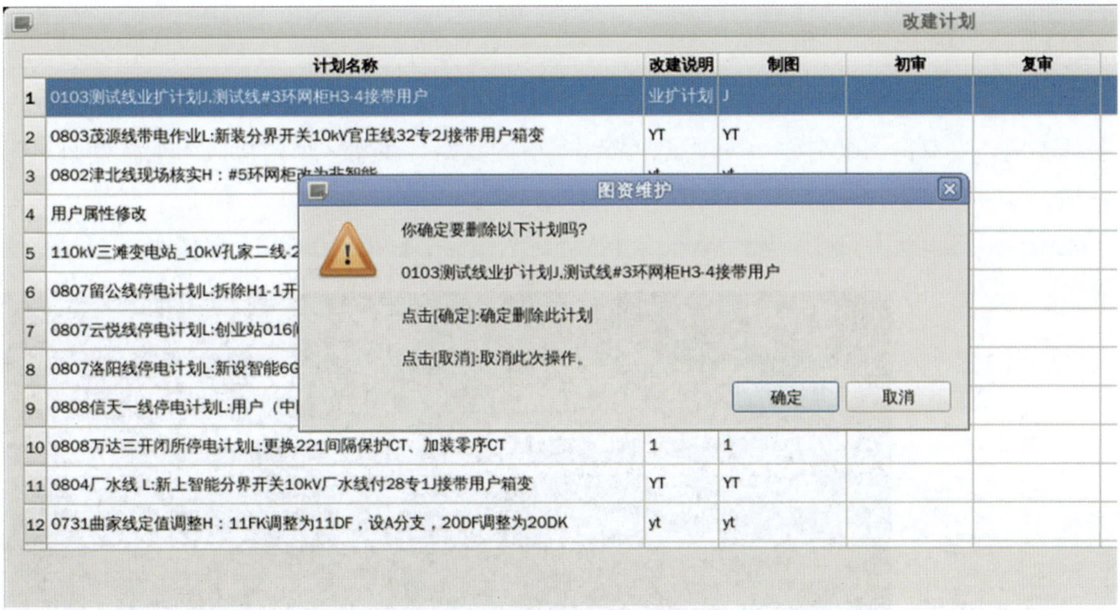

图 1-17　删除改建计划界面

注意：删除改建计划后，再次新建计划会提示"本机加载的版本 × × 已被删除，请关闭图资重新打开后再新建计划！"，需关闭图资系统，重新登录。

3. 退出编辑

点击"改建计划"→"退出编辑"，或选择工具栏 🔧，图形页面的设备显示为红色，表示改建计划已退出，设备不可编辑。

4. 历史计划查看

点击"改建计划"→"历史计划查看"，弹出历史计划窗口，可查看使用过的改建计划清单，历史改建计划查询界面如图 1-18 所示。历史计划窗口中的计划仅供查看，不可编辑。

	计划名称	改建说明	制图	初审	复审	批准	创建时间	修改时间	计划类型
1	蓬莱0803温泉线点表调整	p l	p l				2023-8-3 9-53-56	2023-8-3 9-56-8	线路改建计划
2	0803福山乐康一线点表调整	1	1				2023-8-3 9-30-23	2023-8-3 9-32-46	线路改建计划
3	0802龙口创园线101环网柜暂时退运	1	1				2023-8-2 16-56-8	2023-8-2 16-57-39	线路改建计划
4	招远0802点表核查W：台上线	招远	招远				2023-8-2 16-45-10	2023-8-2 16-54-6	线路改建计划
5	三级用户属性修改	1	1				2023-8-2 16-0-49	2023-8-2 16-7-43	线路改建计划
6	招远0802点表核查W：张西线	招远	招远				2023-8-2 16-3-10	2023-8-2 16-5-25	线路改建计划
7	0802海阳10kV城西线-大修技改Y	1	1				2023-8-2 14-52-20	2023-8-2 15-23-27	线路改建计划
8	招远20230801会仙线、大奇线现场核实CHS	1	1				2023-8-2 14-48-12	2023-8-2 15-22-50	线路改建计划
9	0802福山朝阳线点表调整	1	1				2023-8-2 14-46-0	2023-8-2 15-43-31	线路改建计划
10	0802海阳10kV园东线开发区二线现场核实Y	1	1				2023-8-2 14-45-18	2023-8-2 15-4-30	线路改建计划
11	蓬莱110kV北沟变电站_10kV化工Ⅰ线-202308021429蓬…	1	1				2023-8-2 14-37-8	2023-8-2 15-2-30	线路改建计划
12	20230801坊泉线、城南Ⅰ线现场核实ZT	1	1				2023-8-2 11-2-54	2023-8-2 16-10-14	线路改建计划

图 1-18 历史改建计划查询界面

1.2.5 衍生电气图

点击"衍生电气图"→"环网接线图"，弹出环网接线图页面；勾选线路名称，点选图纸类别，再双击图纸名称，可浏览或修改对应的线路接线图。环网接线图查看界面如图 1-19 所示。

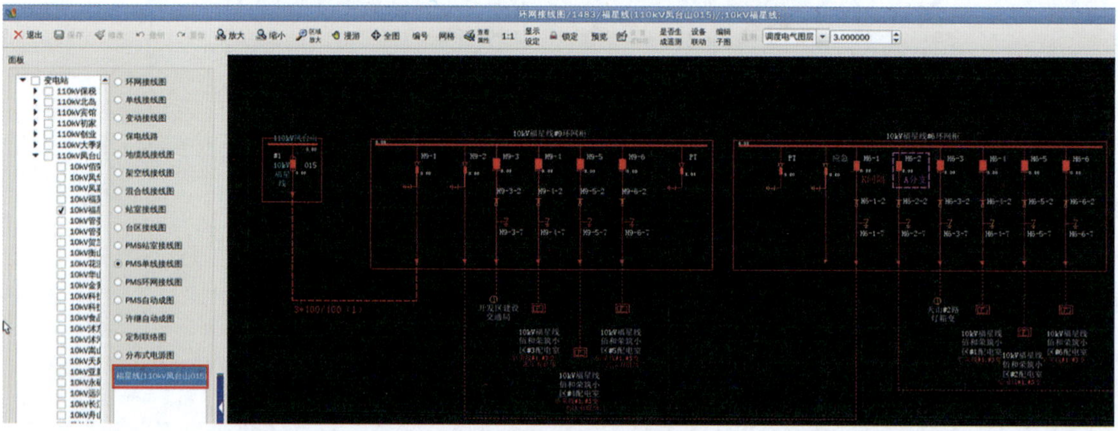

图 1-19 环网接线图查看界面

查看图资系统内手绘单线图，点选"单线接线图"，查看图模导入 SVG 图点选"PMS 单线接线图"。不在改建计划范围内的接线图只能浏览、不能修改，双击打开提示"环网图对应的配电线不在当前改建计划的修改范围内！不能修改"。

1.2.6 工程定制

1. 供电公司维护

点击"工程定制"→"供电公司维护"，弹出数据维护 – 供电公司窗口，在任意地方点击右键，选择添加行，可进行供电公司信息的添加。选中相应的供电公司，右键选择删除行，可进行供电公司信息的删除。删除成功后，会提示删除当前行数据成功。

2. 上级厂站维护

点击"工程定制"→"上级厂站维护"，弹出上级厂站窗口，双击带"*"号的表格，输入厂站编号；输入厂站名称，可完成上级厂站的信息添加。若需删除上级厂站信息，则选择对应的厂站，右键进行删除。

3. 三遥模板库维护

点击"工程定制"→"三遥模板库维护"，弹出三遥模板库窗口，可进行 DTU（站所终端）模板、FTU（馈线终端）模板、TTU（配电变压器终端）模板创建。

4. 三遥维护

点击"工程定制"→"三遥维护"，主要用于三遥测点库配置、三遥点号配置以及前置终端配置等。

5. 地图背景色设置

点击"工程定制"→"地图背景色设置"，弹出地图背景色设置窗口，点击"颜色选择"，选择需要设置的地图背景颜色，点击"确定"，此时地图背景色设置窗口的颜色变为刚才选择的颜色。地理图背景色设置如图 1-20 所示。

6. 图像淡化处理

点击"工程定制"→"图像淡化处理"，勾选淡化处理，可对图资系统的航拍图透明度和灰度进行设置。

7. 作图比例设置

点击"工程定制"→"作图比例设置"，或使用工具栏 1800.00% ▾ ，弹出系统图作图比例设置窗口，按照作图习惯，设置作图比例。

8. 基本业务图层设置

点击"工程定制"→"基本业务图层设置"，进入基本业务图层设置窗口，可对系统默认的基本图层是否展示进行配置，对设备所属图层进行调整，同时可以对自定义图层进行新增、修改、删除。

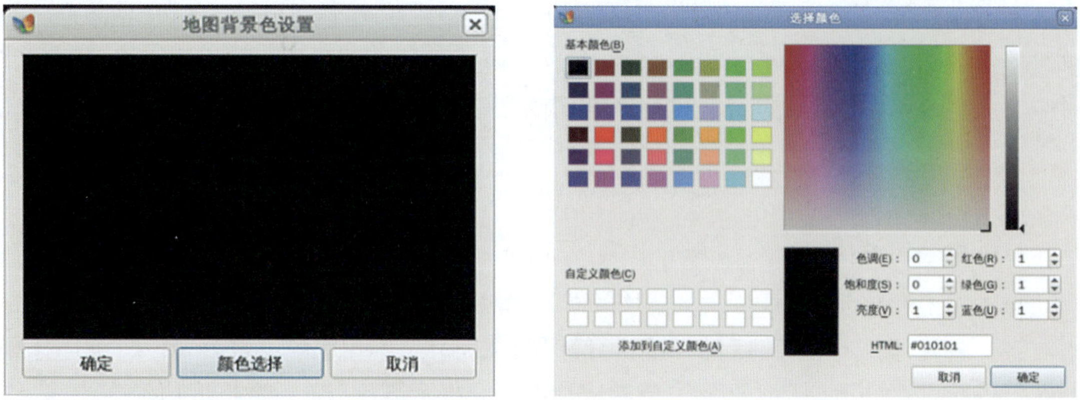

（a）　　　　　　　　　　　　　　（b）

图 1-20　地理图背景色设置

（a）设置界面；（b）颜色选择界面

9. 流程管理工具

点击"工程定制"→"流程管理工具"，即配电自动化系统红黑图管理工具。弹出警告"用户名错误"，点击"确定"，窗口关闭；再点击"登录"，弹出系统登录窗口，使用 DAS 账号、密码登录，配电自动化系统红黑图管理登录界面如图 1-21 所示。

图 1-21　配电自动化系统红黑图管理登录界面

1.2.7　图形检查

1. 图形连通检查

点击"图形检查"→"图形连通检查"，在图形页面上任意点击线路设备或者其他设备，提示"确认开始图形连接检查"，点击"确定"。与选中设备具有连接关系的所有线路、设备均高亮显示。在空白处右键选择"取消特殊显示"，可取消高亮显示。

2. 线段检查

点击"图形检查"→"线段检查"，在图形页面上点击线路设备，所选线路的线段高亮显示。在空白处右键选择"取消特殊显示"，可取消高亮显示。

3.区间检查

点击"图形检查"→"区间检查"，在图形页面上点击线路设备，按照线路拓扑关系，两个或多个开合设备之间作为一个区间高亮显示。在空白处右键选择"取消特殊显示"，可取消高亮显示。

4.配电线检查

点击"图形检查"→"配电线检查"，或选择工具栏 ，在图形页面上点击线路设备，按照线路拓扑关系，该设备所属配电线下的所有设备均高亮显示。在空白处右键选择"取消特殊显示"，可取消高亮显示。

1.2.8　数据发布

1.2.8.1　DAS 状态查询

点击"数据发布"→"DAS 状态查询"，或选择工具栏 ，弹出"DAS 系统状态：DAS 系统正常（允许发布数据）"，表示图资数据能正常发布至 DAS。DAS 状态查询结果如图 1-22 所示。

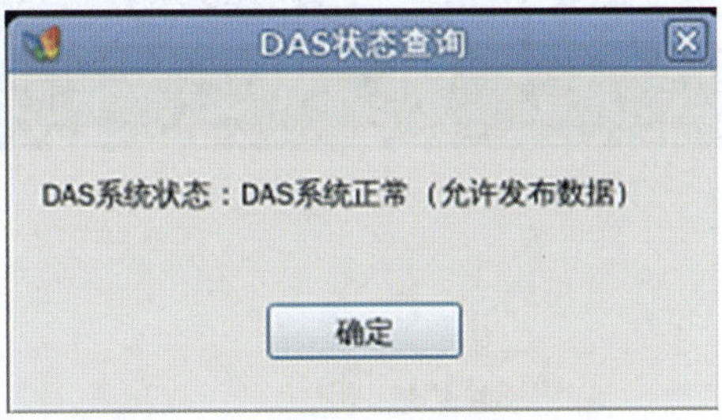

图 1-22　DAS 状态查询结果

1.2.8.2　变电站模式匹配

点击"数据发布"→"变电站模式匹配"，点击页面左侧的"变电站选择"，将计划范围内的变电站从未选变电站列表移动到已选变电站列表中，在已选变电站列表中双击需要进行模式匹配的变电站名称，进入变电站模式匹配界面，如图 1-23 所示。点击"匹配"，将窗口中的主变压器、母线、断路器以及出线点一一对应，匹配到变电站匹配模板中。

匹配完成后，点击"设置"，下拉选择出线间隔的出线属性（架空线、地缆线、电容器组或备用），完成后点击"确定"。变电站间隔类型设置界面如图 1-24 所示。

设置完成后，点击"检查"，匹配检查结果显示"数据检查通过"，表示该变电站模式匹配完成，点击"保存"，再点击"返回"，退出变电站模式匹配页面。匹配完成数据检查结果如图 1-25 所示。

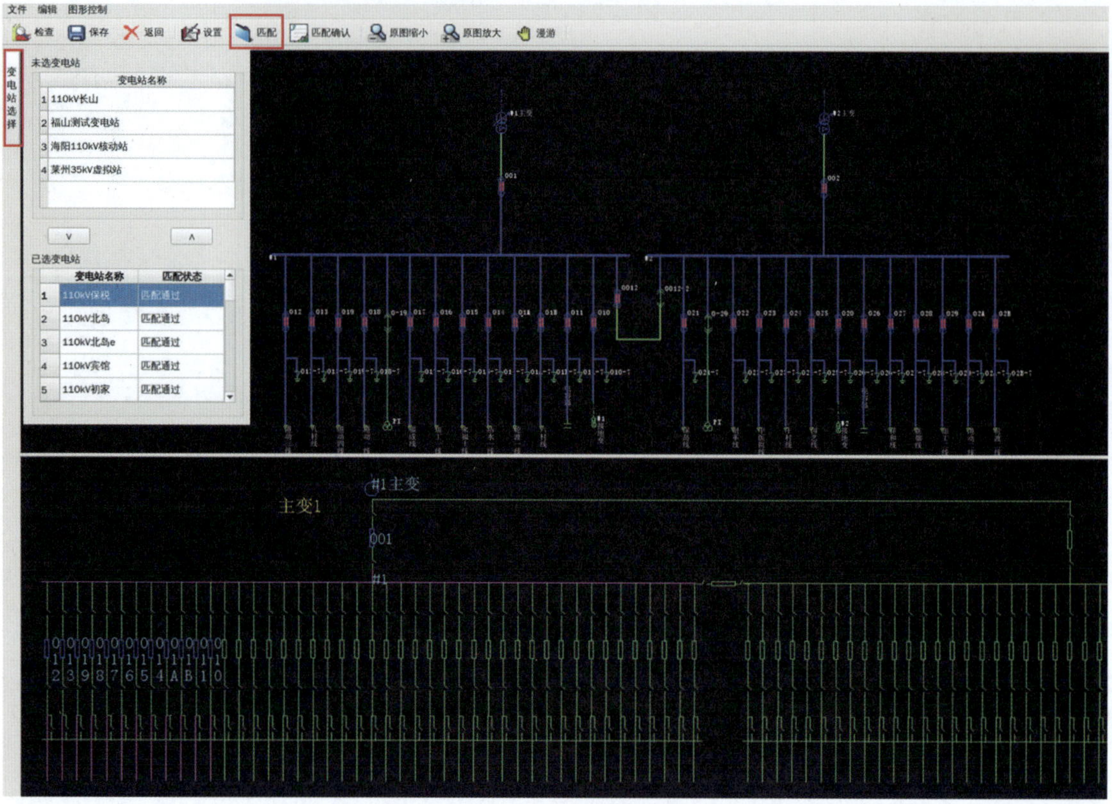

图 1-23　变电站模式匹配界面

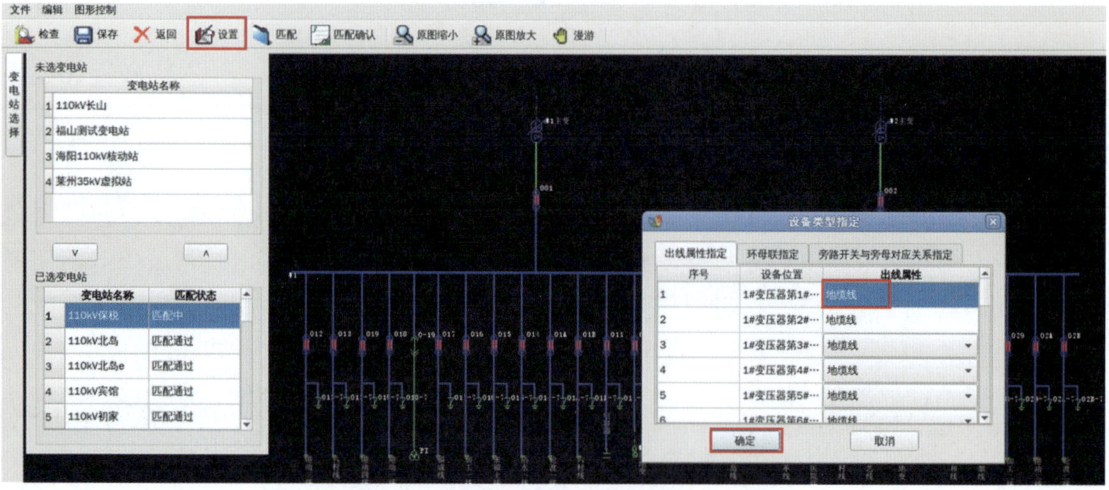

图 1-24　变电站出线间隔类型设置界面

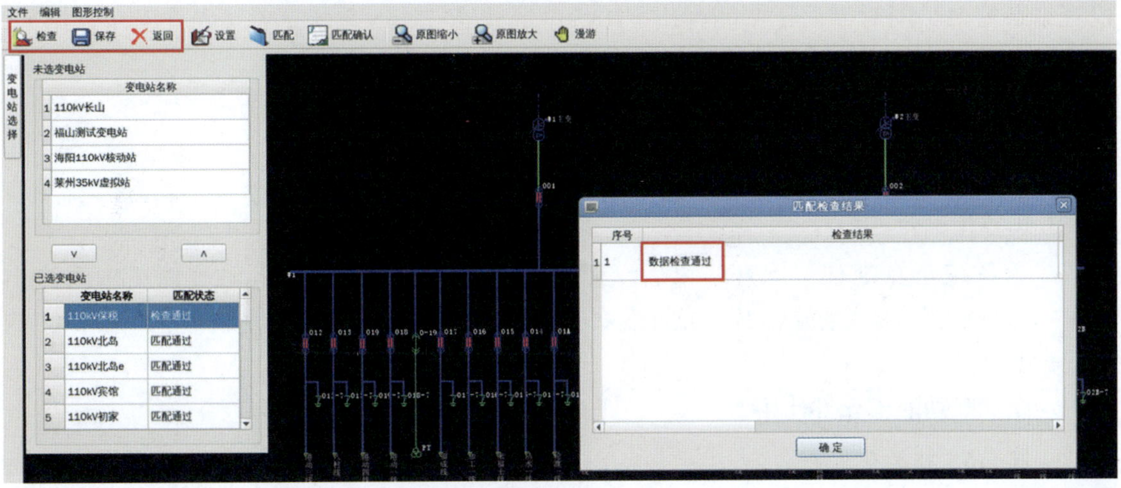

图 1-25　匹配完成数据检查结果

1.2.8.3　DAS 数据发布

1. 改建计划检查

勾选需要检查的改建计划，点击"确定"，提示系统正在处理。检查结束后，弹出数据检查结果窗口，勾选"只显示错误"，只列出错误的数据。在"全部"下拉菜单，可以对不同的数据检查结果进行过滤。改建计划检查界面如图 1-26 所示。

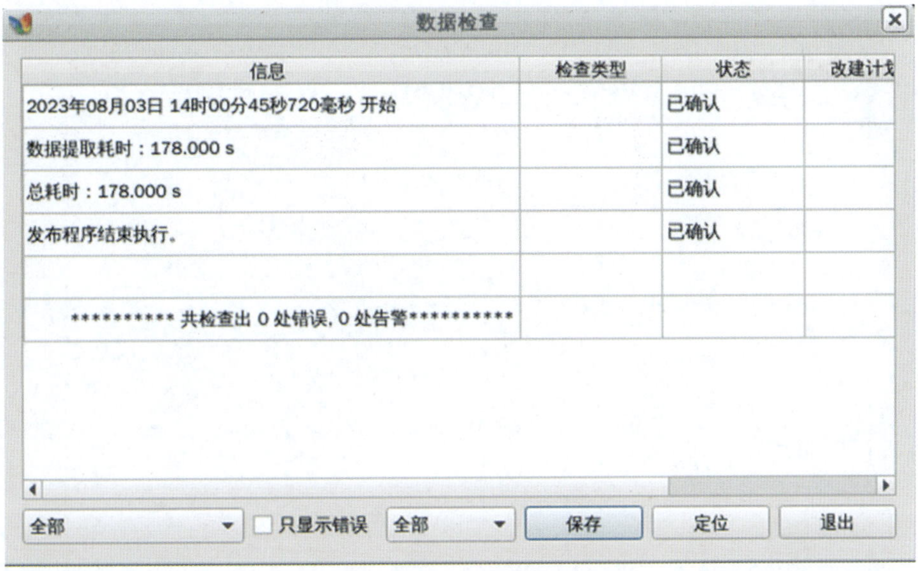

图 1-26　改建计划检查界面

2. 改建计划发布

勾选需要发布的改建计划，点击"确定"，提示系统正在处理。检查结束后，弹出数据检查结果窗口，同时界面正中间弹出"DAS 系统状态：DAS 系统正常（允许发布数据）"，表示改建计划发布完成，可以在 DAS 侧进行数据登录。

3. 全数据检查

提示系统正在处理，检查结束后，弹出数据检查结果窗口。

4. 全数据发布

提示系统正在处理，检查结束后，弹出数据检查结果窗口，同时页面正中间弹出"DAS 系统状态：DAS 系统正常（允许发布数据）"，表示全数据发布完成，可以在 DAS 侧进行数据登录。

注意：此功能不允许使用。

5. 红 DAS 初始化发布

在弹出的红 DAS 初始化发布界面中点击"确定"，如图 1-27 所示；提示系统正在处理，检查结束后，弹出数据检查结果窗口，同时界面正中间弹出"DAS 系统状态：DAS 系统正常（允许发布数据）"，表示红 DAS 初始化发布完成，可以在 DAS 侧进行数据登录。

6. 黑 DAS 初始化发布

在弹出的黑 DAS 初始化发布界面中点击"确定"，如图 1-28 所示；提示系统正在处理，检查结束后，弹出数据检查结果窗口，同时界面正中间弹出"DAS 系统状态：DAS 系统正常（允许发布数据）"，表示黑 DAS 初始化发布完成，可以在 DAS 侧进行数据登录。

图 1-27　红 DAS 初始化发布界面

图1–28　黑DAS初始化发布界面

7. 通道数据发布

系统数据处理后，弹出数据检查结果窗口，同时界面正中间弹出"DAS系统状态：DAS系统正常（允许发布数据）"，表示通道数据发布完成，可以在DAS侧进行数据登录。

1.2.8.4　发布错误记录

点击"数据发布"→"发布错误记录"，弹出最近一次进行数据检查或者数据发布的记录，数据发布错误记录查看界面如图1–29所示。

图1–29　数据发布错误记录查看界面

1.3　变电站维护注意事项

图资系统内新增变电站须手绘站内一次接线图，设备接线应与主网保持一致。变电站站内一次接线图如图 1-30 所示。

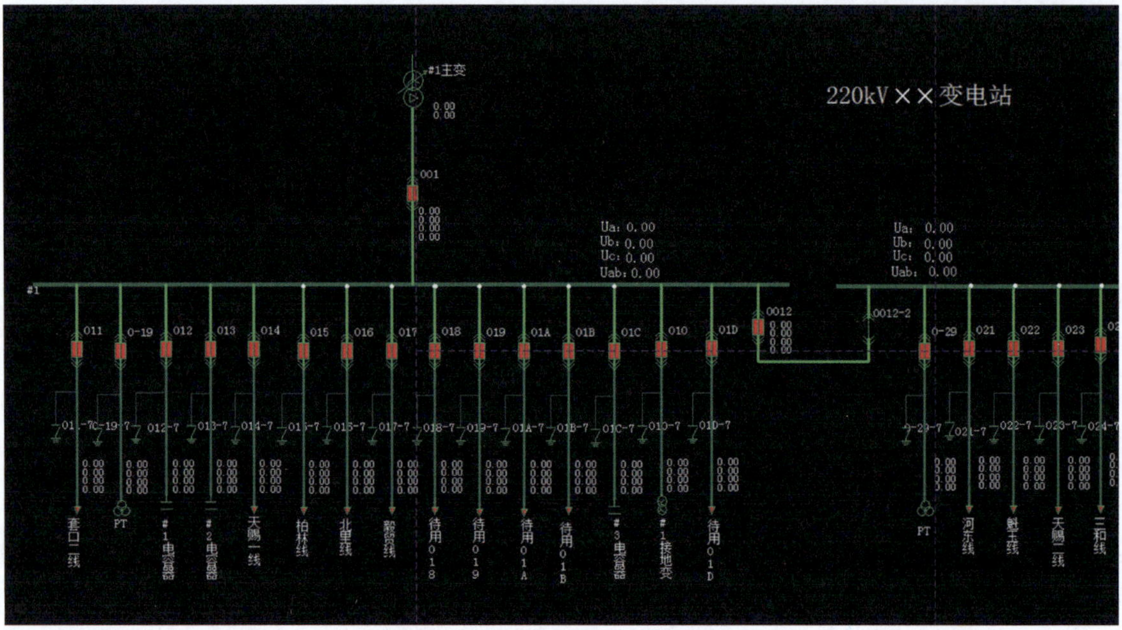

图 1-30　变电站站内一次接线图

1.3.1　接地开关电压等级修改

站内接地开关必须修改电压等级，否则改建计划发布至 DAS 侧登录后，接地开关遥信信息显示错误。

点选设备，右键选择"变更电压等级"，下拉菜单选择"110kV"，点击"应用"，完成修改。接地开关电压等级修改界面如图 1-31 所示。

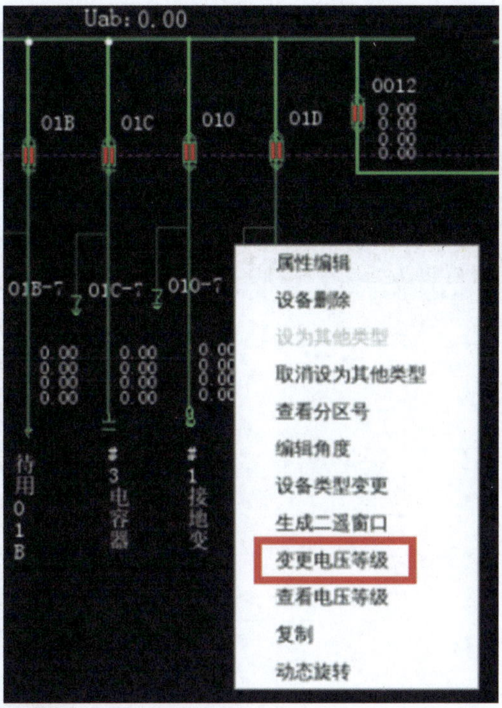

图 1-31　接地开关电压等级修改界面

1.3.2　出线间隔标注添加

站内间隔须标明线路名称，双击间隔出线或右键选择"属性编辑"，将"设备编号"维护为线路名称。备用间隔标注"待用××（断路器运行编号）"，已投运间隔标注"××线"。间隔出线属性修改界面如图 1-32 所示。

1.3.3　遥测标签维护

1. 断路器遥测

使用工具栏"遥测"添加遥测标签，断路器勾选展示 A 相电流、B 相电流、C 相电流、有功功率、无功功率。断路器遥测标签设置界面如图 1-33 所示。

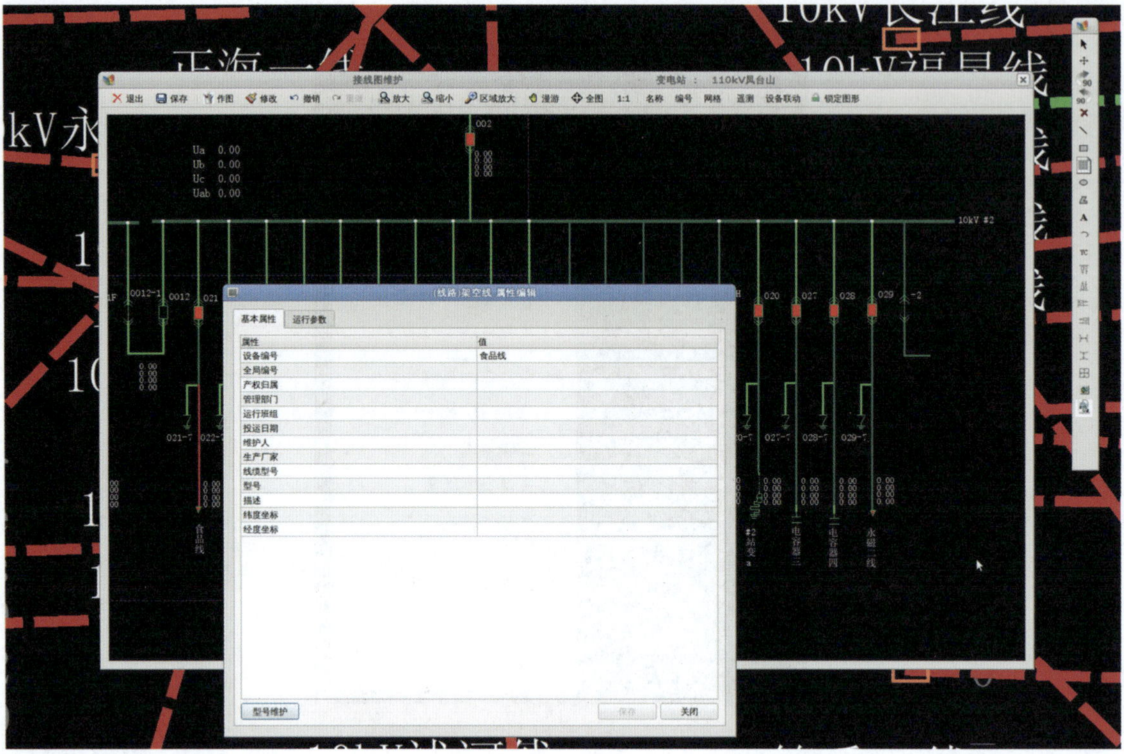

图 1-32　间隔出线属性修改界面

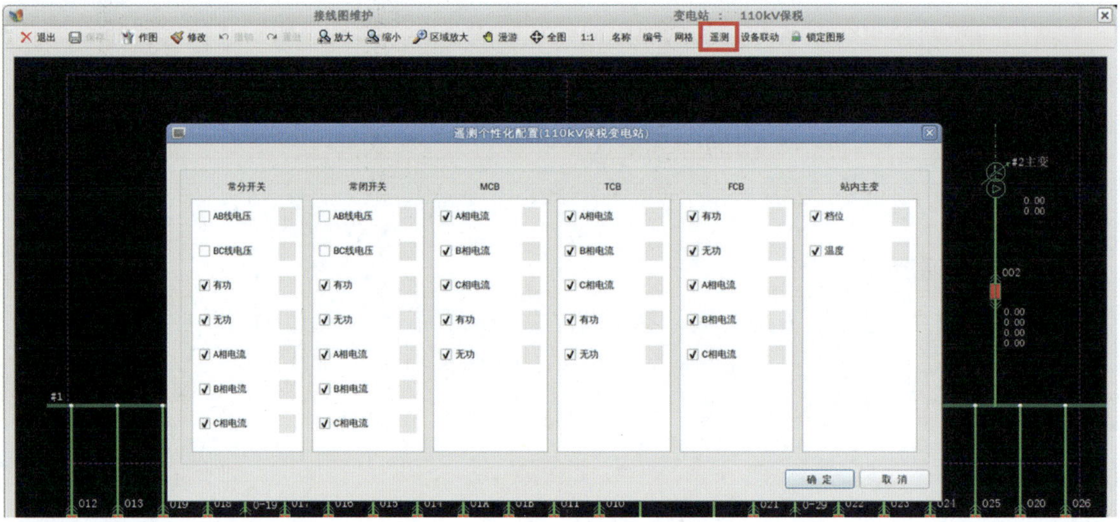

图 1-33　断路器遥测标签设置界面

2. 母线遥测

使用工具栏"文本"和"遥测文本"添加遥测标签，展示母线 A 相电压、B 相电压、C 相电压、AB 线电压。母线遥测标签添加界面如图 1-34 所示。

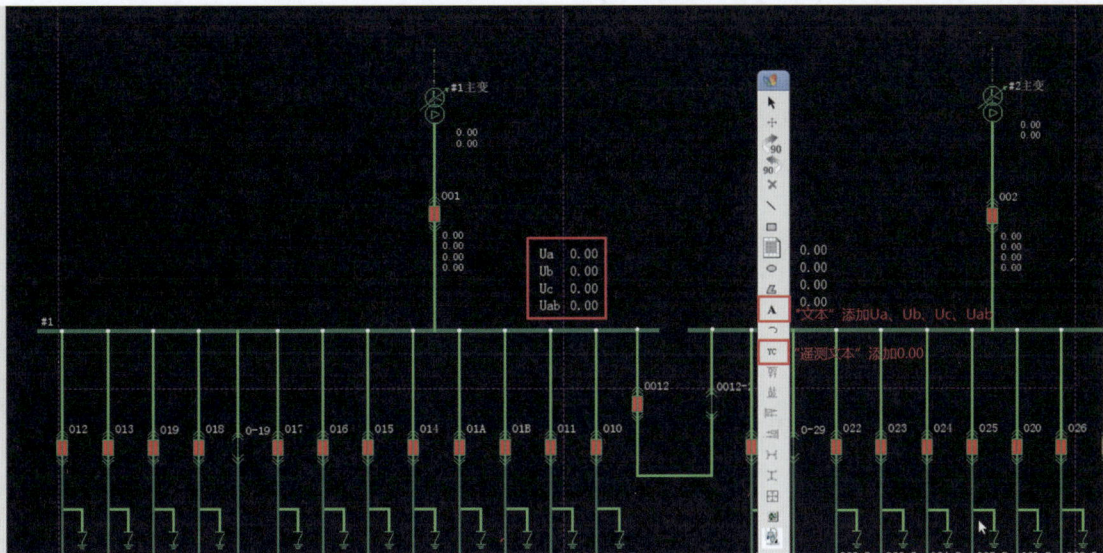

图 1-34　母线遥测标签添加界面

单击母线，右键选择"关联遥测"，在弹出的关联遥测窗口中，依次将三相电压、AB线电压与添加的母线遥测标签手动关联，点击"确定"，完成关联。母线遥测点号关联界面如图 1-35 所示。

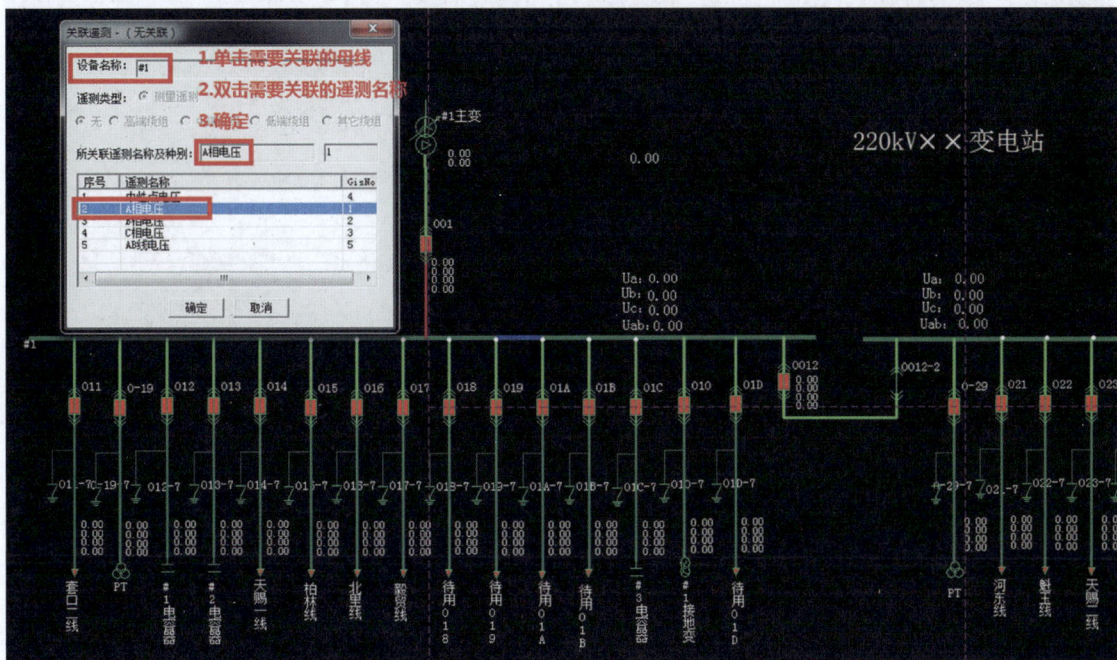

图 1-35　母线遥测点号关联界面

1.3.4　其他

站内一次接线图绘制完成后，仍须依次完成变电站模式匹配、变电站采集通道配置、变电站隧道配置、终端配置、终端关联的各项工作，详见本书其他章节。

1.4　点表模板配置

1.4.1　路径

点击"图资"→"工程定制"→"三遥模板库维护"，工程定制菜单界面如图1–36所示。

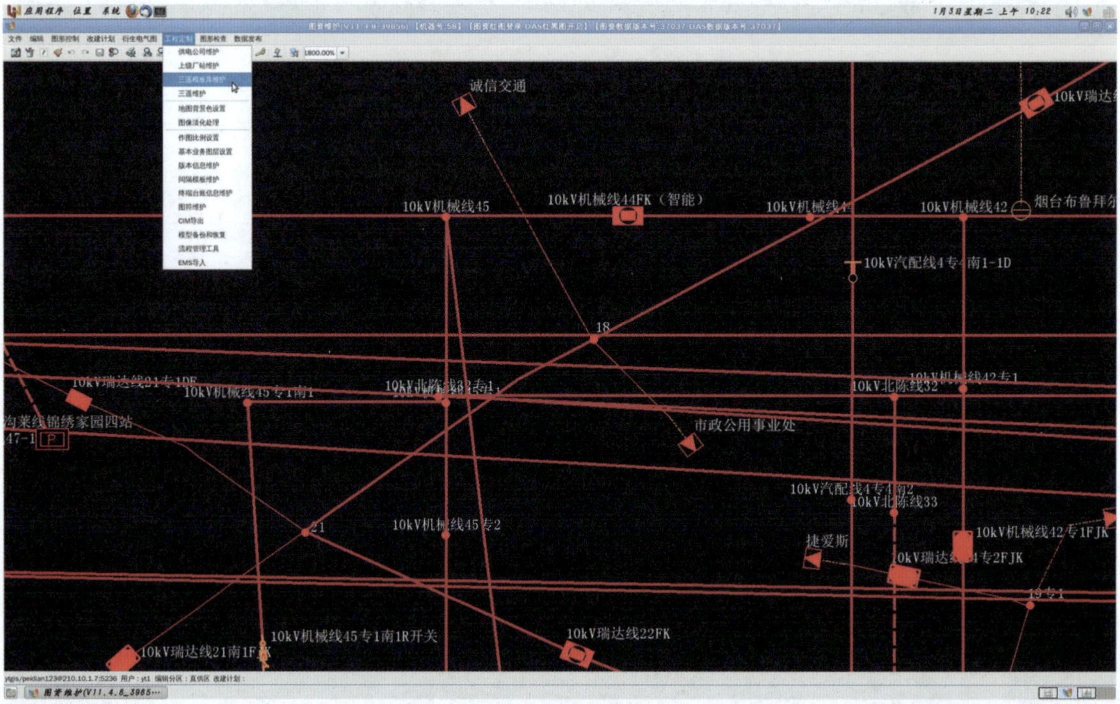

图1–36　工程定制菜单界面

1.4.2　DTU 模板创建

在模板树上右键选择"增加父模板"，在弹出的对话框中填入父模板名称，模板名称应具有可读性。依据不同的三遥点表模板进行点表维护。模板库三遥模板添加界面如图1–37所示。

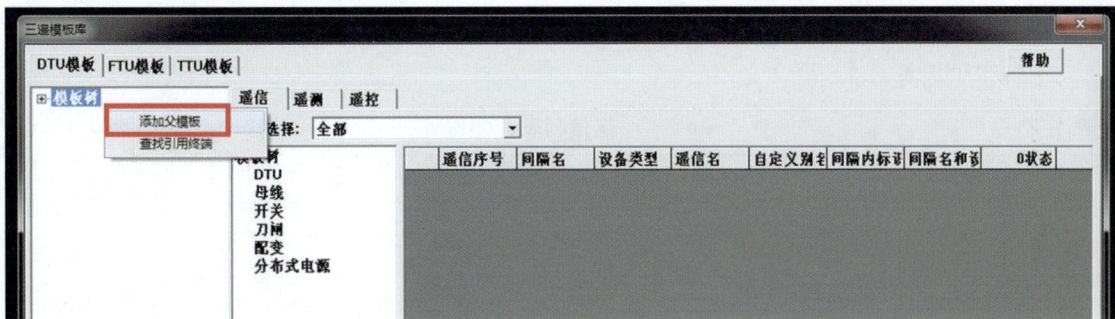

（a）

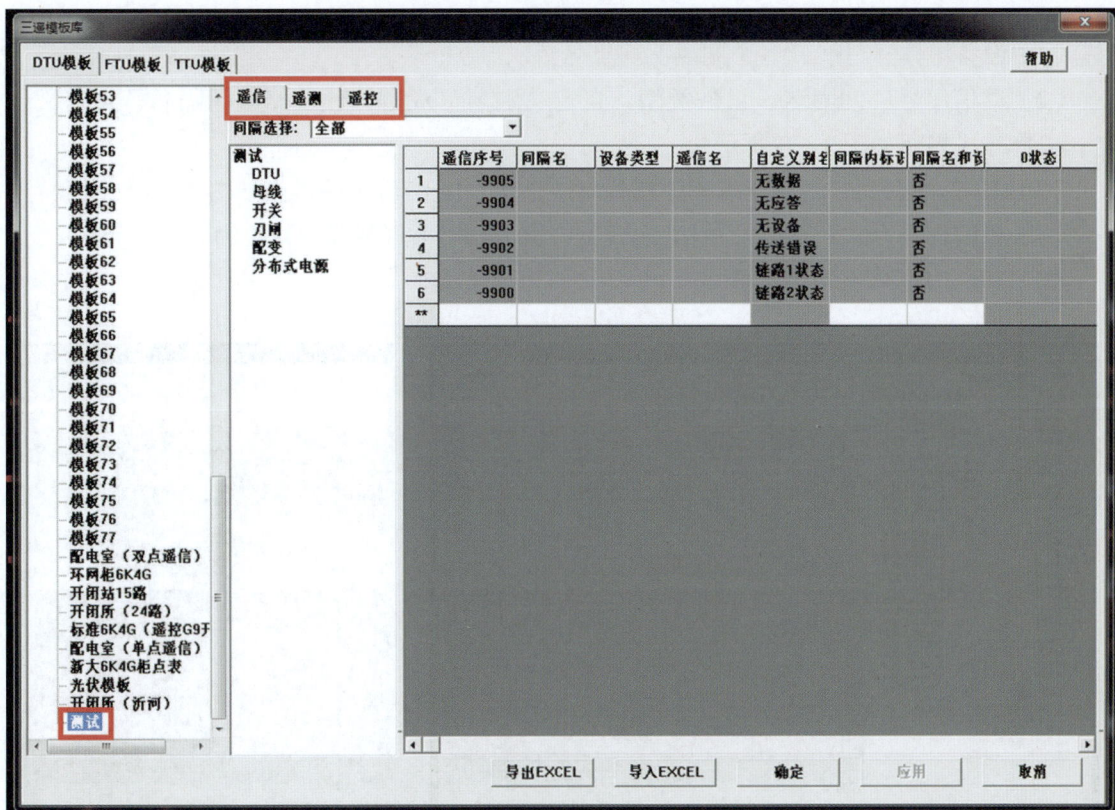

（b）

图 1-37　模板库三遥模板添加界面

（a）模板库父模板添加；（b）三遥模板点号配置

1.4.2.1 遥信点表维护

遥信列表见表1-2。

表1-2 遥信列表

遥信列表													
遥信序号	间隔名	设备类型	遥信名	自定义别名	间隔内标识	间隔名和设备名是否一致	0状态	1状态	是否取反	告警方式	告警级别	SF告警类型	最大动作次数设定值

（1）设备本体、母线、各个间隔三遥点号依次维护。

（2）遥信序号、间隔名、设备类型、自定义别名可双击修改。修改间隔名、自定义别名和告警方式界面如图1-38所示。

（3）双击"遥信名"，在测点库中选择对应遥信，遥信名选择界面如图1-39所示。

（4）遥信告警方式默认为"短信"，改为"SF记录"，告警级别修改为0。

（5）其余按照系统默认即可。

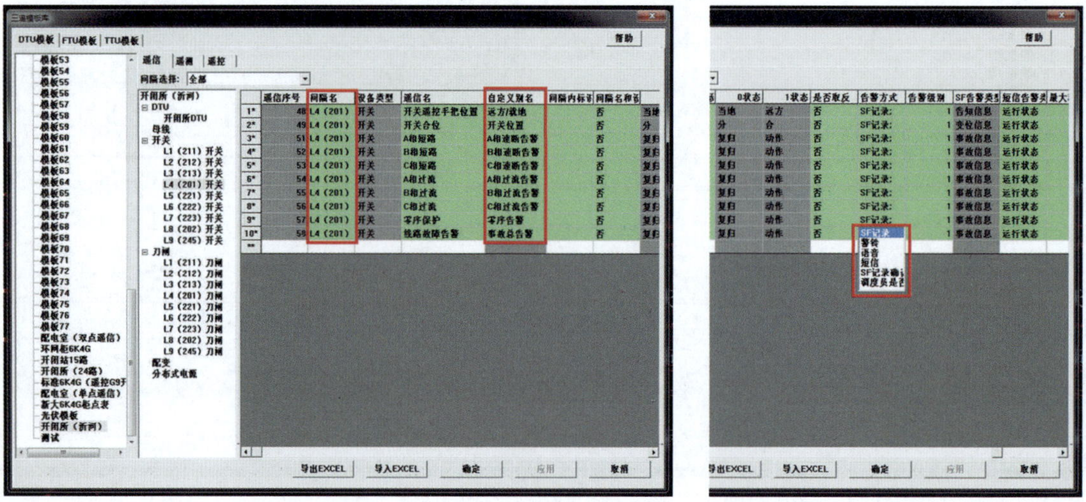

（a）　　　　　　　　　　　　　（b）

图1-38 修改间隔名、自定义别名和告警方式界面

（a）修改间隔名、自定义别名；（b）修改告警方式

（a）

（b）

图1-39 遥信名选择界面（一）

（a）常用；（b）固有

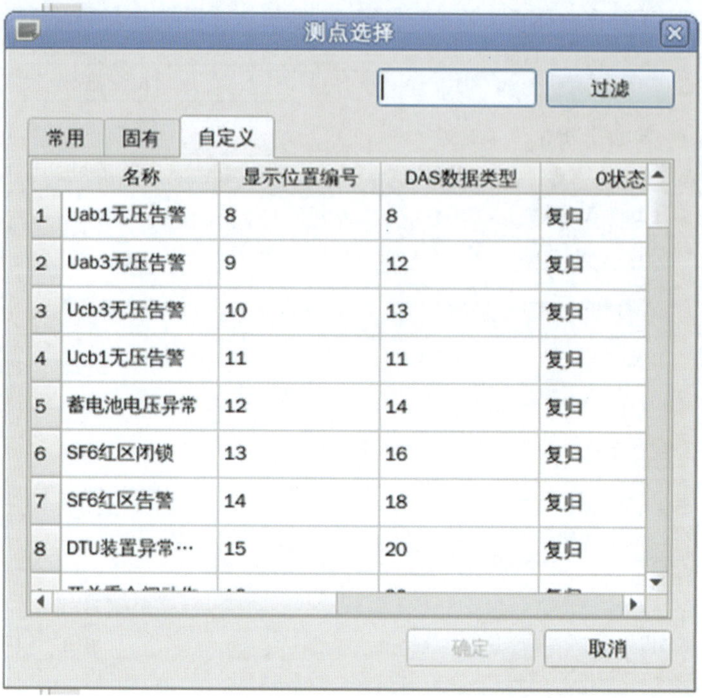

（c）

图 1-39　遥信名选择界面（二）

（c）自定义

1.4.2.2　遥测点表维护

遥测列表见表 1-3。

表 1-3　　　　　　　　　　　　　　　　遥测列表

遥测列表																		
遥测序号	间隔名	设备类型	间隔内标识	间隔名和设备名是否一致	遥测名	单位	精度	遥测系数	上限值	下限值	上上限	下下限	上限死区	下限死区	存历史库周期	越线告警方式	告警级别	SF告警类型	短信告警类型

（1）设备本体、母线、各个间隔三遥点号依次维护。

（2）遥测序号、间隔名、设备类型可双击修改。

（3）双击遥测名，在测点库中选择对应遥测。

（4）越线告警方式默认为"短信"，改为"SF 记录"；告警级别按照默认即可。

（5）其余按照系统默认即可。

1.4.2.3　遥控点表维护

遥控列表见表 1-4。

表 1–4   遥控列表

遥控列表					
遥控序号	间隔名	设备类型	间隔内标识	间隔名和设备名是否一致	遥控名

（1）设备本体、母线、各个间隔三遥点号依次维护。

（2）遥控序号、间隔名、设备类型可双击修改，遥控点号配置界面如图 1–40 所示。

（3）双击"遥控名"，在测点库中选择对应遥控。

1.4.3 FTU 模板创建

方法一：在模板树上右键选择"增加父模板"，在弹出的对话框中填入父模板名称。

方法二：在父模板上右键选择"增加子模板"，可在继承父模板原有点号的基础上对新增子模板三遥点号进行增加、删除、修改。子父模板名称同样具有可读性。

FTU 三遥点表信息维护与 DTU 点号维护方法一致。

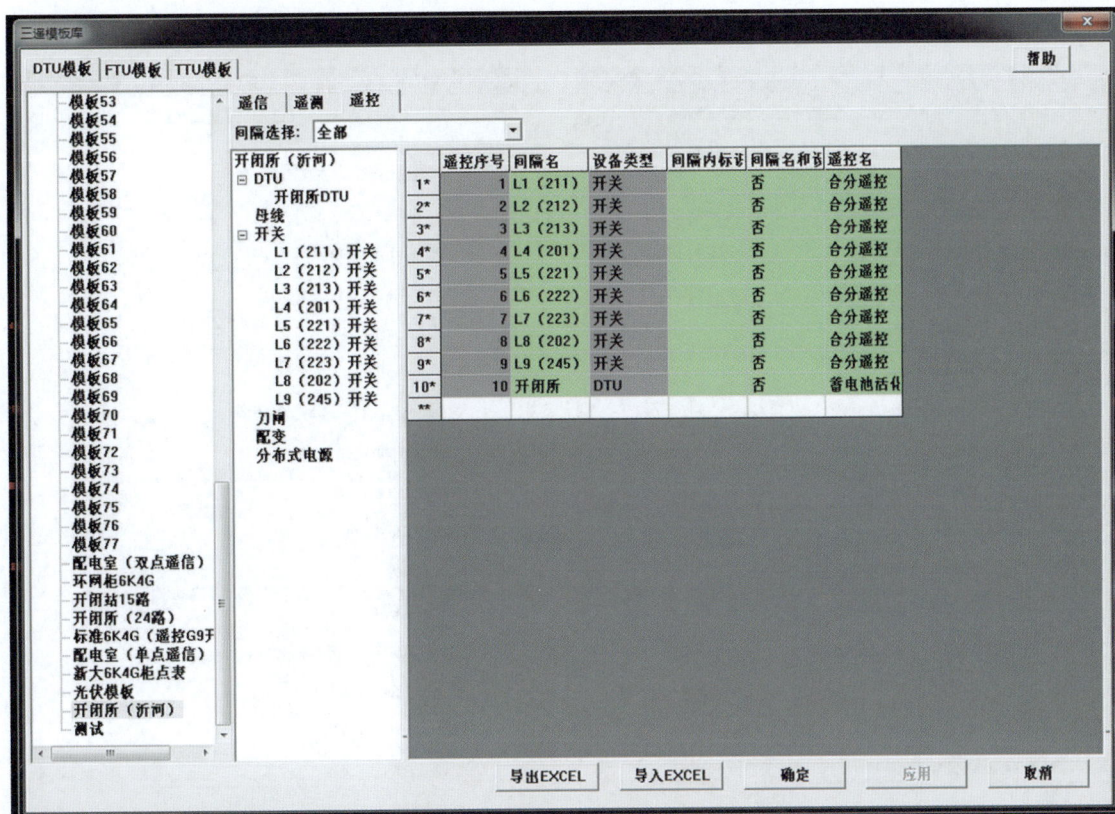

图 1–40 遥控点号配置界面

29

1.5　采集通道配置及终端新建

1.5.1　采集通道配置

1.5.1.1　路径

点击"图资"→"工程定制"→"三遥维护"。

1.5.1.2　采集通道配置

点击"前置配置"→"采集通道配置"→"增加采集通道"。采集通道配置路径如图1-41所示，无线、光纤采集通道配置界面如图1-42所示，相关注意事项见表1-5。

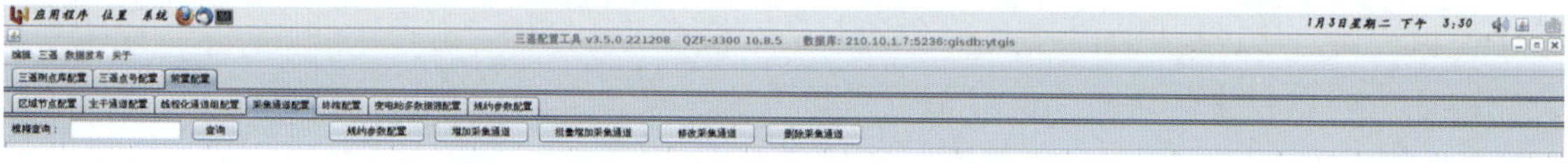

图 1-41　采集通道配置路径

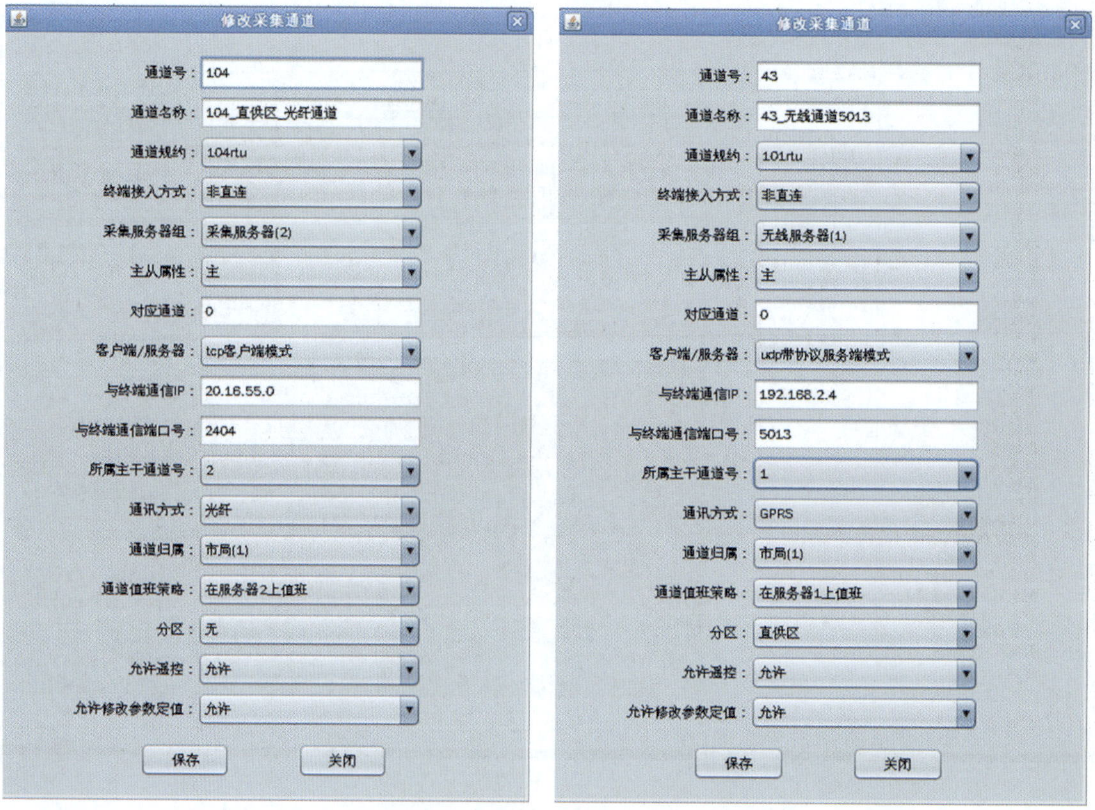

（a）　　　　　　　　　　　　　（b）

图 1-42　无线、光纤采集通道配置界面

（a）增加光纤采集通道；（b）增加无线采集通道

表 1-5　　　　　　　　　　　无线、光纤采集通道配置注意事项

注意事项	内容	
	增加无线采集通道	增加光纤采集通道
终端接入方式	非直连	非直连
主从属性	主	主
对应通道	0	0
与终端通信 IP	192.168.2.4	20.16.×.×.0
所属主干通道号	1	2
与终端通信端口号	—	2404
通信方式	GPRS	光纤

1.5.1.3　变电站采集通道配置

1. 路径

点击"三遥配置工具"→"前置配置"→"采集通道配置"，采集通道配置路径界面如图 1-43 所示。

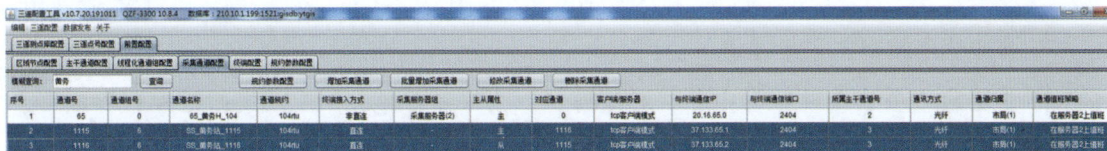

图 1-43　采集通道配置路径界面

2. 增加变电站主、从采集通道

变电站主、从采集通道配置界面如图 1-44 所示。

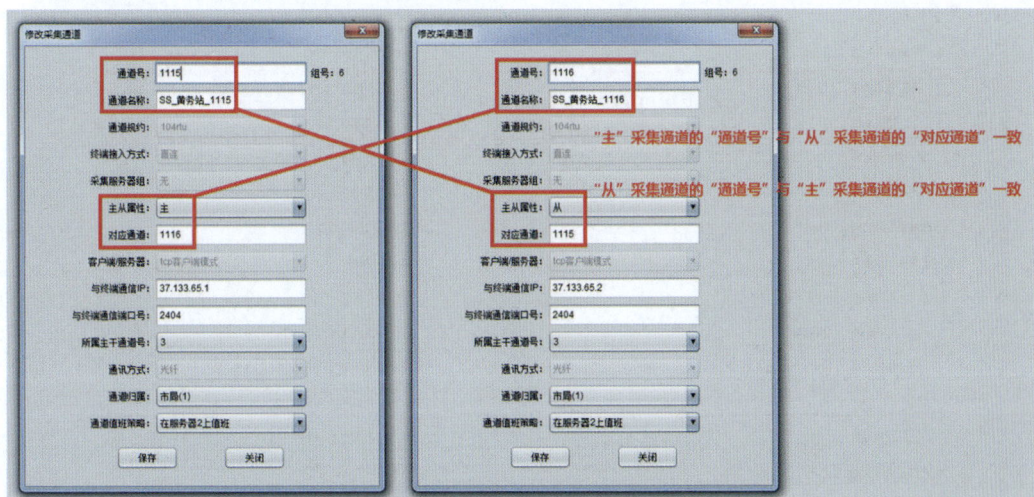

（a）

图 1-44　变电站主、从采集通道配置界面（一）

（a）采集通道对应通道配置

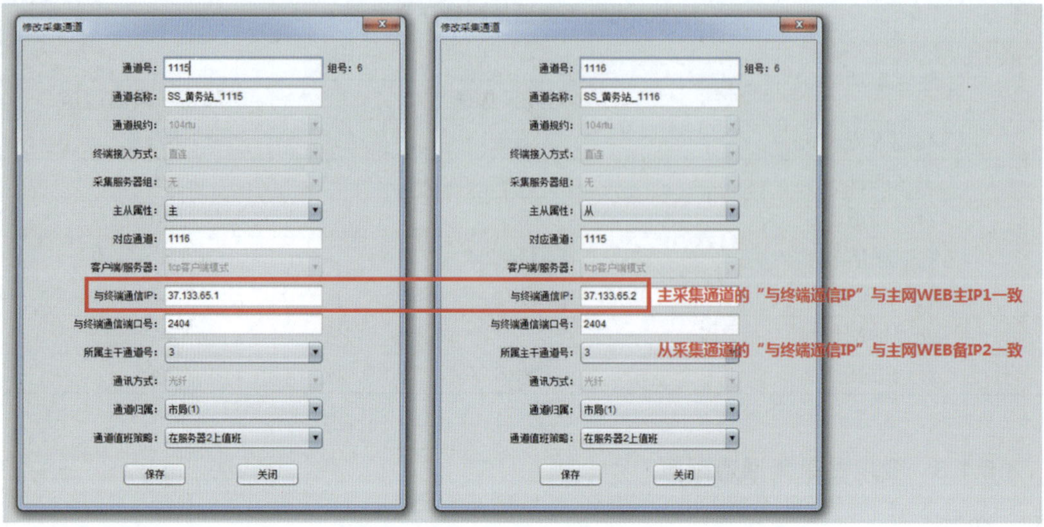

（b）

图1-44 变电站主、从采集通道配置界面（二）

（b）采集通道通信IP配置

3. 增加变电站双主采集通道

需要修改"主从属性"为主和"对应通道"为0，变电站双主采集通道配置界面如图1-45所示。

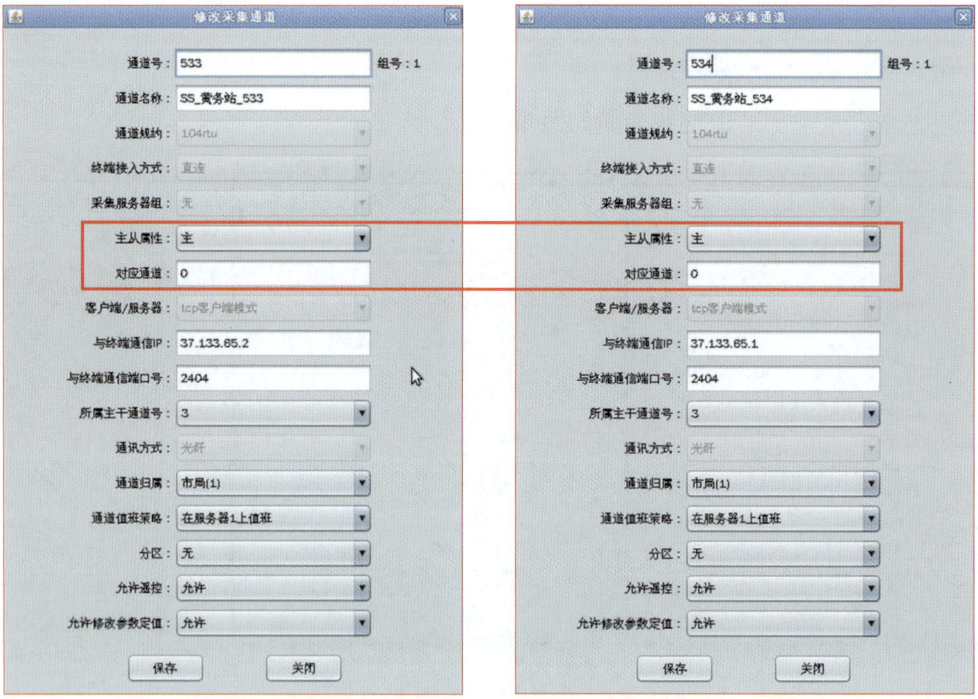

图1-45 变电站双主通道配置界面

1.5.2　终端新建

1.5.2.1　路径

点击"图资"→"工程定制"→"三遥维护"→"前置配置"→"终端配置"，新建终端路径界面如图 1-46 所示。

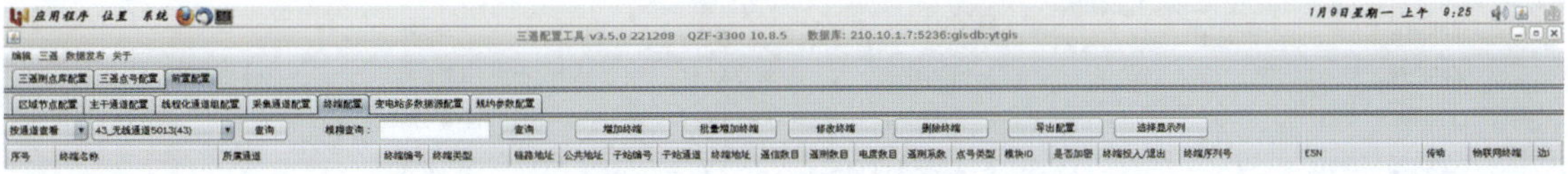

图 1-46　新建终端路径界面

1.5.2.2　确定终端通信方式和所属通道，新建无线通信终端

选定需要的无线通道，通过"增加终端"完成空白终端新建工作。新建终端空白模板界面如图 1-47 所示。

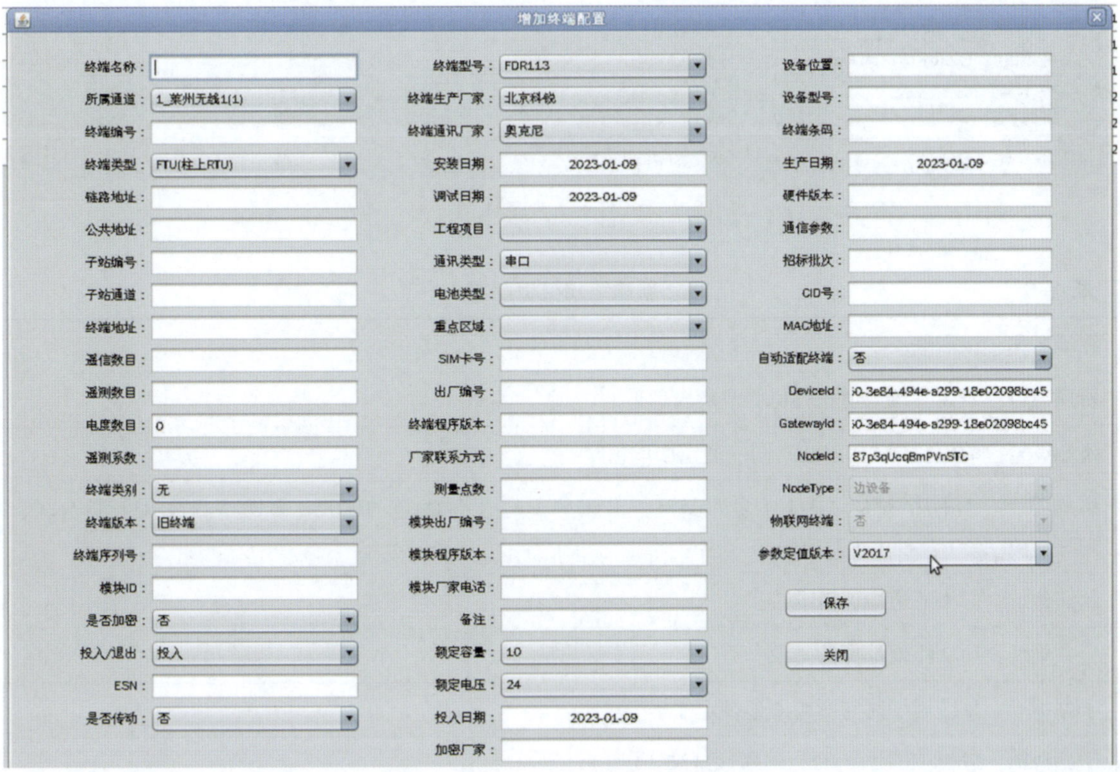

图 1-47　新建终端空白模板界面

FTU 新建终端界面如图 1-48 所示。在实际工作中，可以先选定该通道下某存量终端，点击"增加终端"初步完成新终端的建立，修改终端名称、终端编号、链路地址、公共地

33

址、子站通道、终端地址、遥信数目、遥测数目等信息。新建终端模板配置见表1-6，表格中所有红色文字为易错点，在终端配置时要格外注意，否则会造成前置发布错误，终端无法上线。

图 1-48　FTU 新建终端界面

表 1-6　　　　　　　　　　　　　　新建终端模板配置

终端名称：按需修改
所属通道：若需终端通道迁移可修改所属通道
终端编号：取值范围 1 ~ 480，同一通道中取值唯一
终端类型：环网柜对应"DTU（多回路测控 RTU）"，配电室对应"DTU2（多回路测控 RTU 拆分）"，FTU 对应"FTU（柱上 RTU）"
链路地址：同一通道中保持唯一
公共地址：与链路地址保持一致
子站编号：系统规划时与所属通道绑定完毕
子站通道：取值范围 1 ~ 12，终端地址满 40 加 1
终端地址：取值范围 1 ~ 40，满 40 子站通道加 1
遥信数目：按需修改，必须大于该端模板遥信数目
遥测数目：按需修改，必须大于该端模板遥测数目

续表

电度数目：按照默认 0 即可	
遥测系数：按照默认 1 即可	
终端类别：按照默认"无"即可	
终端版本：硬加密设备对应"融合终端（新加密）"，否则为"旧终端"	
终端序列号：硬加密终端为加密序列号，否则为 8 个零	
模块 ID：与链路地址保持一致，硬加密终端前面补零凑够 11 位。如果该终端硬加密退出，只需终端序列号改为 8 个零并网关同期退出即可	
是否加密：是	
投入／退出：投入	
ESN：默认为空即可	
是否传动：是，否则红图无法上线，终端所在计划登录黑图后自动转化为否	
终端型号：共环网柜、配电室、FDR113 三种选项，其中 FDR113 对应 FTU	
终端生产厂家：与现场一致	
终端通信厂家：与现场一致	
安装日期：与现场一致	
调试日期：与现场一致	
通信类型：CDMA 无线或光纤，与现场一致	
额定容量：与现场一致	
额定电压：与现场一致	
投入日期：与现场一致	
终端生产厂家：与现场一致	

　　新建终端保存后须发布至所有服务器；若发布失败，可在目录"/tmp/fabu.txt"中查看错误信息，依据提示修改错误终端配置信息，重新发布即可。

　　在新建配电室终端时，对于双母不联络自动化配电室需通过 DTU 拆分建立虚拟终端用来关联副母线所在的配电室终端。需要注意的是，DTU 拆分一定要在主母线所在终端上进行，通过"添加终端"选项关联副母线所在终端，遥控起始点号要改为 1。新建配电室终端界面如图 1-49 所示。

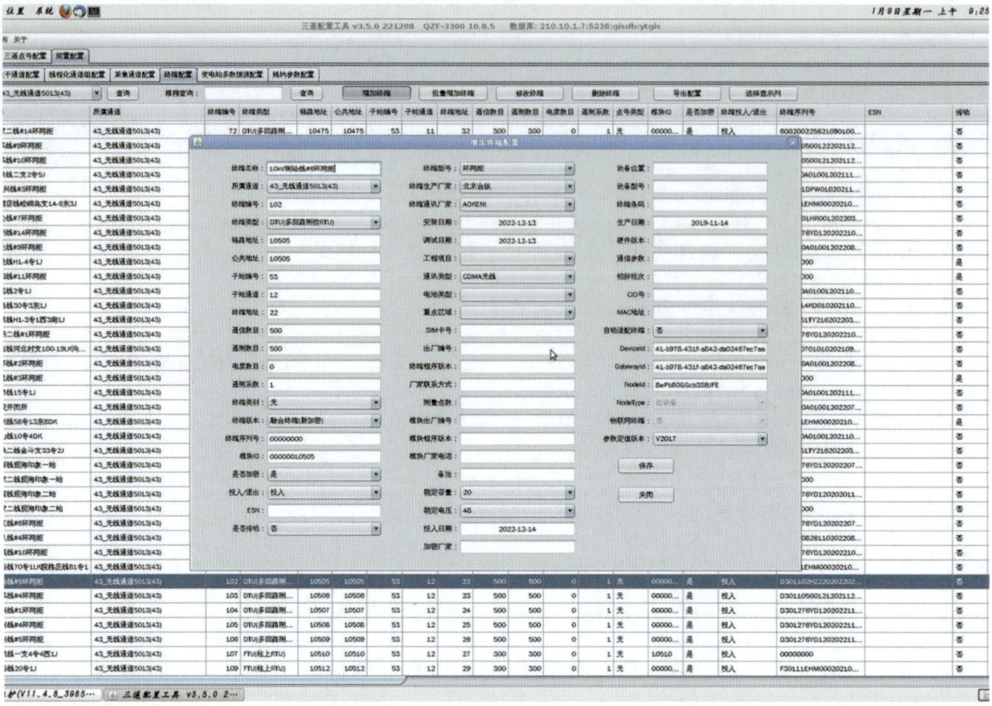

（a）

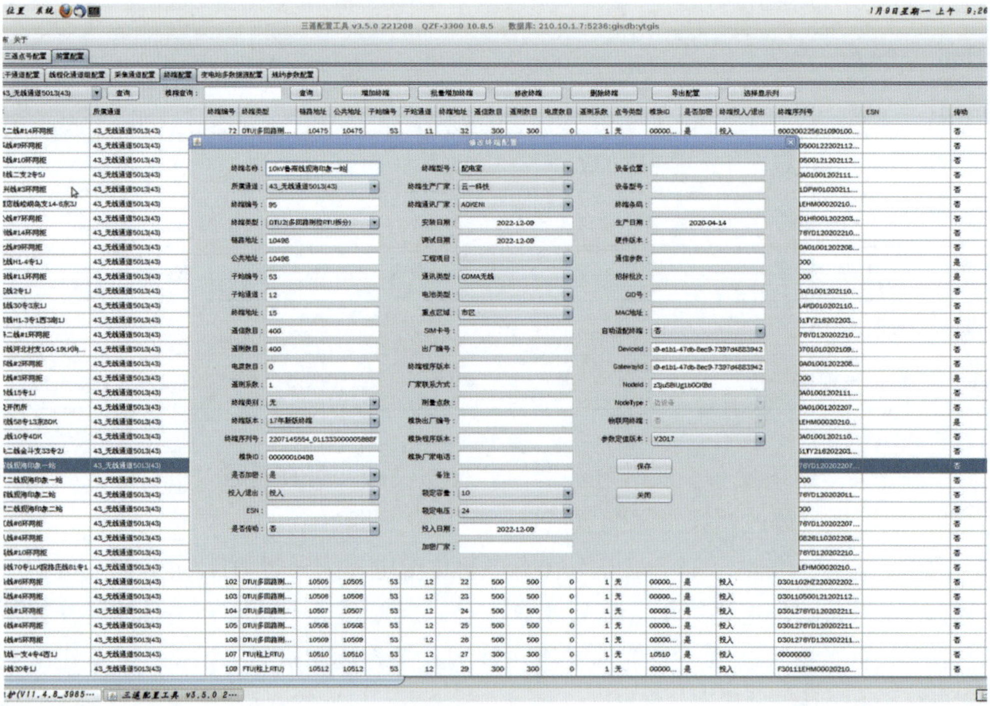

（b）

图 1-49　新建配电室终端界面（一）

（a）环网柜新建终端；（b）配电室（主）新建终端

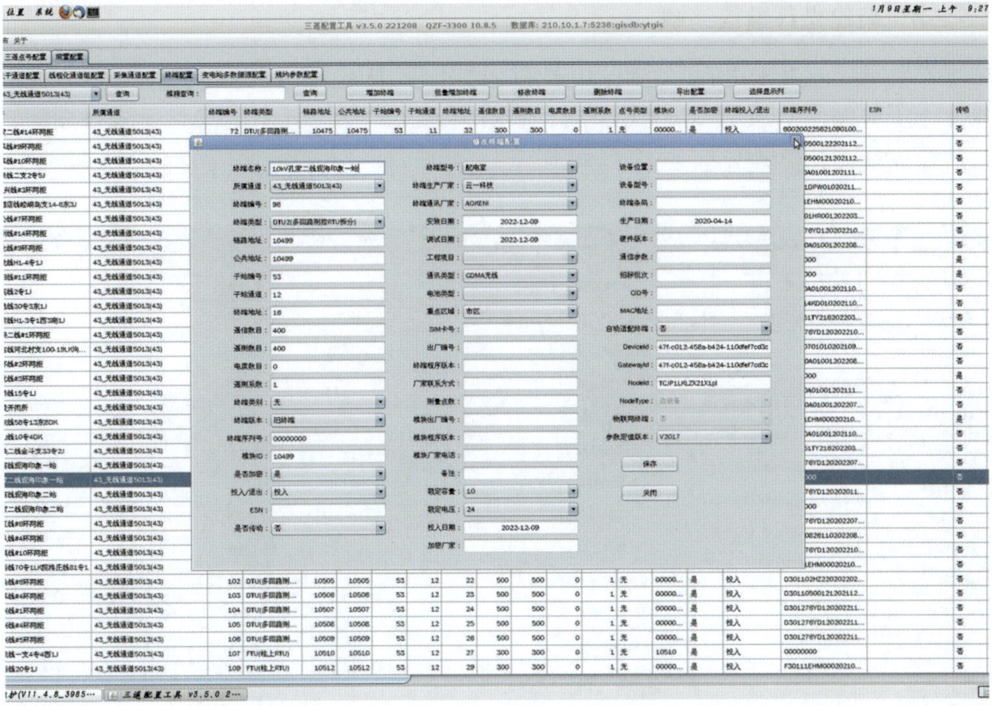

（c）

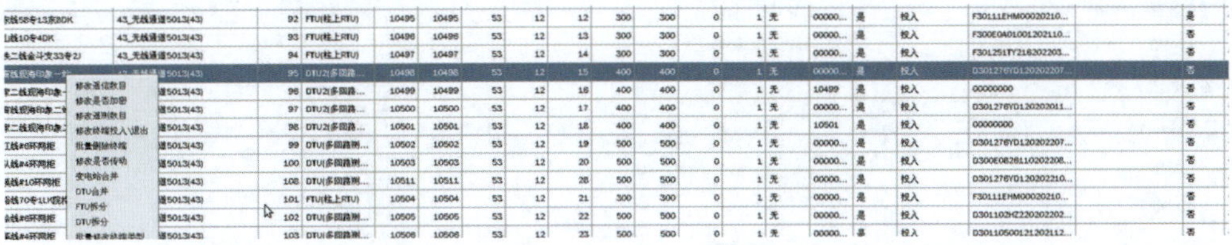

（d）

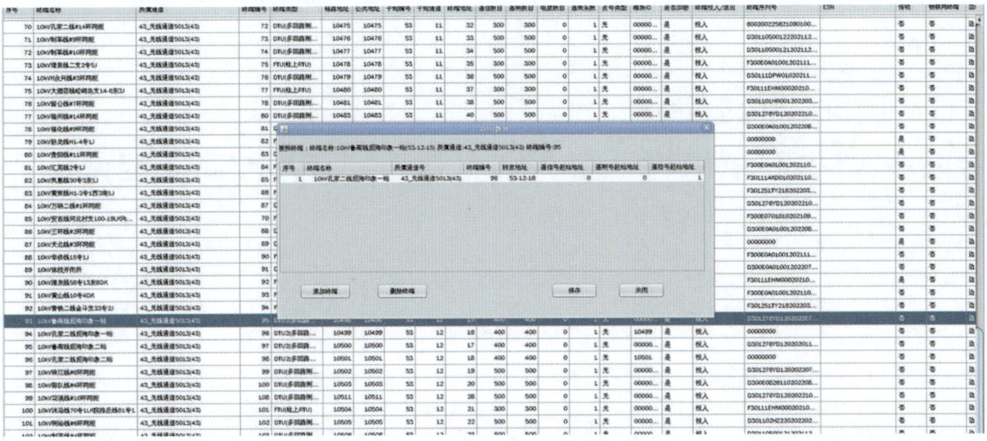

（e）

图 1-49　新建配电室终端界面（二）

（c）配电室（次）新建终端；（d）配电室拆分；（e）修改遥控起始地址

1.5.2.3 新建光纤通信终端

选定光纤通道，确定光纤终端的 IP 地址，即模块 ID（身份标识）。公共地址对应 IP 地址第 4 位，子站编号对应 IP 地址第 3 位，通信类型为光纤；其余配置与无线终端配置方法无异。新建光纤通信终端界面如图 1–50 所示。

图 1–50　新建光纤通信终端界面

1.5.2.4 增加变电站采集终端

新建变电站采集终端界面如图 1–51 所示，主网 Web 系统页面如图 1–52 所示。

图 1-51　新建变电站终端界面

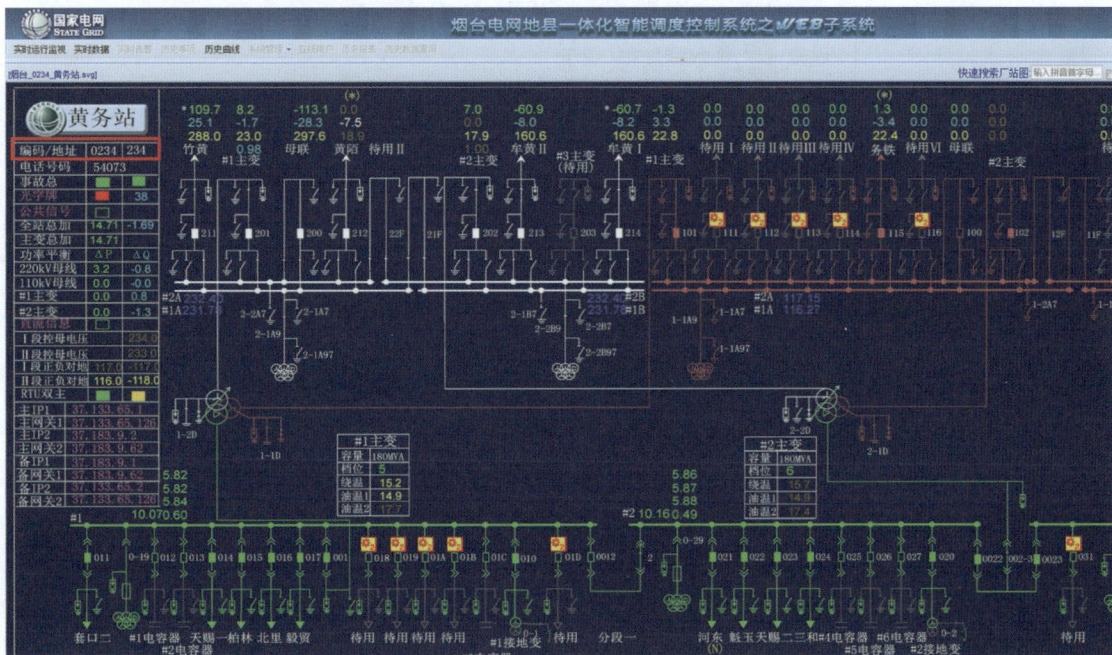

图 1-52　主网 Web 系统页面

1.6　三遥点号配置

1.6.1　路径

点击"图资"→"工程定制"→"三遥维护"。

1.6.2　三遥点号配置

三遥点号配置界面如图 1-53 所示。

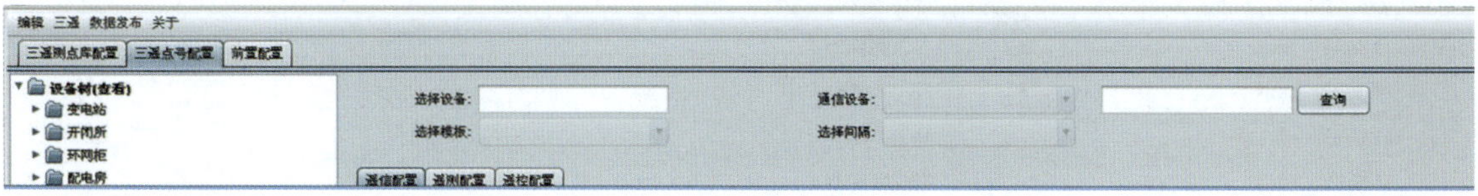

图 1-53　三遥点号配置界面

1.6.3　新上终端三遥点号配置

使用快捷组合（Alt+E）或点击"三遥"→"编辑计划"，在弹出的改建计划列表中选择包含新终端的计划，双击进入编辑状态。三遥点号配置流程如图 1-54 所示。

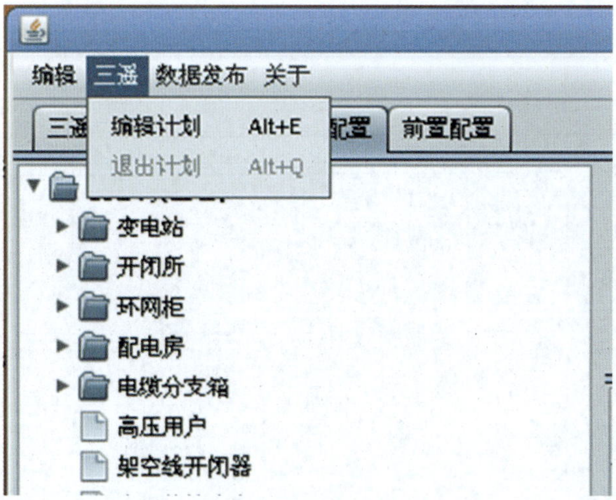

（a）

图 1-54　三遥点号配置流程（一）

（a）第一步

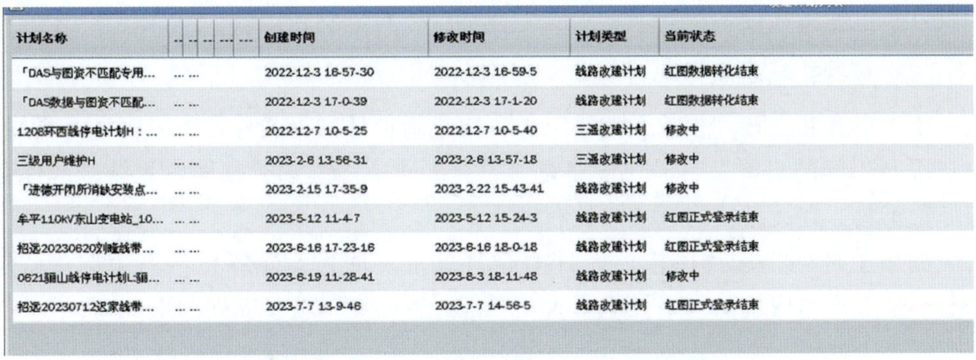

计划名称				创建时间	修改时间	计划类型	当前状态
「DAS与图资不匹配专用…	…	…		2022-12-3 16-57-30	2022-12-3 16-59-5	线路改建计划	红图数据转化结束
「DAS数据与图资不匹配…	…	…		2022-12-3 17-0-39	2022-12-3 17-1-20	线路改建计划	红图数据转化结束
1208环西线停电计划H：…	…			2022-12-7 10-5-25	2022-12-7 10-5-40	三遥改建计划	修改中
三级用户维护H	…	…		2023-2-6 13-56-31	2023-2-6 13-57-18	三遥改建计划	修改中
「进德开闭所消缺安装点…	…	…		2023-2-15 17-35-9	2023-2-22 15-43-41	线路改建计划	修改中
牟平110kV东山变电站_10…	…	…		2023-5-12 11-4-7	2023-5-12 15-24-3	线路改建计划	红图正式登录结束
招远20230820划缆线带…	…			2023-6-16 17-23-16	2023-6-16 18-0-18	线路改建计划	红图正式登录结束
0621驼山线停电计划L:驼…	…			2023-6-19 11-28-41	2023-8-3 18-11-48	线路改建计划	修改中
招远20230712迟家线带…	…			2023-7-7 13-9-46	2023-7-7 14-56-5	线路改建计划	红图正式登录结束

（b）

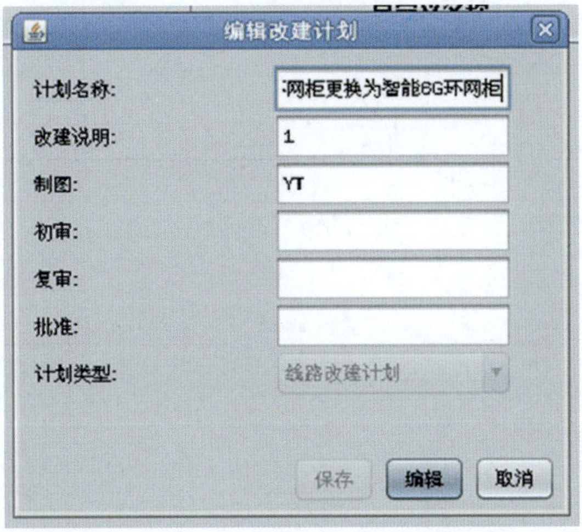

（c）

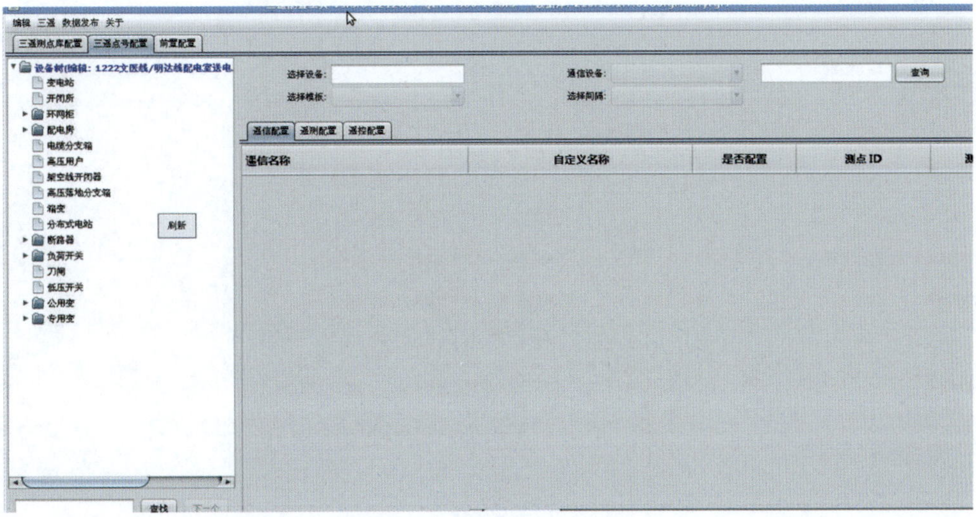

（d）

图1-54 三遥点号配置流程（二）

（b）第二步；（c）第三步；（d）第四步

注意：新上设备在设备树中不显示，需在空白处右键刷新加载。

1.6.3.1 环网柜三遥点号配置

（1）依次点开新上环网柜前面的小三角，检查新上环网柜名称、DTU 名称、母线名称、开合设备以及刀闸的名称、自动化设备是否符合要求。若有误，在图资系统修改保存后返回三遥配置工具，在设备树附近空白处右键刷新。

（2）为新上环网柜选择模板，为 DTU 选择间隔。底色为草绿色的三个选项"是否配置""测点号""是否取反"可个性化修改。遥信配置注意事项界面如图 1-55 所示。

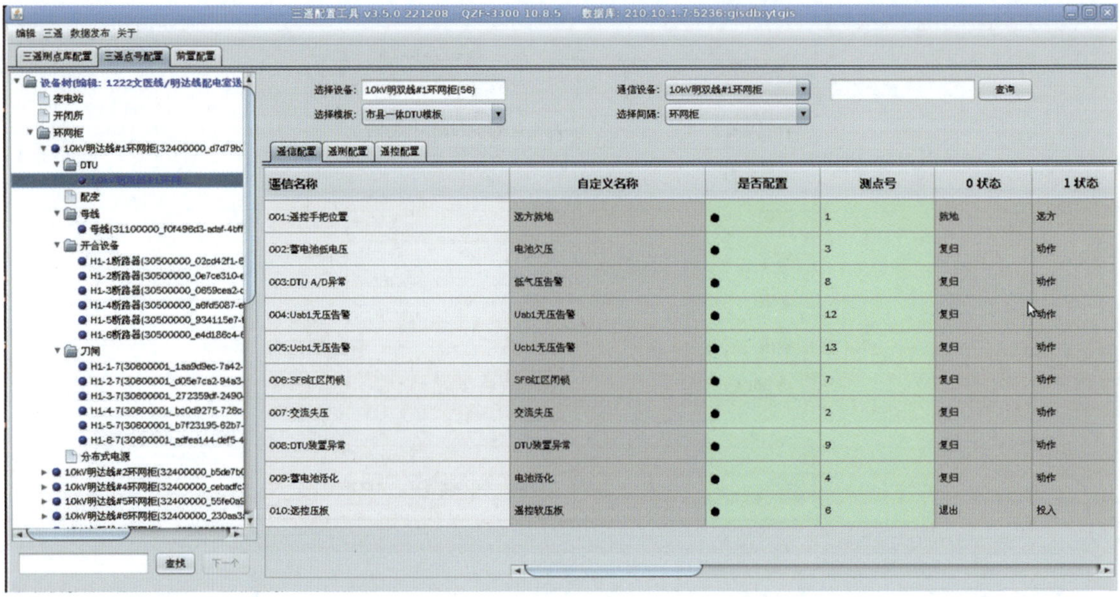

（a）

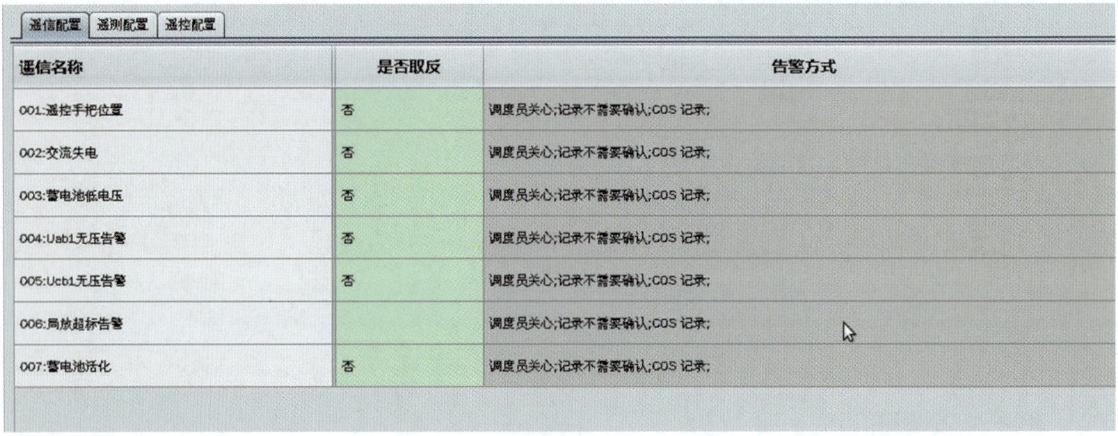

（b）

图 1-55 遥信配置注意事项界面

（a）是否配置、测点号；（b）是否取反

（3）为开合设备选择间隔，底色为草绿色选项可个性化修改。遥测配置注意事项界面如图 1-56 所示。

图 1-56　遥测配置注意事项界面

（4）开合设备电量配置。先打开多回路内部接线图，在开合设备运行参数中设置回路编号值（同一多回路中开关回路编号不能重复），再点击"生成点号"→"提交配置"→"确定"。开合设备电量配置界面如图 1-57 所示。

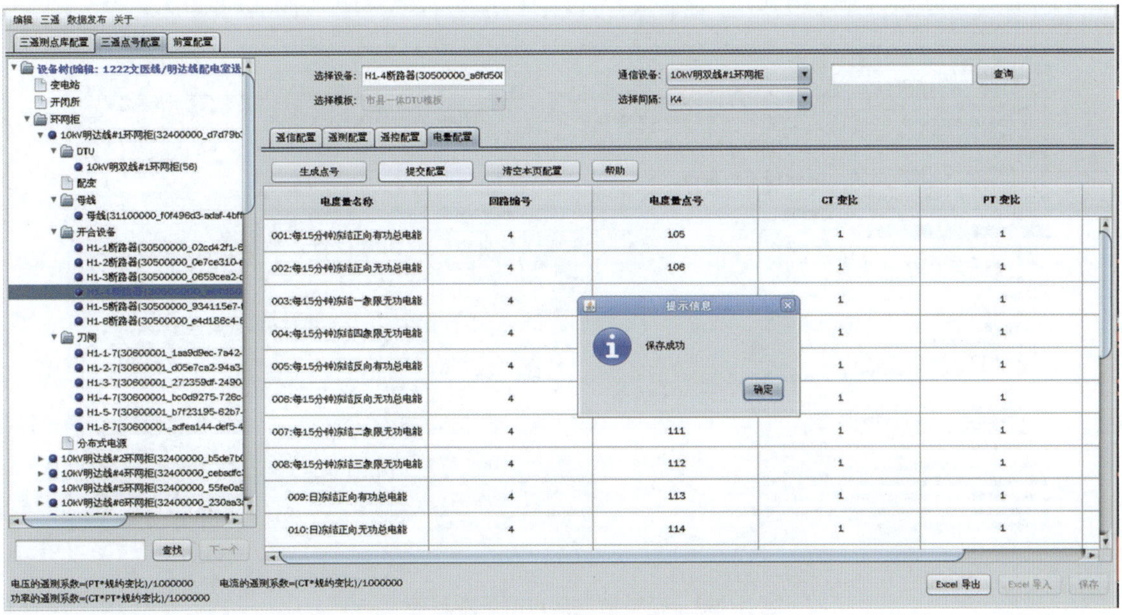

图 1-57　开合设备电量配置界面

（5）刀闸选择间隔，底色为草绿色选项可个性化修改。刀闸点号配置界面如图 1-58 所示。

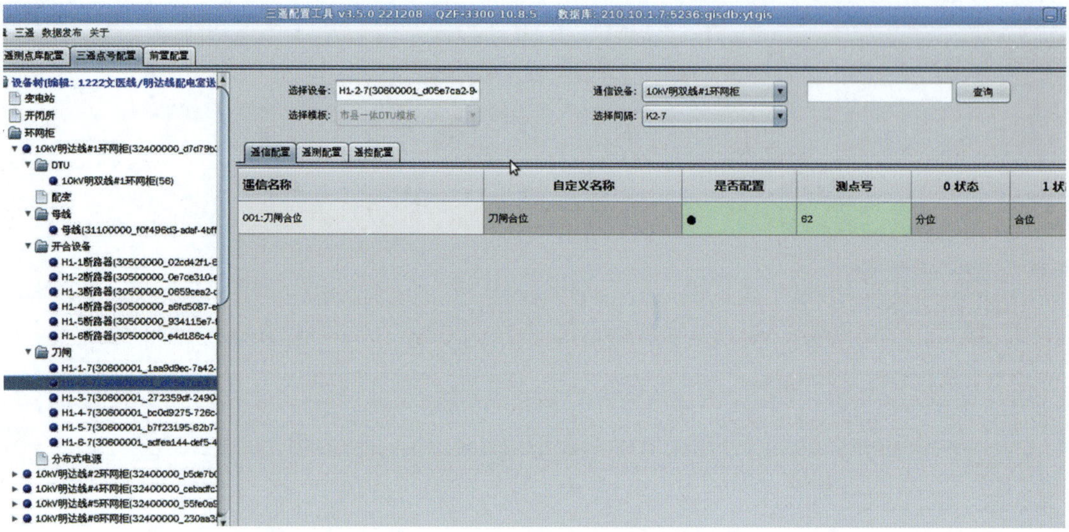

图 1-58 刀闸点号配置界面

1.6.3.2 配电室三遥点号配置

（1）依次点开新上配电室前面的小三角图标，检查新上配电室名称、DTU 名称、母线名称、开合设备以及刀闸的名称、自动化设备是否符合要求；若有误，在图资系统修改保存后返回三遥配置工具，在设备树附近空白处点击右键刷新。

（2）配电室点号配置与环网柜点号配置基本一致，不同之处在于配电室不需要配置电量，配电室配电变压器不需要选间隔配置点号。配电室三遥点号配置界面如图 1-59 所示。

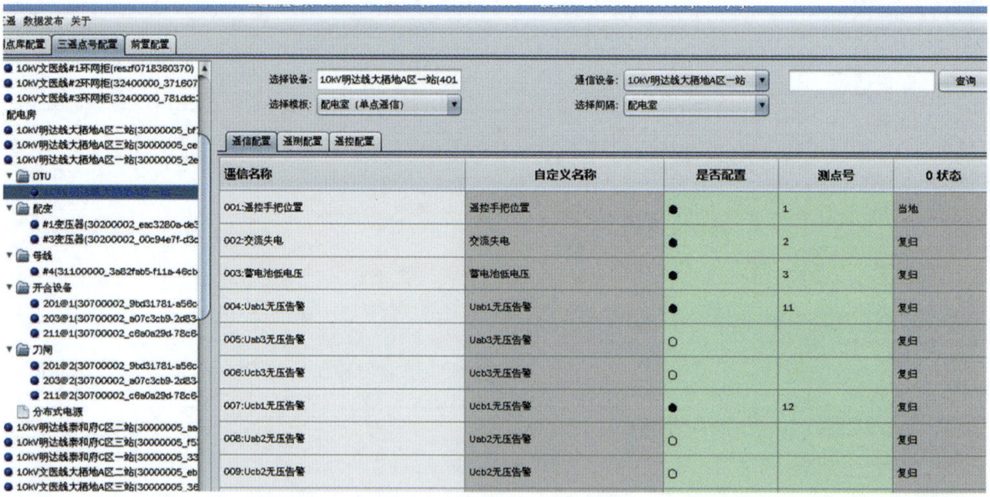

（a）

图 1-59 配电室三遥点号配置界面（一）

（a）配电室 DTU 遥信配置

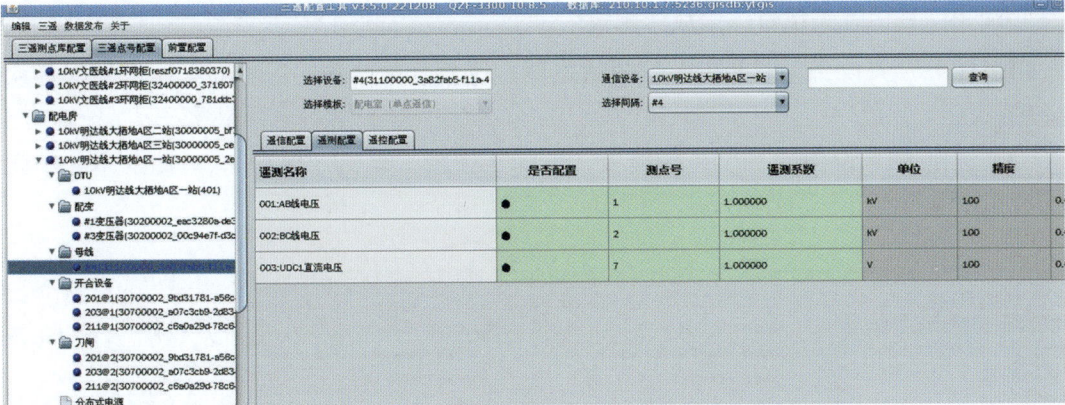

（b）

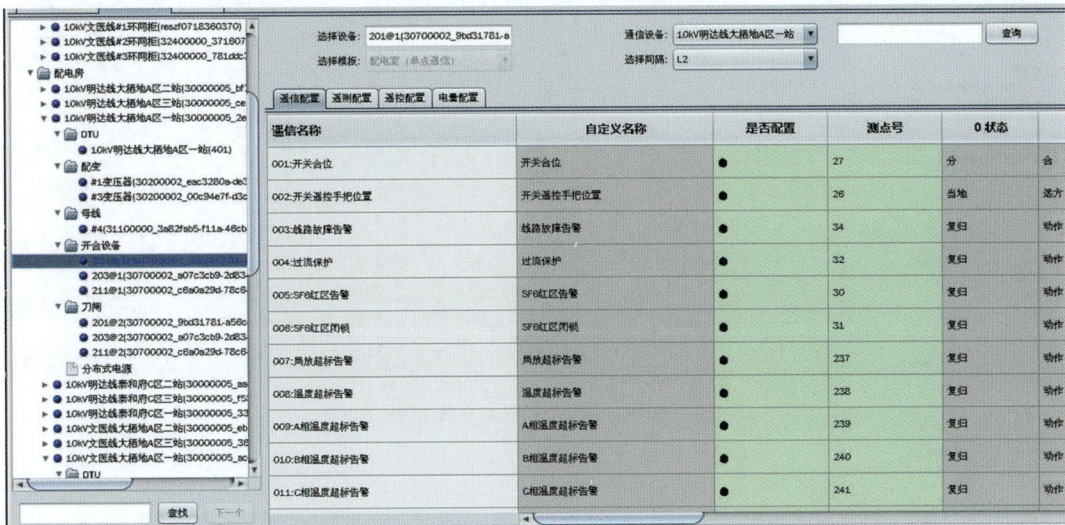

（c）

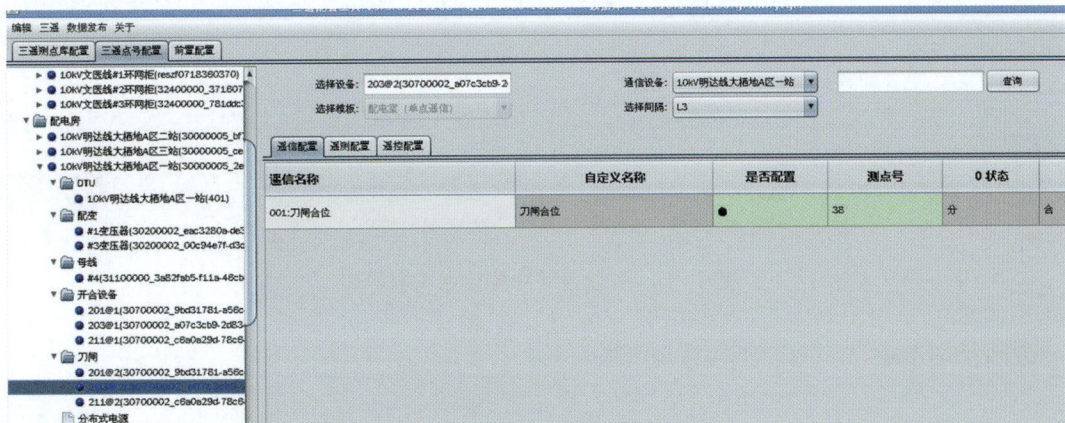

（d）

图 1-59 配电室三遥点号配置界面（二）

（b）配电室母线遥测配置；（c）配电室开合设备遥信配置；（d）配电室刀闸遥信配置

1.6.3.3　柱上开关设备三遥点号配置

（1）柱上开关设备（即 FTU）分为断路器、负荷开关两种，二者的三遥点号配置无任何差别。

（2）选定 FTU 设备，下拉选择模板，选择子模板，点击"保存"。FTU 三遥点号配置界面如图 1-60 所示。

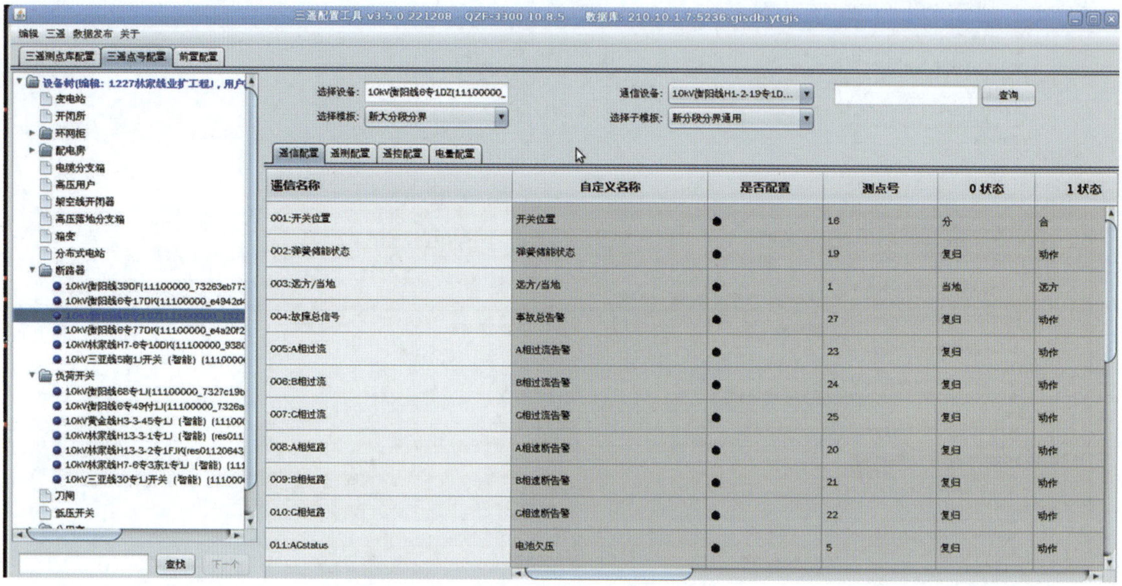

图 1-60　FTU 三遥点号配置界面

1.6.4　退出改建计划

使用快捷组合（Alt+O）或点击"三遥"→"退出计划"，三遥点号配置计划退出界面如图 1-61 所示。

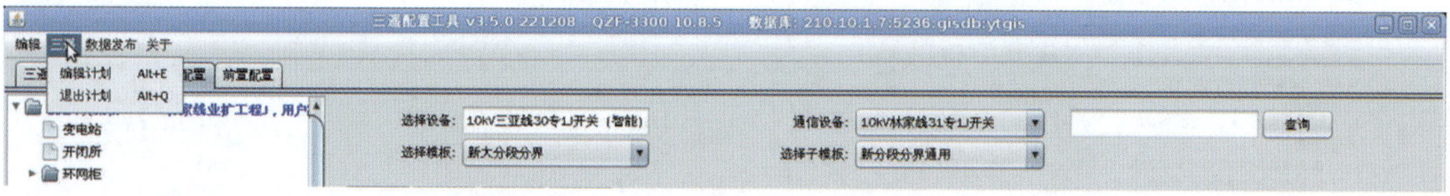

图 1-61　三遥点号配置计划退出界面

说明：本节中"刀闸"指代接地开关。

1.7　自动化设备终端添加

（1）站房类设备将运行参数中的通信方式由"分散式通信"改为"集中式通信"，属性页签多出"终端配置"选项，表示该设备是自动化设备需关联终端。变电站默认为自动化，无须修改。站房设备属性修改界面如图 1-62 所示。

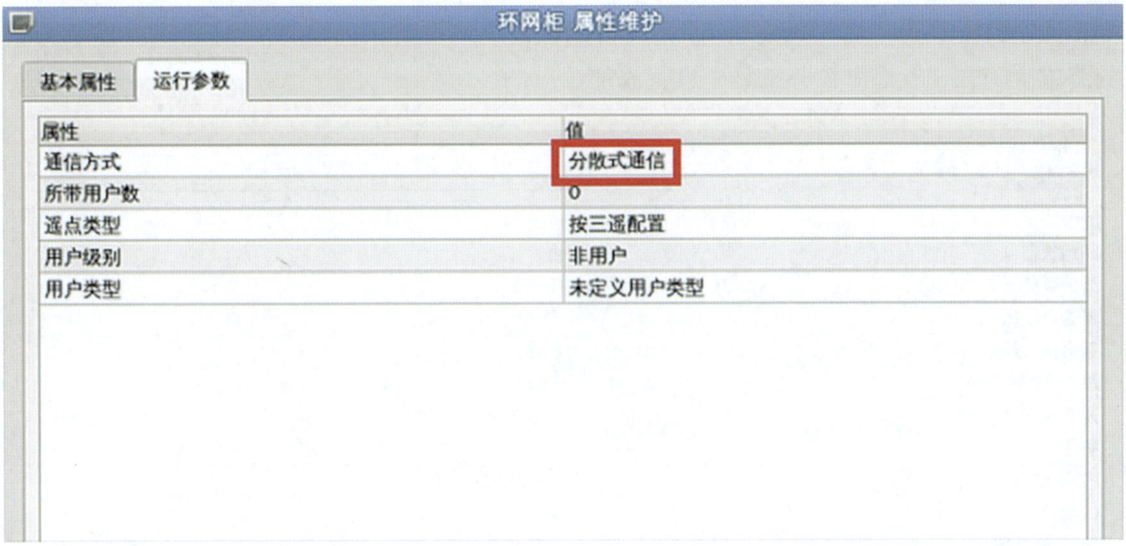

（a）

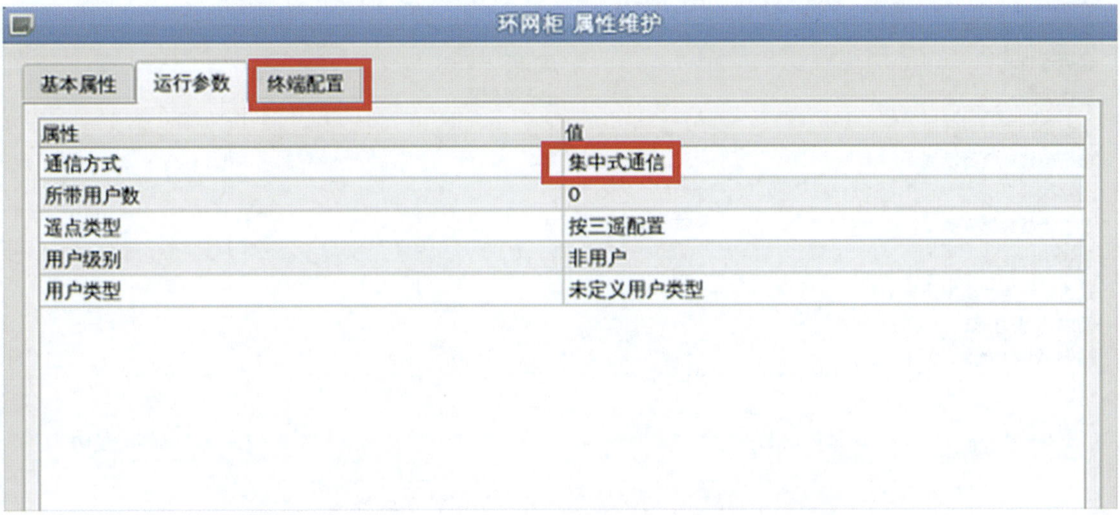

（b）

图 1-62　站房设备属性修改界面

（a）非自动化站房设备属性；（b）自动化站房设备属性

（2）柱上开关设备将运行参数中的是否自动化属性由"非自动化"改为"自动化"，表示该设备是自动化设备需关联终端，自动化柱上开关设备属性修改界面如图1-63所示。

（3）关联终端时，点击终端配置中的"增加终端关联"，在弹出窗口中查询出对应终端，点击终端，再点击"确定"，即完成自动化设备终端关联，如图1-64所示。需要关联的终端提前在"三遥维护"工具中进行添加。

基本属性	运行参数	
属性		值
初始状态		合
开关类型		电流型
是否自动化		自动化
是否联络开关		不是
最大允许电流(A)		630
开关用途(进出线)		一般开关
备注		
PT变比		600.0000
CT变比		600.0000
负荷/断路器		负荷开关
分支/分段		其他
间隔		
是否是并网点开关		不是
是否遥控		是
遥点类型		按三遥配置
是否是网源分界开关		不是
负荷侧接地自举功能		具备
回路编号		0
是否产权分界开关		否
是否手持终端		否
是否是就地智能型开关		否
站内:关联刀闸1		
站内:关联刀闸2		

型号维护　　　　　　　　　　　　　　　　保存　　关闭

图 1-63　自动化柱上开关设备属性修改界面

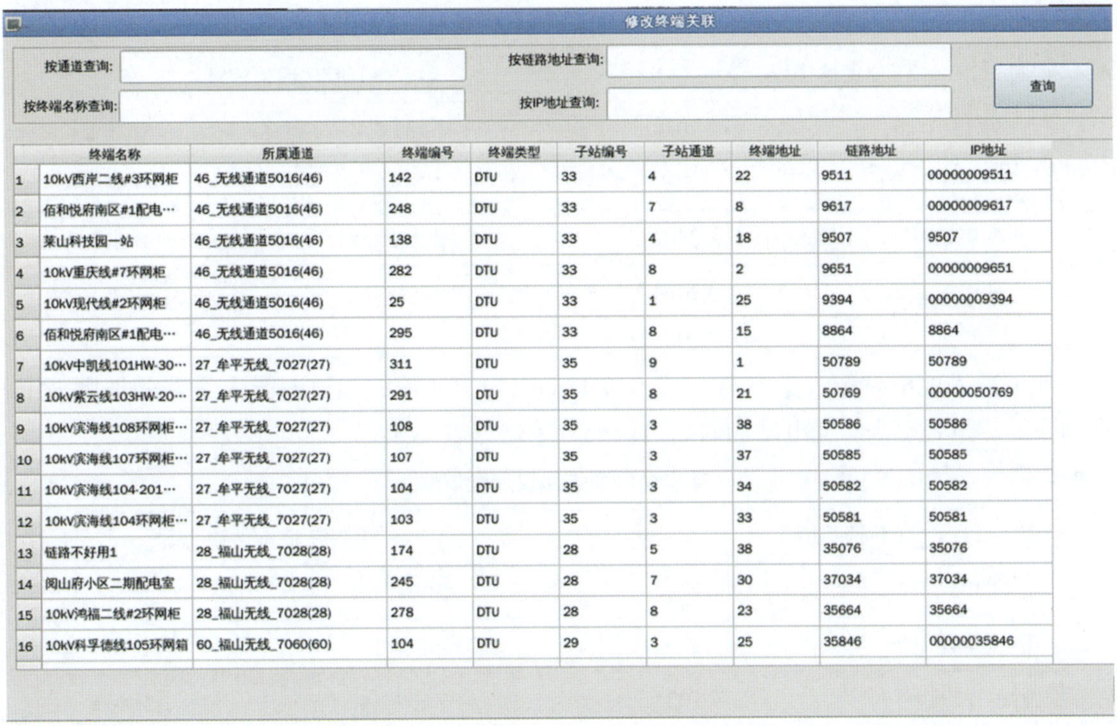

	终端名称	所属通道	终端编号	终端类型	子站编号	子站通道	终端地址	链路地址	IP地址
1	10kV西岸二线#3环网柜	46_无线通道5016(46)	142	DTU	33	4	22	9511	0000009511
2	佰和悦府南区#1配电…	46_无线通道5016(46)	248	DTU	33	7	8	9617	0000009617
3	莱山科技园一站	46_无线通道5016(46)	138	DTU	33	4	18	9507	9507
4	10kV重庆线#7环网柜	46_无线通道5016(46)	282	DTU	33	8	2	9651	0000009651
5	10kV现代线#2环网柜	46_无线通道5016(46)	25	DTU	33	1	25	9394	0000009394
6	佰和悦府南区#1配电…	46_无线通道5016(46)	295	DTU	33	8	15	8864	8864
7	10kV中凯线101HW-30…	27_牟平无线_7027(27)	311	DTU	35	9	1	50789	50789
8	10kV紫云线103HW-20…	27_牟平无线_7027(27)	291	DTU	35	8	21	50769	0000050769
9	10kV滨海线108环网柜…	27_牟平无线_7027(27)	108	DTU	35	3	38	50586	50586
10	10kV滨海线107环网柜…	27_牟平无线_7027(27)	107	DTU	35	3	37	50585	50585
11	10kV滨海线104-201…	27_牟平无线_7027(27)	104	DTU	35	3	34	50582	50582
12	10kV滨海线104环网柜…	27_牟平无线_7027(27)	103	DTU	35	3	33	50581	50581
13	链路不好用1	28_福山无线_7028(28)	174	DTU	28	5	38	35076	35076
14	阅山府小区二期配电室	28_福山无线_7028(28)	245	DTU	28	7	30	37034	37034
15	10kV鸿福二线#2环网柜	28_福山无线_7028(28)	278	DTU	28	8	23	35664	35664
16	10kV科孚德线105环网箱	60_福山无线_7060(60)	104	DTU	29	3	25	35846	0000035846

图 1–64　自动化设备终端关联界面

注意：若设备需更换终端，使用终端配置中的“修改终端关联”进行修改，不要使用“删除终端关联”。

1.8　变电站隧道配置策略

前文中已经介绍了变电站采集通道和终端建立的方法及步骤。新上变电站与主配网完成信息通信还需要配置变电站隧道。这里只介绍如何建立变电站至配网的隧道。

（1）打开终端，依次输入下列命令启动隧道配置界面。

```
ssh –YC d5000@192.168.200.25
root.2013
cd bin
./PSGSM n
```

（2）进入“纵向管控”中的“一平面二区”。

（3）主站侧：在 IP 地址 37.13.0.114 下建立变电站隧道，在新建隧道中导入对应变电站加密证书，查询终端通讯隧道是否运行正常。主站侧通信协议配置策略见表 1–7。

表 1-7　　　　　　　　　　　　　　主站侧通信协议配置策略

TCP 通信协议		ICMP 通信协议	
37.131.0.45	1024	37.131.0.45	0 或 1
37.131.0.46	65535	37.131.0.46	0 或 1
变电站 IP1	2404	变电站 IP1	0 或 1
变电站 IP2	2404	变电站 IP2	0 或 1

（4）进入变电站侧，建立与主站（37.133.0.114）通信的隧道并导入主站的加密证书，查询该隧道是否起来。变电站侧通信协议配置策略见表 1-8。

表 1-8　　　　　　　　　　　　　　变电站侧通信协议配置策略

TCP 通信协议		ICMP 通信协议	
变电站 IP1	2404	变电站 IP1	0 或 1
变电站 IP2	2404	变电站 IP2	0 或 1
37.133.0.45	1024	37.133.0.45	0 或 1
37.133.0.46	65535	37.133.0.46	0 或 1

第 2 章　图模交互

基于电网资源中台（新一代设备资产精益管理系统 PMS）、运维支撑平台以及配网图资系统的贯通，配电自动化主站线路一次接线图通过图形文件（SVG 格式）、模型文件（XML格式）实现传输和接收。

本章主要介绍完成图模交互需要完成的工作，包括 PMS 资源 ID 维护、SVG 调图命名规则、图资系统地理图和衍生图的调整要求等。

2.1　PMS 资源 ID 维护

PMS 资源 ID 是电网资源中台与配电自动化图资系统进行图模交互时，作为设备唯一标识的一组编码，相当于图资系统内的设备编码，对应设备属性中的"全局编号"。

图模导入之前，图资系统内已有的存量设备须保证对应设备的 PMS 资源 ID 与电网资源中台保持一致。如果没有提前录入正确的 PMS 资源 ID，图模导入时，系统会对该设备先删除、再新增，且为非自动化状态。对于自动化设备，会丢失已经关联的终端以及三遥点号。

增量线路须先录入变电站线路出线点的 PMS 资源 ID，计划发布至 DAS 登录黑图后，方可进行增量线路的图模导入操作。

图模导入后的设备数量，以电网资源中台发送至运维支撑平台的 SVG 图为准，无论图资系统内设备 PMS 资源 ID 是否已正确录入。

2.1.1　PMS 资源 ID 获取

PMS 资源 ID 查询路径如图 2-1 所示，打开工作站主文件夹→点击"文件系统"→"backup"→"NeedSaveFile"→点击 🔍 查询所需线路的 XML 文件。

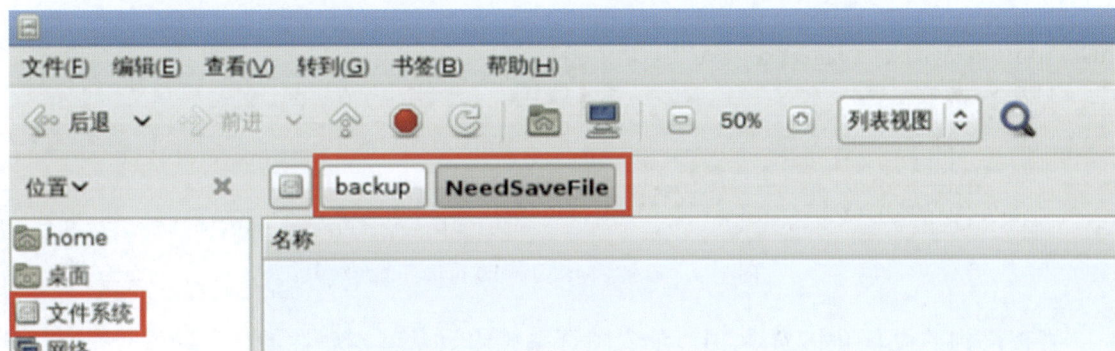

图 2-1　PMS 资源 ID 查询路径

XML 文件是根据运维支撑平台线路导入流程发送配电自动化系统的时间生成，根据上述路径查询，同一线路会有多个文件，选取最新日期的文件即可。线路 XML 文件查询界面如图 2–2 所示。

图 2–2　线路 XML 文件查询界面

因凝思系统问题，部分线路 XML 文件名称显示为乱码，如图 2–3 所示，导致 XML 文件通过线路名称查询不到。此时可通过发送日期进行筛选，根据线路出线的变电站电压等级依次查找。

图 2–3　线路 XML 文件名称显示乱码

2.1.2　PMS 资源 ID 录入

使用 🔍 在 XML 文件中查询所需设备的 PMS 资源 ID，如图 2–4 所示。

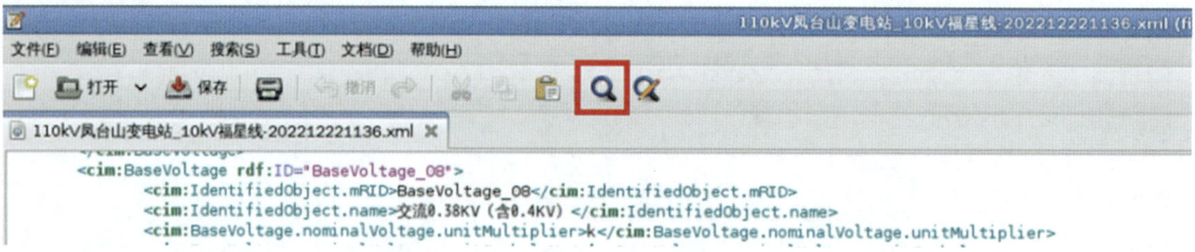

图 2–4　设备 PMS 资源 ID 查询界面

将查询到的设备 PMS 资源 ID，录入图资系统内设备基本属性的"全局编号"，设备 PMS 资源 ID 录入界面如图 2–5 所示。

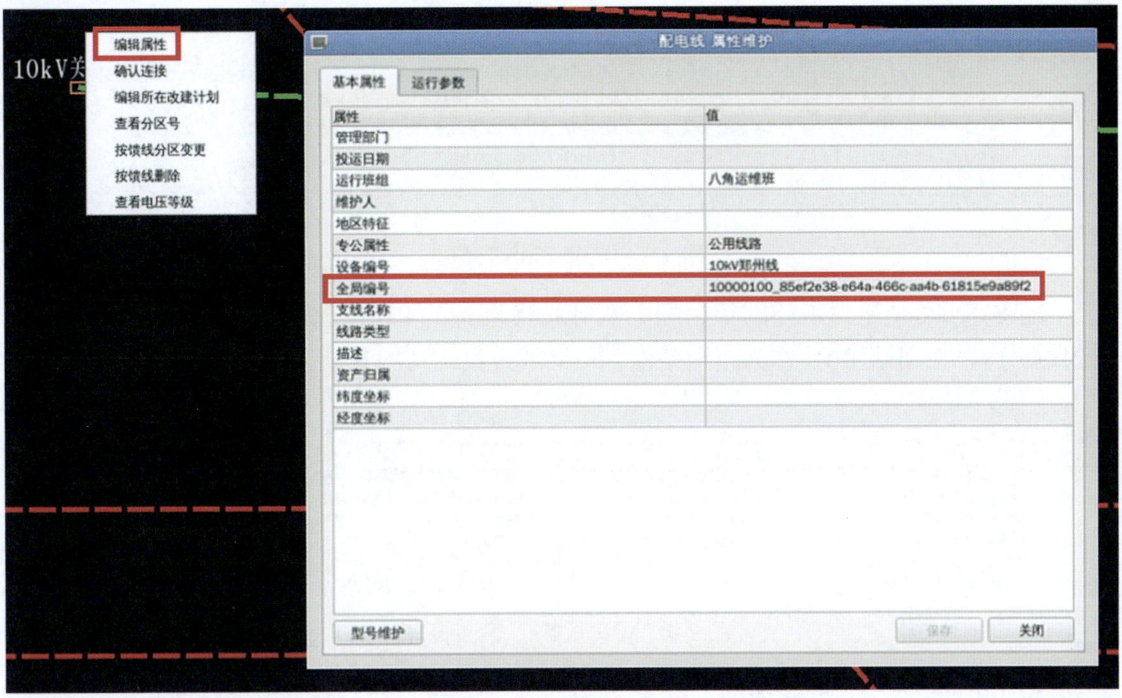

图 2-5　设备 PMS 资源 ID 录入界面

2.1.3　PMS 资源 ID 标识说明

XML 文件常用信息说明如图 2-6 所示。

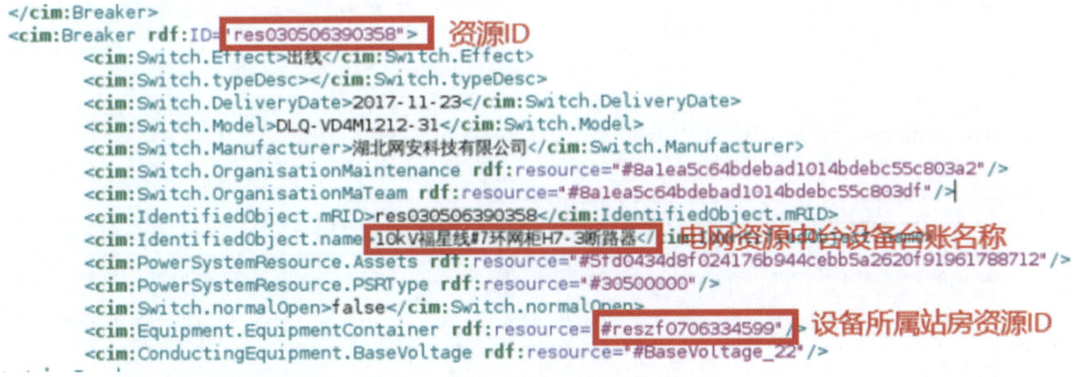

图 2-6　XML 文件常用信息说明

（1）Feeder 开头是线路的 PMS 资源 ID，如图 2-7 所示。

```
    </cim:BaseVoltage>
    <cim:Feeder rdf:ID="resxl06320142">
        <cim:IdentifiedObject.mRBM>06M00000600013609</cim:IdentifiedObject.mRBM>
        <cim:IdentifiedObject.name>10kV福星线</cim:IdentifiedObject.name>
        <cim:IdentifiedObject.mRID>resxl06320142</cim:IdentifiedObject.mRID>
        <cim:Feeder.isCurrentFeeder>true</cim:Feeder.isCurrentFeeder>
        <cim:Feeder.NormalEnergizingSubstation rdf:resource="#reszf0106334045" />
        <cim:PowerSystemResource.PSRType rdf:resource="#10000100" />
```

图 2-7　线路 PMS 资源 ID

（2）Substation 开头是环网柜、配电室等站房设备的 PMS 资源 ID，如图 2-8 所示。查询到站房后，使用站房 ID 作为搜索条件，可继续查找站房内其他设备的 ID。

```
    </cim:PSRType>
    <cim:Substation rdf:ID="32400000_94603416-0841-4974-b47c-8d02cfe46c7c">
        <cim:IdentifiedObject.mRID>32400000_94603416-0841-4974-b47c-8d02cfe46c7c</cim:IdentifiedObject.mRID>
        <cim:IdentifiedObject.name>10kV福星线#11环网柜</cim:IdentifiedObject.name>
        <cim:PowerSystemResource.Assets rdf:resource="#94603416-0841-4974-b47c-8d02cfe46c7c" />
        <cim:PowerSystemResource.PSRType rdf:resource="#32400000" />
        <cim:Substation.Region rdf:resource="#8a1ea5c64bdebad1014bdebc55c803a2" />
        <cim:Substation.NormalEnergizingFeeder rdf:resource="#resxl06320142" />
```

图 2-8　站房设备 PMS 资源 ID

（3）Breaker 开头是断路器的 PMS 资源 ID，如图 2-9 所示。

```
    </cim:Breaker>
    <cim:Breaker rdf:ID="30500000_d94c0aba-e8f2-4fa7-b156-721dd3a4853a">
        <cim:Switch.Effect>出线</cim:Switch.Effect>
        <cim:Switch.typeDesc></cim:Switch.typeDesc>
        <cim:Switch.DeliveryDate>2022-12-05</cim:Switch.DeliveryDate>
        <cim:Switch.Model>VD9A-12/630A</cim:Switch.Model>
        <cim:Switch.Manufacturer>北京合纵科技股份有限公司</cim:Switch.Manufacturer>
        <cim:Switch.OrganisationMaintenance rdf:resource="#8a1ea5c64bdebad1014bdebc55c803a2" />
        <cim:Switch.OrganisationMaTeam rdf:resource="#8a1ea5c64bdebad1014bdebc55c803df" />
        <cim:IdentifiedObject.mRID>30500000_d94c0aba-e8f2-4fa7-b156-721dd3a4853a</cim:IdentifiedObject.mRID>
        <cim:IdentifiedObject.name>10kV福星线#11环网柜H11-5断路器</cim:IdentifiedObject.name>
```

图 2-9　断路器 PMS 资源 ID

（4）Disconnector 开头是隔离开关的 PMS 资源 ID，如图 2-10 所示。

```
    </cim:Disconnector>
    <cim:Disconnector rdf:ID="30600000_b4d1b840-5ca8-4c69-8bca-bfc7e6029b51">
        <cim:IdentifiedObject.mRID>30600000_b4d1b840-5ca8-4c69-8bca-bfc7e6029b51</cim:IdentifiedObject.mRID>
        <cim:IdentifiedObject.name>10kV福星线#11环网柜H11-2-2开关</cim:IdentifiedObject.name>
        <cim:PowerSystemResource.Assets rdf:resource="#b4d1b840-5ca8-4c69-8bca-bfc7e6029b51" />
        <cim:PowerSystemResource.PSRType rdf:resource="#30600000" />
        <cim:Switch.normalOpen>false</cim:Switch.normalOpen>
```

图 2-10　隔离开关 PMS 资源 ID

（5）GroundDisconnector 开头是接地开关的 PMS 资源 ID，如图 2-11 所示。

```
    </cim:GroundDisconnector>
    <cim:GroundDisconnector rdf:ID="30600001_5f367e57-7537-49ac-9d12-67312cefcaaa">
        <cim:IdentifiedObject.mRID>30600001_5f367e57-7537-49ac-9d12-67312cefcaaa</cim:IdentifiedObject.mRID>
        <cim:IdentifiedObject.name>10kV福星线#11环网柜H11-5-7</cim:IdentifiedObject.name>
        <cim:PowerSystemResource.Assets rdf:resource="#5f367e57-7537-49ac-9d12-67312cefcaaa" />
        <cim:PowerSystemResource.PSRType rdf:resource="#30600001" />
        <cim:Switch.normalOpen>false</cim:Switch.normalOpen>
```

图 2-11　接地开关 PMS 资源 ID

（6）BusbarSection 开头是母线的 PMS 资源 ID，如图 2-12 所示。

```
</cim:BusbarSection>
<cim:BusbarSection rdf:ID="31100000_7ce77aa9-337c-4a28-9c0b-467b54f1ca91">
    <cim:IdentifiedObject.mRID>31100000_7ce77aa9-337c-4a28-9c0b-467b54f1ca91</cim:IdentifiedObject.mRID>
    <cim:IdentifiedObject.name>10kV福星线#11环网柜母线</cim:IdentifiedObject.name>
    <cim:PowerSystemResource.Assets rdf:resource="#7ce77aa9-337c-4a28-9c0b-467b54f1ca91"/>
    <cim:PowerSystemResource.PSRType rdf:resource="#31100000"/>
```

图 2-12　母线 PMS 资源 ID

（7）LoadBreakSwitch 开头是负荷开关的 PMS 资源 ID，如图 2-13 所示。

```
</cim:LoadBreakSwitch>
<cim:LoadBreakSwitch rdf:ID="res011218364657">
    <cim:Switch.Effect>用户分界</cim:Switch.Effect>
    <cim:Switch.typeDesc></cim:Switch.typeDesc>
    <cim:Switch.DeliveryDate>2016-12-29</cim:Switch.DeliveryDate>
    <cim:Switch.Model>ZW43AF-12</cim:Switch.Model>
    <cim:Switch.Manufacturer>珠海许继电气有限公司</cim:Switch.Manufacturer>
    <cim:Switch.OrganisationMaintenance rdf:resource="#8a1ea5c64bdebad1014bdebc55c803a2"/>
    <cim:Switch.OrganisationMaTeam rdf:resource="#8a1ea5c64bdebad1014bdebc55c803e5"/>
```

图 2-13　负荷开关 PMS 资源 ID

站房内电网资源中台侧的三工位开关，图模导入后会拆分为负荷开关、接地开关两部分，PMS 资源 ID 负荷开关后缀为 @1，接地开关后缀为 @2。拆分后的负荷开关和接地开关 PMS 资源 ID 如图 2-14 所示。

```
</cim:LoadBreakSwitch>
<cim:LoadBreakSwitch rdf:ID="30700002_071773fb-abe7-4fa7-b096-eacd080f0dc0@1">
    <cim:Switch.Effect>出线</cim:Switch.Effect>
    <cim:Switch.typeDesc></cim:Switch.typeDesc>
    <cim:Switch.DeliveryDate>2022-12-05</cim:Switch.DeliveryDate>
    <cim:Switch.Model>SMC6-12/630A</cim:Switch.Model>
    <cim:Switch.Manufacturer>北京合纵科技股份有限公司</cim:Switch.Manufacturer>
    <cim:Switch.OrganisationMaintenance rdf:resource="#8a1ea5c64bdebad1014bdebc55c803a2"/>
    <cim:Switch.OrganisationMaTeam rdf:resource="#8a1ea5c64bdebad1014bdebc55c803df"/>
    <cim:IdentifiedObject.mRID>30700002_071773fb-abe7-4fa7-b096-eacd080f0dc0@1</cim:IdentifiedObject.mRID>
    <cim:IdentifiedObject.name>10kV福星线#11环网柜PT开关@1</cim:IdentifiedObject.name>
    <cim:PowerSystemResource.Assets rdf:resource="#071773fb-abe7-4fa7-b096-eacd080f0dc0@1"/>
    <cim:PowerSystemResource.PSRType rdf:resource="#30700000"/>
```

（a）

```
</cim:GroundDisconnector>
<cim:GroundDisconnector rdf:ID="30700002_071773fb-abe7-4fa7-b096-eacd080f0dc0@2">
    <cim:IdentifiedObject.mRID>30700002_071773fb-abe7-4fa7-b096-eacd080f0dc0@2</cim:IdentifiedObject.mRID>
    <cim:IdentifiedObject.name>10kV福星线#11环网柜PT开关@2</cim:IdentifiedObject.name>
    <cim:PowerSystemResource.Assets rdf:resource="#071773fb-abe7-4fa7-b096-eacd080f0dc0@2"/>
    <cim:PowerSystemResource.PSRType rdf:resource="#30600001"/>
    <cim:Switch.normalOpen>0</cim:Switch.normalOpen>
```

（b）

图 2-14　拆分后的负荷开关和接地开关 PMS 资源 ID
（a）负荷开关 PMS 资源 ID；（b）接地开关 PMS 资源 ID

（8）PowerTransformer 开头是站内变压器的 PMS 资源 ID，如图 2-15 所示。

```
</cim:PowerTransformer>
<cim:PowerTransformer rdf:ID="30200002_508ed4fa-1573-448e-919e-680868c8023d">
    <cim:IdentifiedObject.mRID>30200002_508ed4fa-1573-448e-919e-680868c8023d</cim:IdentifiedObject.mRID>
    <cim:IdentifiedObject.name>10kV福星线佰和荣筑小区#5配电室#4变压器</cim:IdentifiedObject.name>
    <cim:PowerSystemResource.Assets rdf:resource="#508ed4fa-1573-448e-919e-680868c8023d" />
```

图 2-15　站内变压器 PMS 资源 ID

（9）Fuse 开头是熔断器的 PMS 资源 ID，如图 2-16 所示。

```
</cim:Fuse>
<cim:Fuse rdf:ID="res011506458236">
    <cim:IdentifiedObject.mRID>res011506458236</cim:IdentifiedObject.mRID>
    <cim:IdentifiedObject.name>10kV杜家线姜家瞳三台区跌落式熔断器</cim:IdentifiedObject.name>
    <cim:PowerSystemResource.Assets rdf:resource="#c65d4f52668a0c7611567ee39f0156c65b8e807e55" />
    <cim:Equipment.EquipmentContainer rdf:resource="#resxl06319919" />
    <cim:PowerSystemResource.PSRType rdf:resource="#11500000" />
    <cim:ConductingEquipment.BaseVoltage rdf:resource="#BaseVoltage_22" />
    <cim:Switch.normalOpen>false</cim:Switch.normalOpen>
```

图 2-16　熔断器 PMS 资源 ID

（10）EnergyConsumer 开头是用户变压器的 PMS 资源 ID，如图 2-17 所示。此类设备每次导入时系统会删除、新增，产生新 ID，导入前无须录入。

```
</cim:EnergyConsumer>
<cim:EnergyConsumer rdf:ID="37000000_cc4f5a1a-2e84-425c-973e-1418a95c31eb">
    <cim:IdentifiedObject.mRBM>37000000_cc4f5a1a-2e84-425c-973e-1418a95c31eb</cim:IdentifiedObject.mRBM>
    <cim:IdentifiedObject.mRID>37000000_cc4f5a1a-2e84-425c-973e-1418a95c31eb</cim:IdentifiedObject.mRID>
    <cim:IdentifiedObject.name>烟台坤宇工贸有限公司</cim:IdentifiedObject.name>
    <cim:EnergyConsumer.customerCount></cim:EnergyConsumer.customerCount>
    <cim:EnergyConsumer.ratedS.value></cim:EnergyConsumer.ratedS.value>
    <cim:EnergyConsumer.ratedS.unitMultiplier></cim:EnergyConsumer.ratedS.unitMultiplier>
```

图 2-17　柱上变压器 PMS 资源 ID

2.2　运维支撑平台作业指导

2.2.1　系统登录

浏览器输入 http://10.191.2.29:8889/pwlc/yw/login/login.jsp，登录图模导入运维支撑平台，登录界面如图 2-18 所示。用户名为 18 位身份证号，密码为后十位 +A。

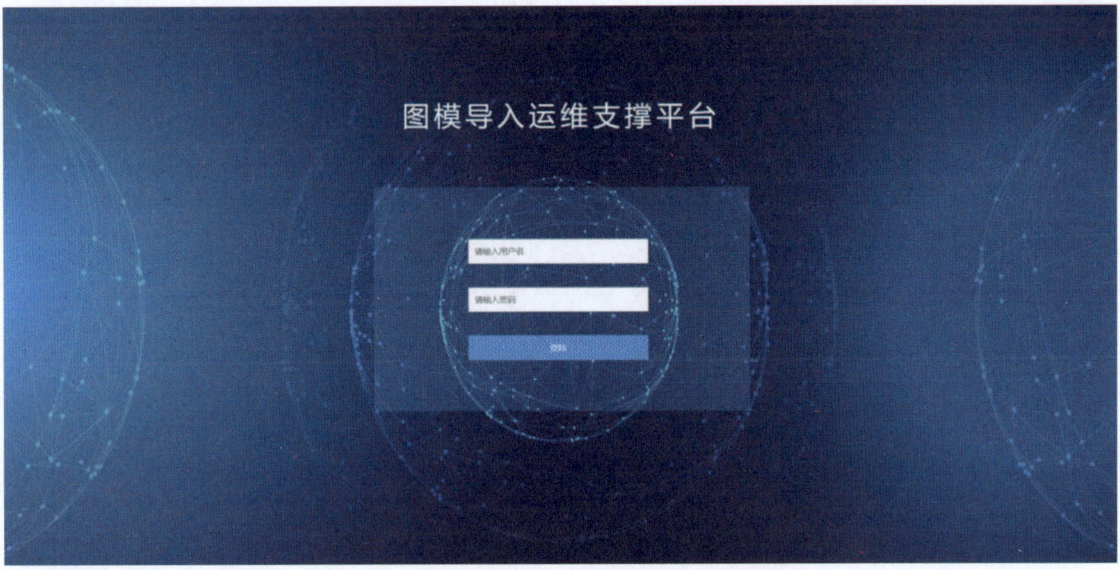

图 2-18　图模导入运维支撑平台登录界面

2.2.2　异动流程审核

进入图模导入运维支撑平台主界面，如图 2-19 所示，点击左上角"自动化审核页面"→"自动化审核"。

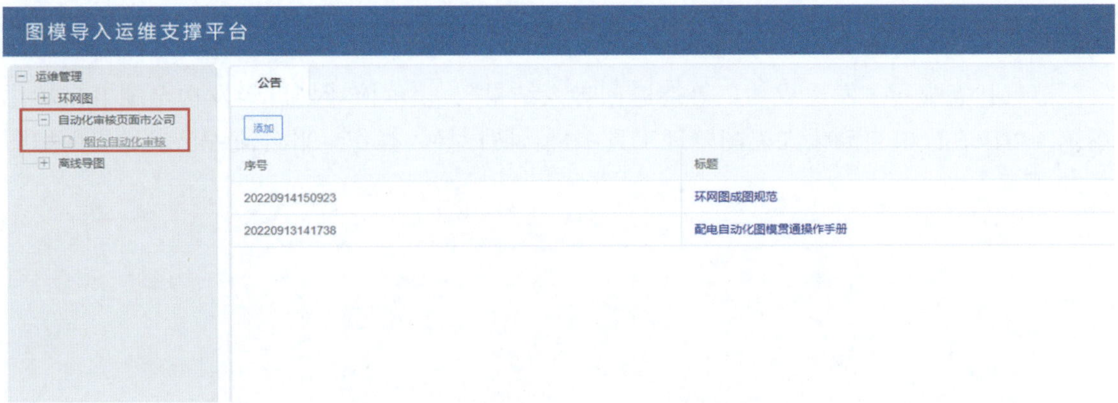

图 2-19　图模导入运维支撑平台主界面

图模导入运维支撑平台审核界面如图 2-20 所示，显示从电网资源中台发送过来的异动计划流程列表，可根据流程名称、线路名称模糊查询，快速定位所需线路。

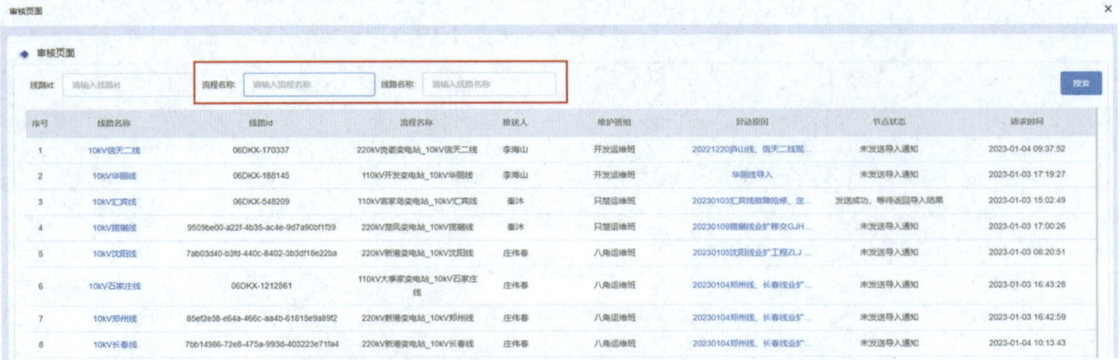

图 2-20　图模导入运维支撑平台审核界面

节点状态显示"未发送导入通知",表示该计划尚未发送至配电自动化系统。平台流程尚未发送界面如图 2-21 所示。

图 2-21　平台流程尚未发送界面

节点状态显示"发送成功,等待返回导入结果",表示该计划已经发送至配电自动化系统,可以在配电自动化红黑图管理工具中进行图模导入操作。平台流程已发送界面如图 2-22 所示。

图 2-22　平台流程已发送界面

点击"异动原因",可查看电网资源中台发送导入时填写的异动原因详情,如图 2-23 所示。

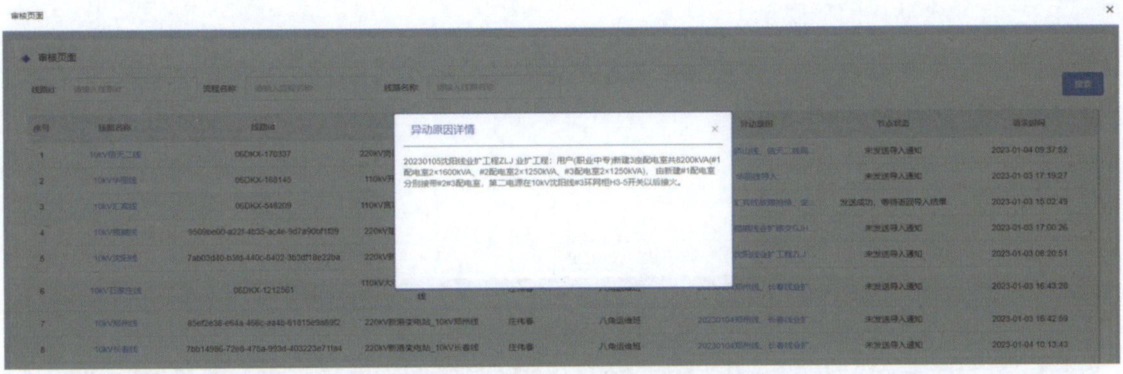

图 2-23 平台查看异动原因详情界面

点击线路名称，加载打开 SVG 展示编辑页面。

注意：一条线路只允许一个页面操作。如果线路正在编辑状态，则不允许其他人同时进行编辑，编辑中线路重复打开提示如图 2-24 所示。

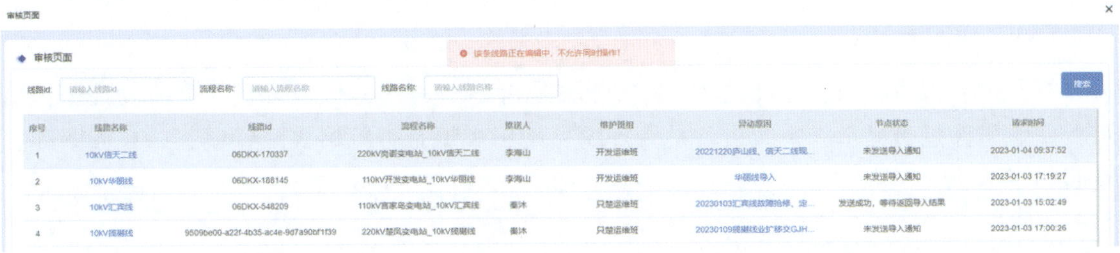

图 2-24 编辑中线路重复打开提示

2.2.3 SVG 编辑维护

SVG 展示编辑页面分为自动化图形展示、运检图形展示、环网图形展示、设备台账简称维护四个部分，如图 2-25 所示。

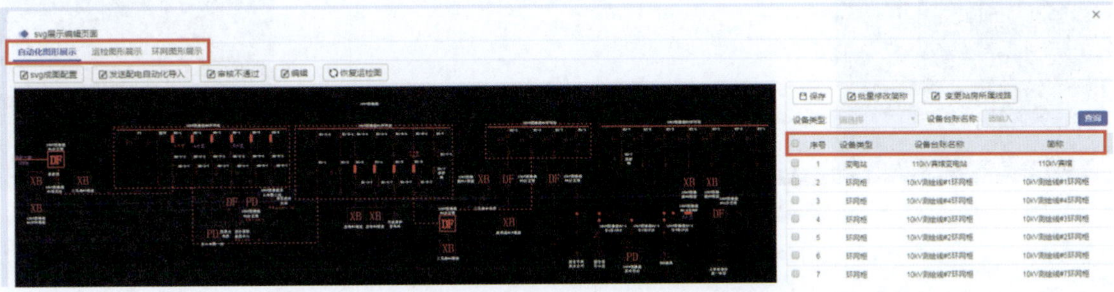

图 2-25 SVG 展示编辑页面

2.2.3.1　自动化图形展示

自动化图形展示包括 SVG 成图配置、发送配电自动化导入、审核不通过、编辑、恢复运检图功能，如图 2-26 所示。

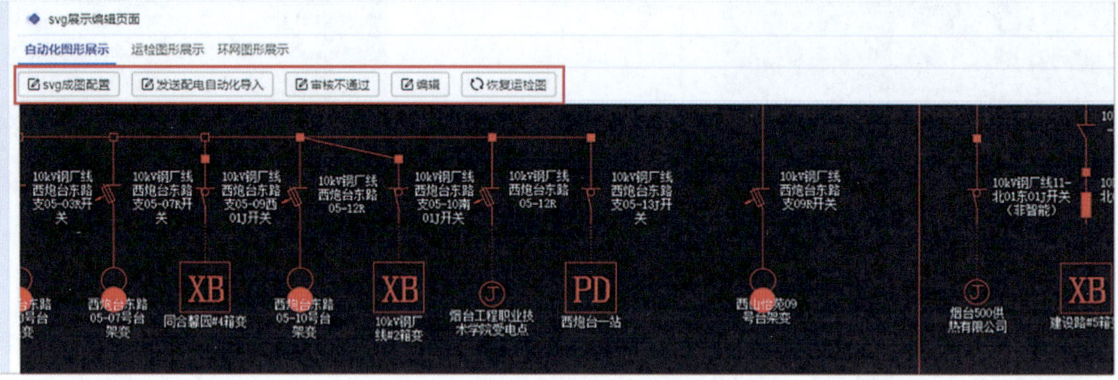

图 2-26　自动化图形展示页面

1.SVG 成图配置

打开 SVG 成图配置页面，显示 SVG 标签是否显示、站房是否缩略、营销设备是否显示、杆塔名称是否显示、主线设备是否加粗、站房类型是否缩略等配置项。SVG 成图配置页面如图 2-27 所示。

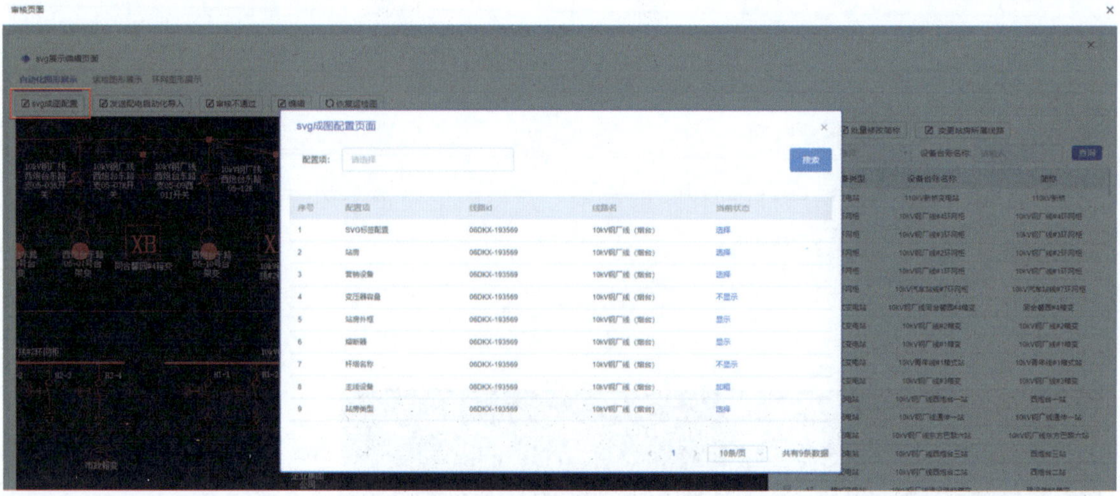

图 2-27　SVG 成图配置页面

2. 发送配电自动化导入

SVG 图审核无误，点击"发送配电自动化导入"，弹出发送配电自动化导入通知，如图 2-28 所示，点击"确定"。

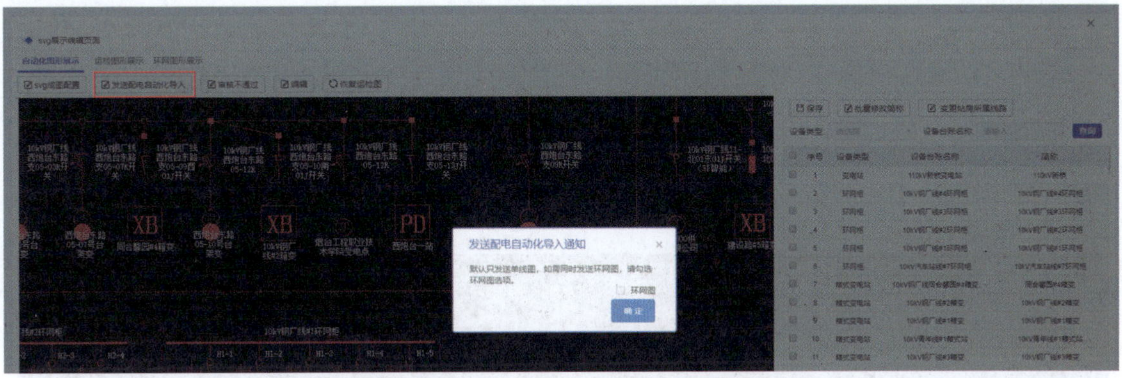

图 2-28　发送配电自动化导入通知界面

提示"发送导入通知配电自动化导入通知成功",如图 2-29 所示。此时可登录配电自动化系统红黑图管理工具,进行签收和图模导入操作。

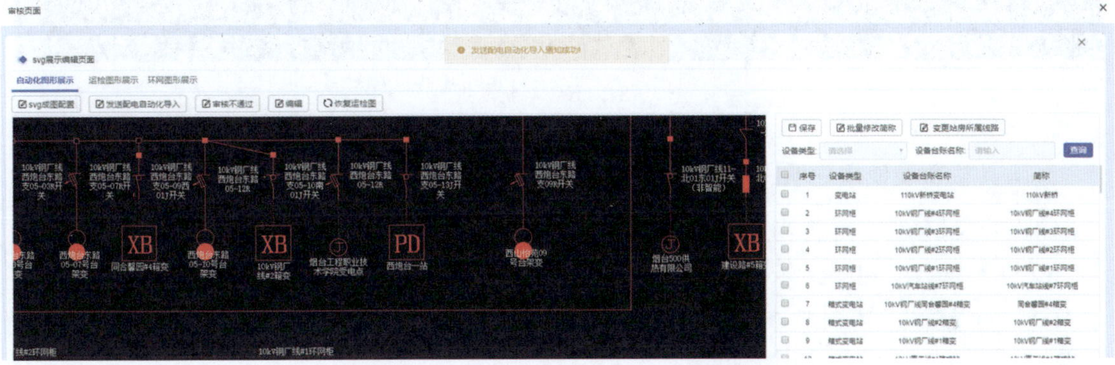

图 2-29　发送配电自动化导入通知成功

3. 审核不通过

SVG 图审核不通过,点击"审核不通过",在弹出窗口中填写审核意见,如图 2-30 所示,点击"确认",可将流程回退至电网资源中台。

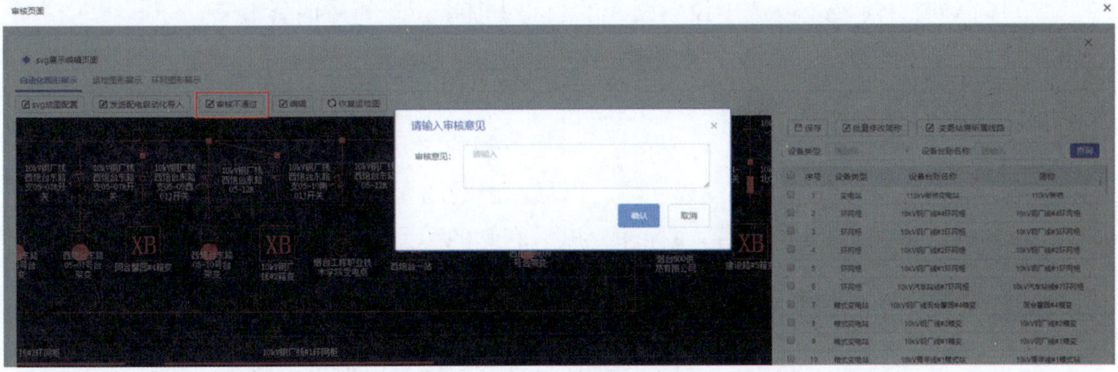

图 2-30　SVG 审核不通过填写审核意见界面

4. 编辑

进入 SVG 编辑页面，可进行布局调整、标注添加等操作，如图 2–31 所示。

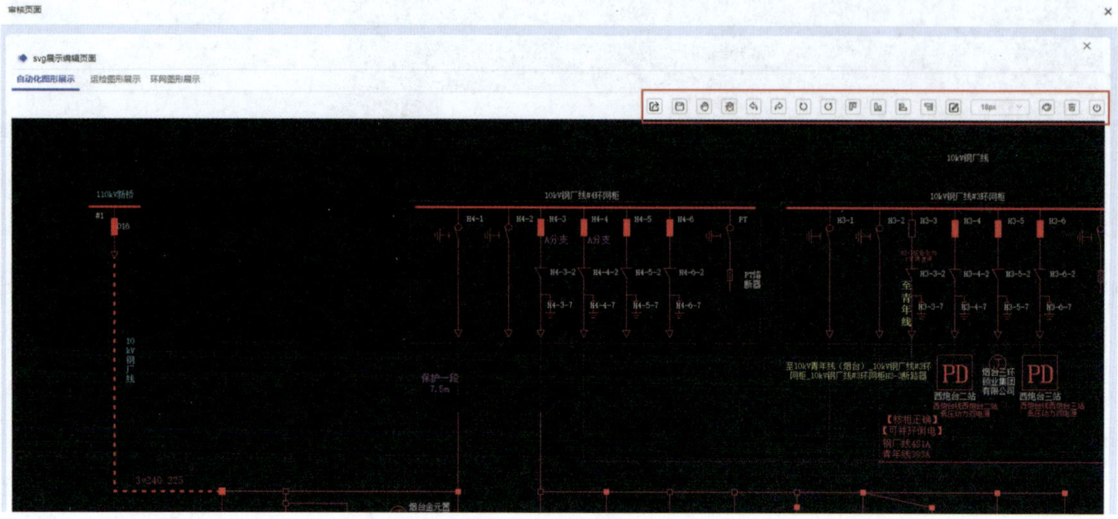

图 2–31　SVG 编辑页面

5. 工具栏功能使用说明

（1）⬀ 另存为：可将当前展示的 SVG 图导出为网页。

（2）⊟ 保存：可对编辑后的数据进行保存，执行保存后不会退出编辑页面。

（3）✋ 漫游：可对整个 SVG 图进行漫游操作，随意拖拽。在编辑区任意位置右键选择 "开启漫游" 也可使用漫游功能。

（4）✋ 退出漫游：退出漫游模式，可以在编辑区任意位置右键选择 "退出漫游"。

（5）↶ 撤销：按照从后到前的顺序返回到当前结果前面的状态，也可以使用快捷组合 Ctrl 键 +Z 实现此功能。

（6）↷ 恢复：还原当前操作结果前的状态，也可以使用快捷组合 Ctrl 键 +Y 实现此功能。

（7）↻ 顺时针旋转：以选中设备图元的中心为基准点进行顺时针旋转。

（8）↺ 逆时针旋转：以选中设备图元的中心为基准点进行逆时针旋转。

（9）⬒ 选中两个及以上设备或标注，以最上侧的图元或标注为基准进行上端对齐。

（10）⬓ 选中两个及以上设备或标注，以最下侧的图元或标注为基准进行下端对齐。

（11）⊞ 选中两个及以上设备或标注，以最左侧的图元或标注为基准进行左端对齐。

（12）⊟ 选中两个及以上设备或标注，以最右侧的图元或标注为基准进行右端对齐。

（13）✎ 添加标注：选中任意设备右键选择 "添加标注"，可以添加文字标注信息。

（14）[18px ∨] 字号：选中任意设备简称或新增文字标注，可以调整字体大小。

（15）✐ 字体颜色：选中任意设备简称或新增文字标注，可以调整字体颜色。

（16）🗑 删除标注：可删除新增的文字标注，选中设备右键选择"标注删除"也可以实现此功能。

注意：只能删除通过"添加标注"功能新增的文字标注，设备简称标注不允许删除，删除时会提示"模型中的设备元素不允许删除！"。

（17）⏻ 退出：SVG 图编辑完成后退出编辑页面。退出后才能关闭 SVG 展示编辑页面，否则提示"SVG 正在编辑中，请保存后再次操作！"

6. 恢复运检图

如果对当前 SVG 成图效果不满意，想大面积重新调整，点击"恢复运检图"，可把当前 SVG 布局恢复为电网资源中台首次推送的状态。恢复运检图后，之前进行的所有配置、调整均无法保留。

7. 基本操作描述

（1）选中标注信息，拖拽标注虚线外框可调整标注字体布局，如图 2-32 所示。

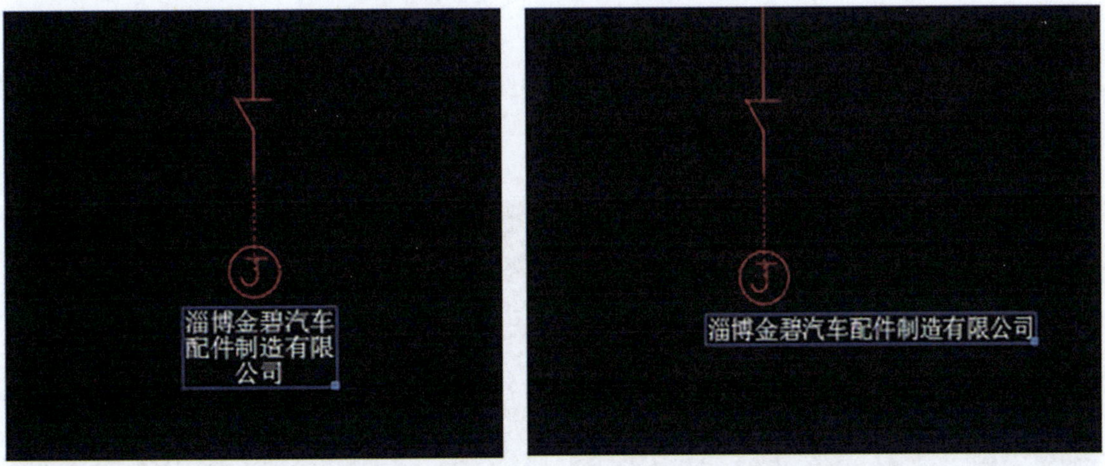

| （a） | （b） |

图 2-32　拖拽调整标注字体布局

（a）拖拽调整前；（b）拖拽调整后

（2）系统支持框选，也可以按住 Ctrl 键选中多个不连续的设备图元或文字标注。

（3）对齐调整时，设备移动至辅助线边缘松开鼠标，可以自动与辅助线对齐。设备对齐调整如图 2-33 所示。

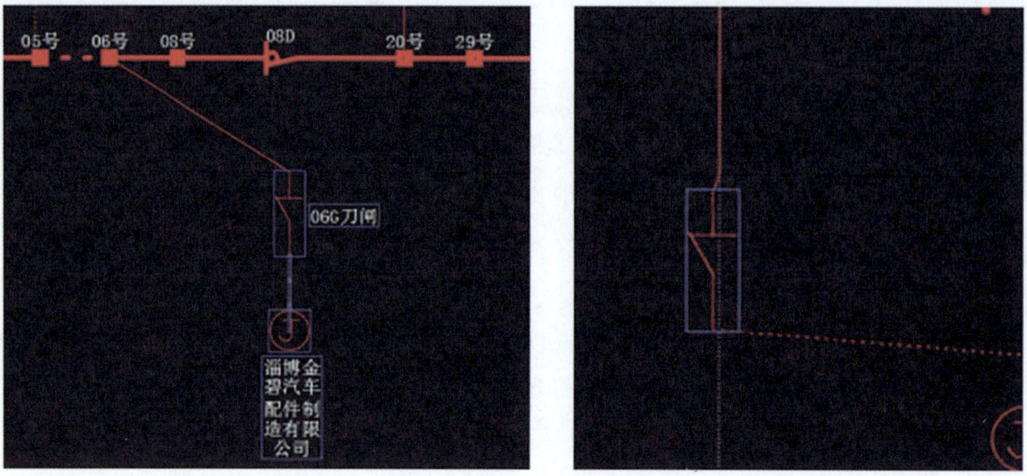

图 2-33　设备对齐调整

（a）对齐调整前；（b）对齐调整后

（4）选择线设备按住 Shift 键双击左键可以增加拐点，拐点以 ◀◦▶ 展示，在拐点处按住 Shift 键双击左键可以取消拐点。线设备增加拐点如图 2-34 所示。

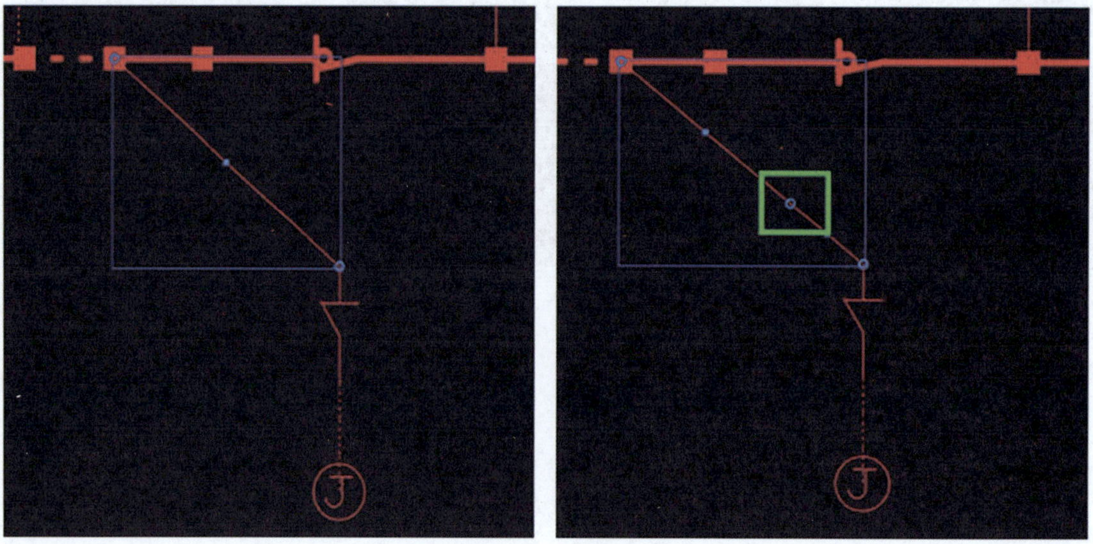

图 2-34　线设备增加拐点

（a）增加拐点前；（b）增加拐点后

（5）双击左键拐点可以正交调整线设备位置，线设备拐点调整如图 2-35 所示。

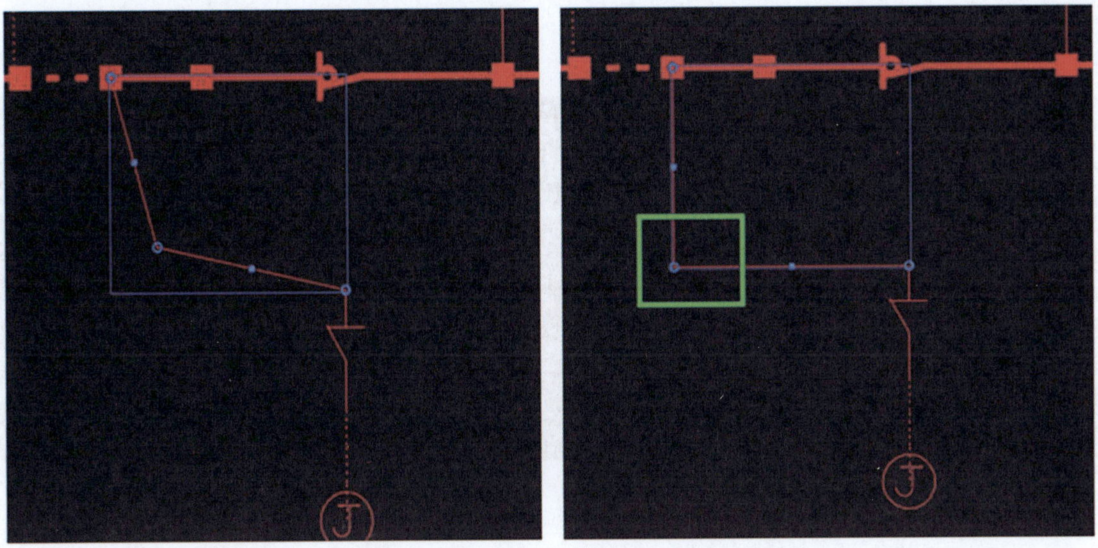

（a）
（b）

图 2-35　线设备拐点调整
（a）拐点调整前；（b）拐点调整后

（6）若设备调整至黑色背景外，点击"保存"时会提示"设备元素 ××× 在画布区域外！"；在编辑区任意位置右键选择"画布调整"，重新调整画布大小即可。设备出界调整画布如图 2-36 所示。

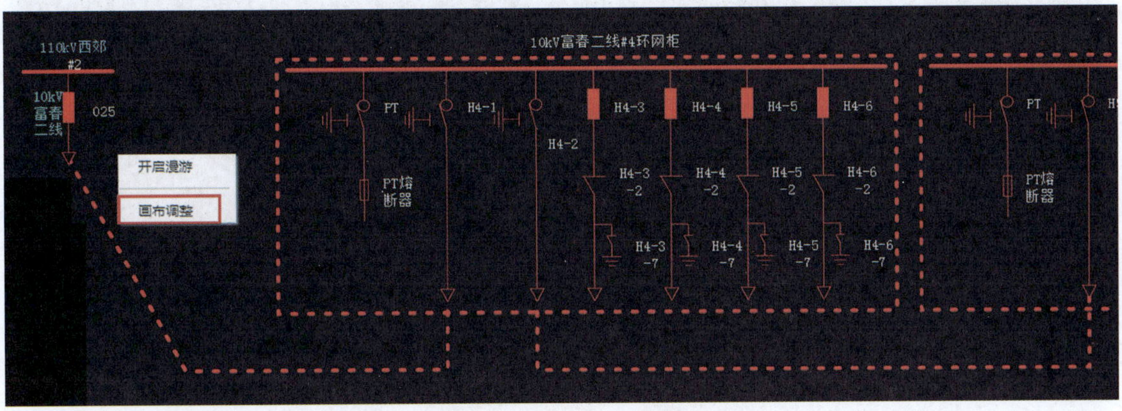

图 2-36　设备出界调整画布

2.2.3.2　运检图形展示

运检图形展示页面显示线路首次由电网资源中台推送，没有经过任何编辑的 SVG 图状态，如图 2-37 所示。

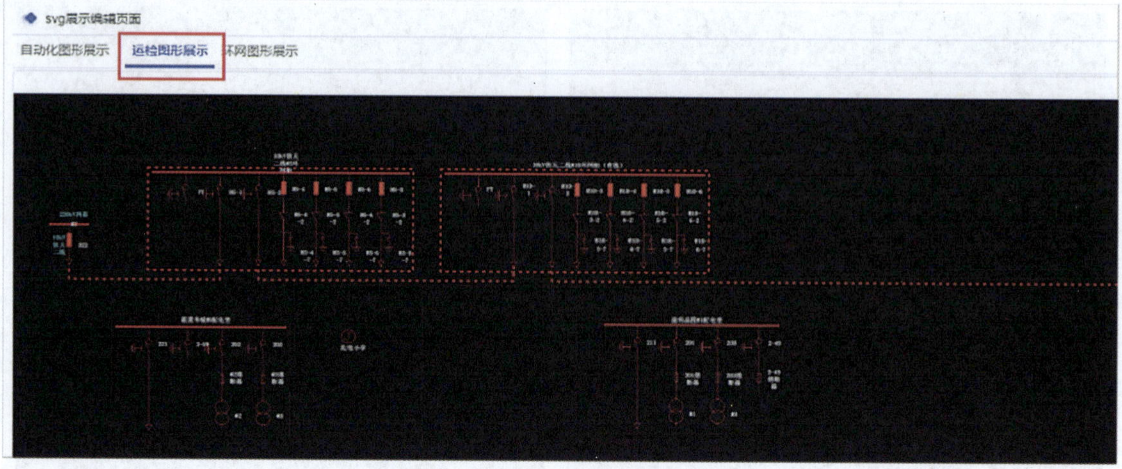

图 2-37　运检图形展示页面

2.2.3.3　环网图形展示

环网图形展示页面显示与当前线路之间有联络，且已经成图的所有环网图形，如图 2-38 所示。

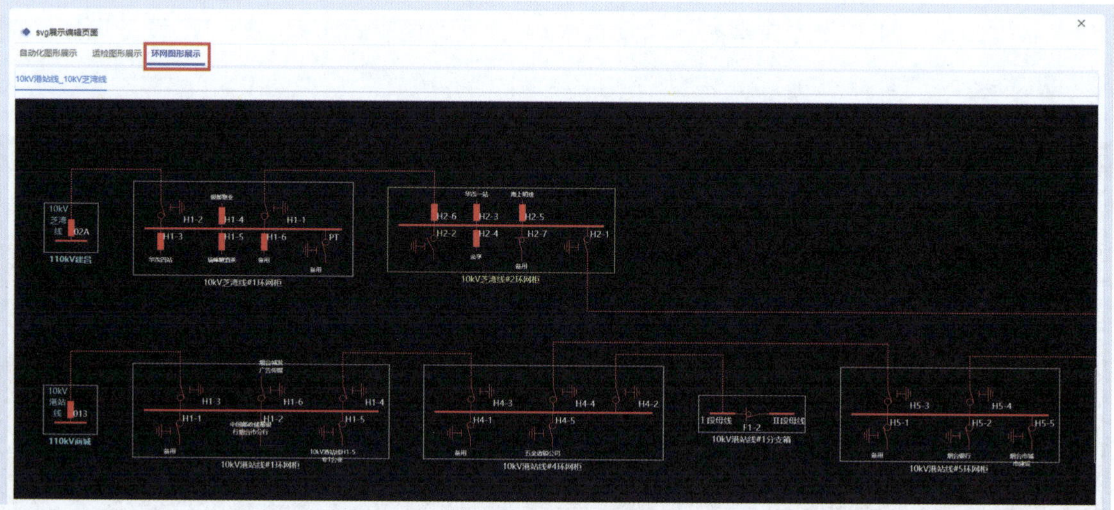

图 2-38　环网图形展示页面

若线路没有生成过环网图，提示"没有配置环网图信息，请配置环网图信息或联系管理员"，线路未配置环网图提示如图 2-39 所示。

图 2-39　线路未配置环网图提示

2.2.3.4　设备台账简称维护

SVG 展示编辑页面右侧，可根据设备类型和设备台账名称快速筛选查询所需设备。自动化图形展示页面设备台账信息如图 2-40 所示。

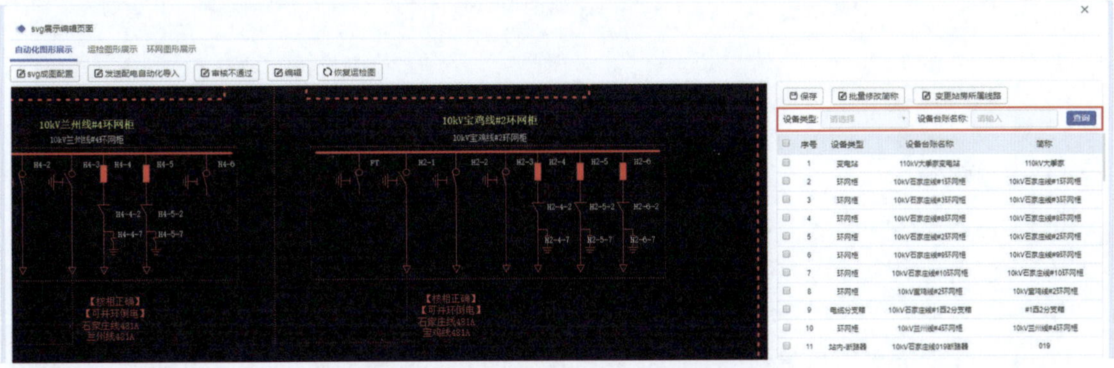

图 2-40　自动化图形展示页面设备台账信息

双击"设备台账名称"，该设备在左侧 SVG 图中可快速定位，同时以绿色高亮显示。设备台账快速定位 SVG 图如图 2-41 所示。

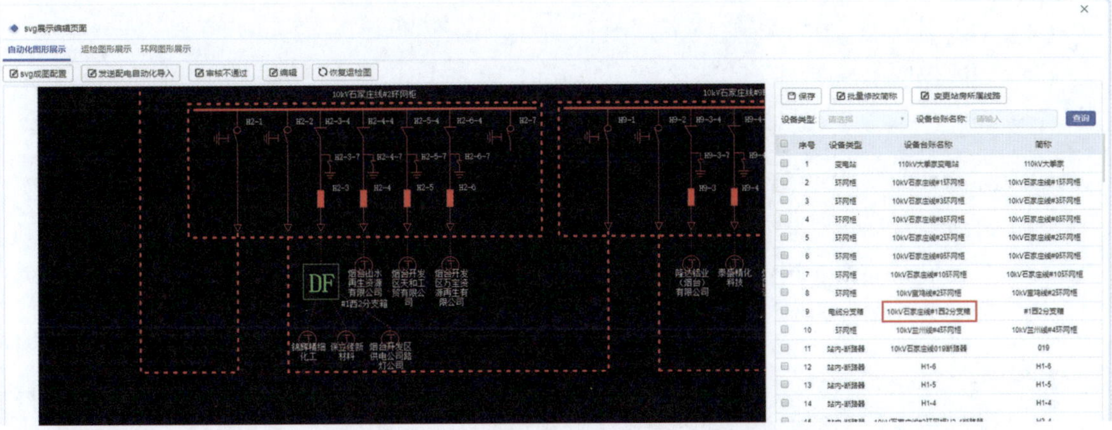

图 2-41　设备台账快速定位 SVG 图

双击"简称"修改，点击"保存"，SVG 图中设备名称根据修改后的简称成图展示，如图 2-42 所示。

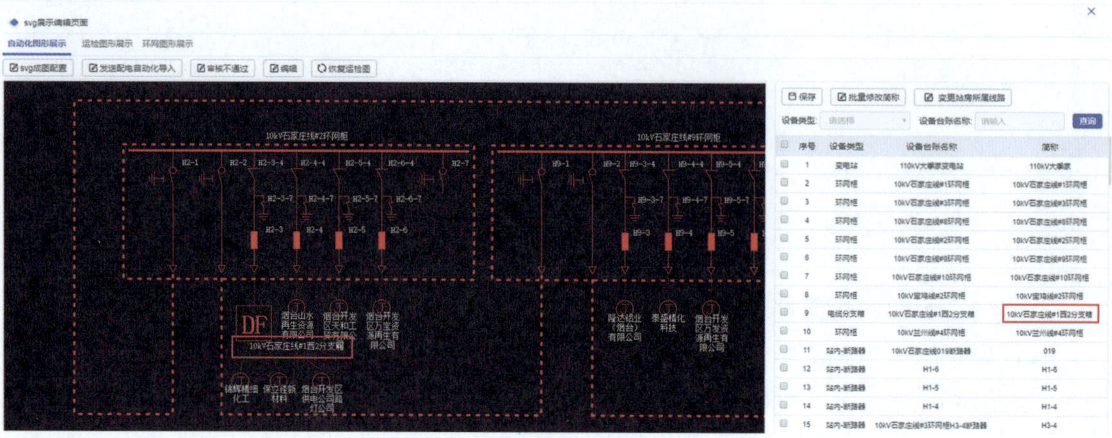

图 2-42　SVG 成图设备简称修改

2.2.4　SVG 图简称命名规则

1. 通用规则

（1）设备命名采用双重名称，保证命名唯一性。

（2）设备命名中如包含数字，不以 0 开头。

（3）设备命名不含括号，不以断路器、隔离开关等汉字结尾。

（4）设备命名以电压等级开头，且只出线在开头，如 10kV 安吉线河北村支 100-19LK 沟莱线 H12-2 专 34。

2. 变电站

（1）变电站保留电压等级、名称，如 220kV 岗崭。

（2）母线保留运行编号，如 #1、#2。

（3）站内断器保留运行编号，如 011、021。

（4）线路保留电压等级、线路名称，如 10kV 鸿安线。

3. 环网柜

（1）环网柜保留电压等级、设备名称，如 10kV 鸿安线 #1 环网柜。

（2）母线保留运行编号，如 #4。

（3）开关设备保留运行编号，如 H1-1、PT（TV，电压互感器）。

（4）熔断器保留运行编号、设备名称，如 PT 熔断器、H1-7 熔断器。

4. 配电室

（1）配电室保留设备名称，如滨湖万丽一站。

注意：对于双电源配电室，电网资源中台推送 SVG 图中的配电室名称应包含电压等级、线路名称、设备名称（如 10kV 滨湖线滨湖万丽二站、10kV 澳柯玛二线滨湖万丽二站），否则导入发布后，DAS 工作站小区配电室接线图列表中会出现重复信息。

（2）母线保留运行编号，如 #4、#5。

（3）开关设备保留运行编号，如 201、211、2-49。

（4）熔断器保留运行编号、设备名称，如 PT 熔断器、2-49 熔断器。

5. 柱上设备

（1）柱上开关设备保留电压等级、设备名称。表明开关设备性质的字母缩写，第一个字母表示开关类型，第二个字母表示开关功能，如 10kV 福星线 1 专 1FJK。具体说明见表 2-1。

表 2-1 柱上开关命名性质分类

缩写	开关性质	缩写	开关性质
FK	负荷开关型分段开关	LK、L	联络开关
DK	断路器型分段开关	J、FJK	分界开关
DZ	中间断路器	D、G	隔离开关
DF	分支断路器	R、DLR	跌落式熔断器

（2）支线包含数字的，使用汉字，如 10kV 安吉线一支 100-7 西 1J。

（3）杆塔命名不含 "#"。

6. 箱式变电站

（1）箱式变电站保留箱变名称，如 #2 箱变。电网资源中台推送 SVG 图中台账名称应包含线路名称（如 10kV 宝石线 #2 箱变），否则导入发布后，工作站箱式变电站接线图列表中会出现重复信息。

（2）母线保留运行编号，如 #4、#5。

（3）开关设备保留运行编号，如 201、211、2-49。

（4）熔断器保留运行编号、设备名称，如 PT 熔断器、2-49 熔断器。

7. 其他设备

箱式变、台架变等只保留用户名称，去掉 "受电点""sln.""中压接入点" 等营销设备标识，如 "烟台海风置业有限公司"。

2.2.5　SVG 图调整规则

SVG 图展示的所有设备名称、数量、T 接位置应保证与现场图实一致，变电站出线电缆规格、线路联络、设备第二电源、分支断路器等标注，在图中以不同规格展示。

调图基本原则是保证设备电气连接横平竖直，线路拓扑关系清晰，所有设备以最大清晰度在 DAS 上展示。

（1）变电站出线间隔放置在 SVG 图左上角，以 T 字形展开。

（2）调图时设备布局的长度、宽度不宜过大，上端以变电站母线为界，左端以变电站出线电缆为界。一般情况下设备最多排列 3 行，每行最多 4 台环网柜，环网柜以母线为基准间隔 1cm，每行环网柜以母线为基准对齐。当线路含环网柜超过 12 台时，3 行以内平均分配。SVG 成图调整效果如图 2-43 所示。

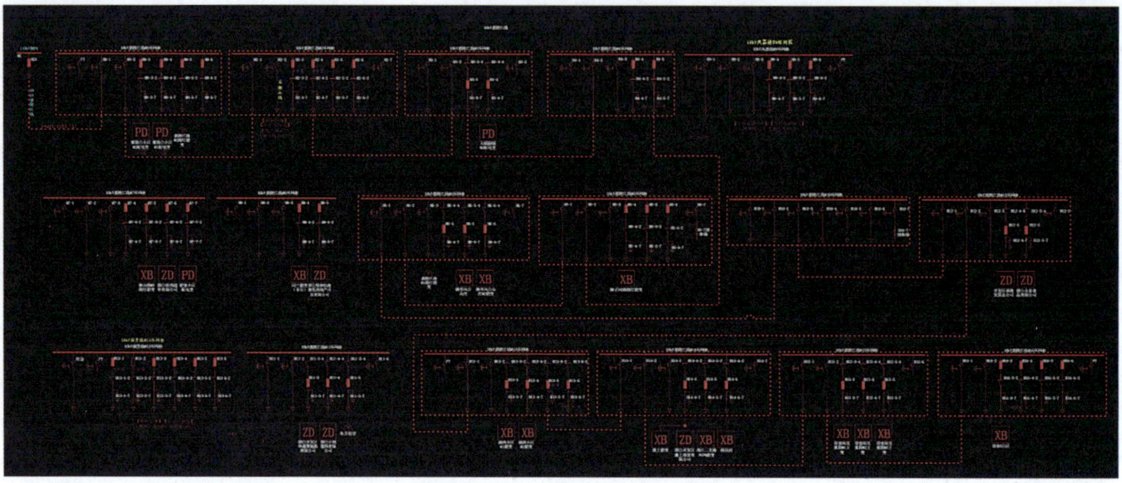

图 2-43　SVG 成图调整效果

（3）线路尽量避免交叉，避开标注。必须交叉时，交叉位置以弓子线形式展示，线路交叉情况处理如图 2-44 所示。

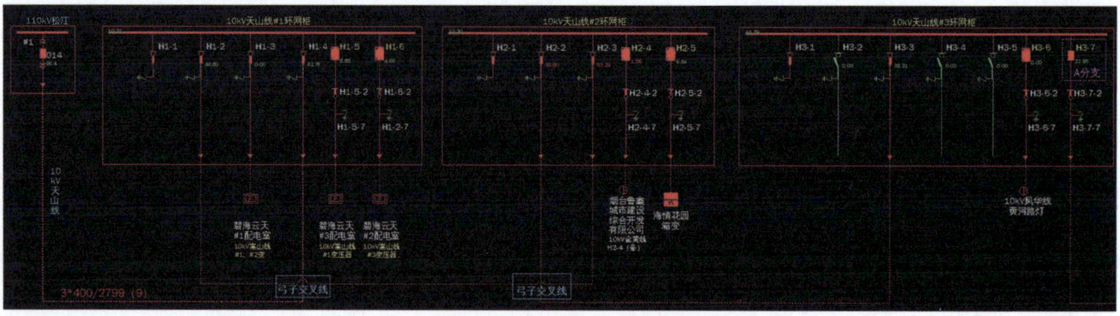

图 2-44　线路交叉情况处理

（4）架空线路每行设备布局的长度控制在 4 台环网柜宽度以内，所有设备按照杆号由小到大、由近及远的顺序排列。若设备负荷量大，需调整走向，按照从左到右、从上到下的顺序排列。杆塔、开关设备及用户均上下等高排列，用户置于开关设备下方，间距等分。支线在主干线下方馈出，SVG 含架空设备成图调整效果如图 2-45 所示。

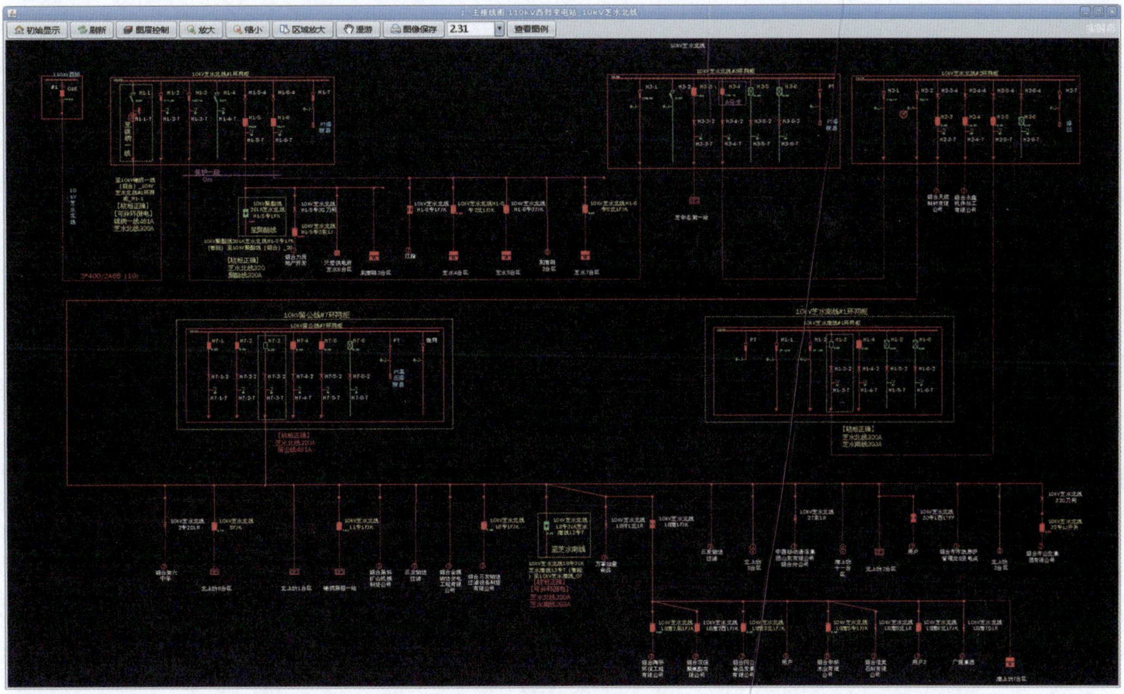

图 2-45 SVG 含架空设备成图调整效果图

（5）非末端的环网柜、配电室需展开内部接线图。

（6）设备类型显示为"无子图用户站"的营销设备，将 SVG 成图配置中"营销设备"当前状态改为"显示"，站房类型中"用户站"当前状态改为"缩略"，隐藏黄色指向标签，备注第二电源。营销无子图用户站调图过程如图 2-46 所示。

（a）　　　　　　　　　　（b）　　　　　　　　　　（c）

图 2-46 营销无子图用户站调图过程
（a）过程 1；（b）过程 2；（c）过程 3

（7）杆塔隐藏杆号。

（8）SVG 图自带图纸名称"10kV××线"无法删除，待所有设备布局排好后，放置在图纸顶端中央。

2.2.6 SVG 图标注规格

SVG 图标注包含两类:①在 SVG 图展示编辑页面修改设备简称成图,无须修改标注规格;②SVG 图编辑手动添加,需要根据内容修改标注的字号、颜色。SVG 图标注展示如图 2–47 所示。

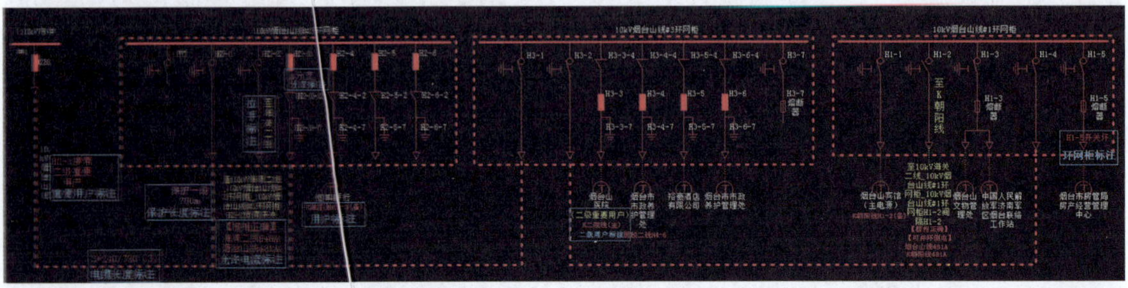

图 2–47 SVG 图标注展示

1. 设备简称标注

(1)变电站名称置于母线正上方,标注电压等级、名称,如 110kV 市中。标注距离母线约 5mm,避免遮挡遥测标签。

(2)母线运行编号置于母线左下方,标注 #1、#2 等。

(3)出线名称竖排置于变电站出线电缆右侧,标注电压等级、名称,如 10kV 烟台山线。

(4)站房内开关设备名称单行置于开关设备右上角。若柱上开关设备名称较长,可分行展示。

(5)展开内部接线图的站房名称置于站房正上方。

(6)用户名称置于用户正下方,字数较多的分行展示,避免遮挡。

2. 手动添加标注

SVG 图手动添加文字标注,须在规定的设备图元上点击右键添加,避免图模导入图资系统后标注颜色改变。以下所述标注添加规则,如无特殊说明,一般关联在间隔出线点上。

(1)变电站出线首段电缆、本线路至对侧联络环网柜电缆,标注电缆规格、长度、电缆中间头数量,如 3×400/1150(4),使用字号 16、红色,置于电缆上方。电缆规格标注如图 2–48 所示。

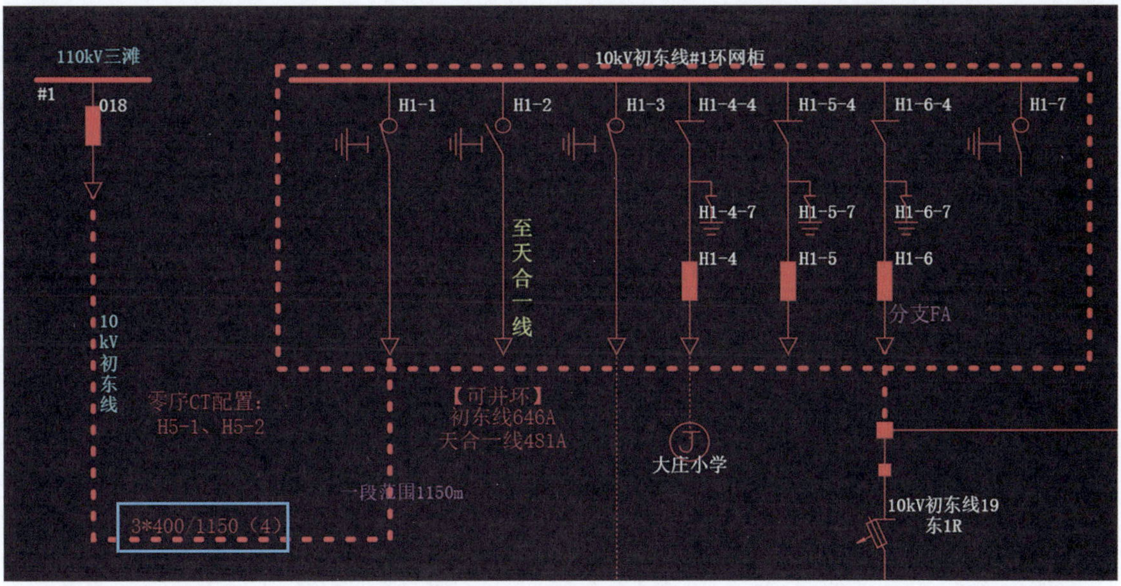

图 2-48　电缆规格标注

（2）线路Ⅰ段保护范围，如保护Ⅰ段 1150m，使用字号 16、品红色，置于电缆适当位置，如图 2-49 所示。

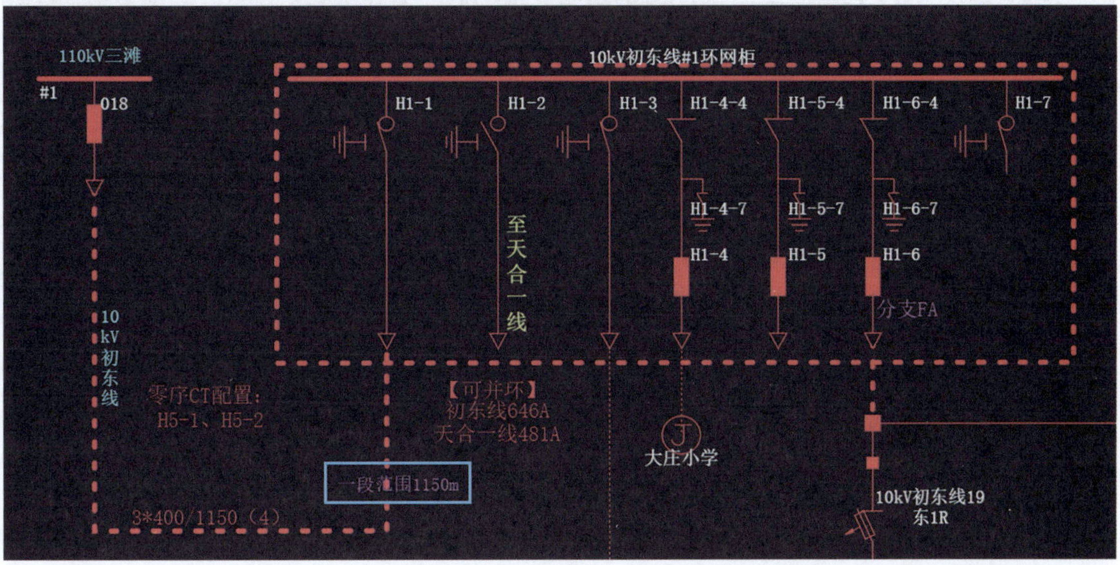

图 2-49　线路Ⅰ段保护范围标注

（3）配置零序 CT（即 TA，电流互感器）的间隔，在出线名称右侧标注"零序 CT 配置：××"，使用字号 16、红色，此处 ×× 需标明间隔，如零序 CT 配置 H5-1、H5-2，如图 2-50 所示。

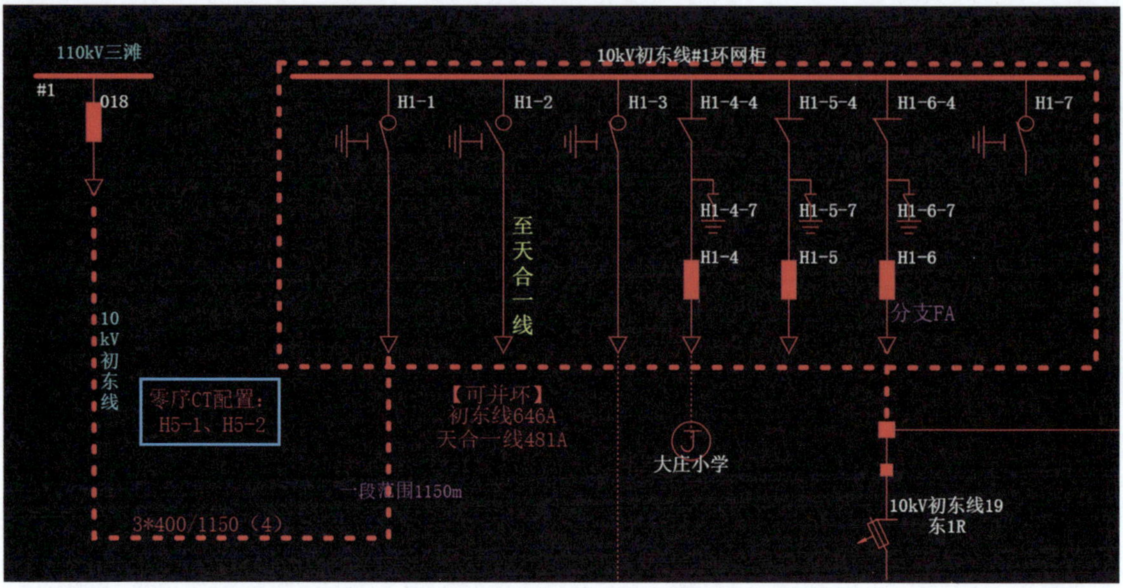

图 2-50 零序 CT 配置标注

（4）SVG 图自动成图包含联络指向的黄色标签，右键选择"标签隐藏"隐藏。联络标签隐藏如图 2-51 所示。

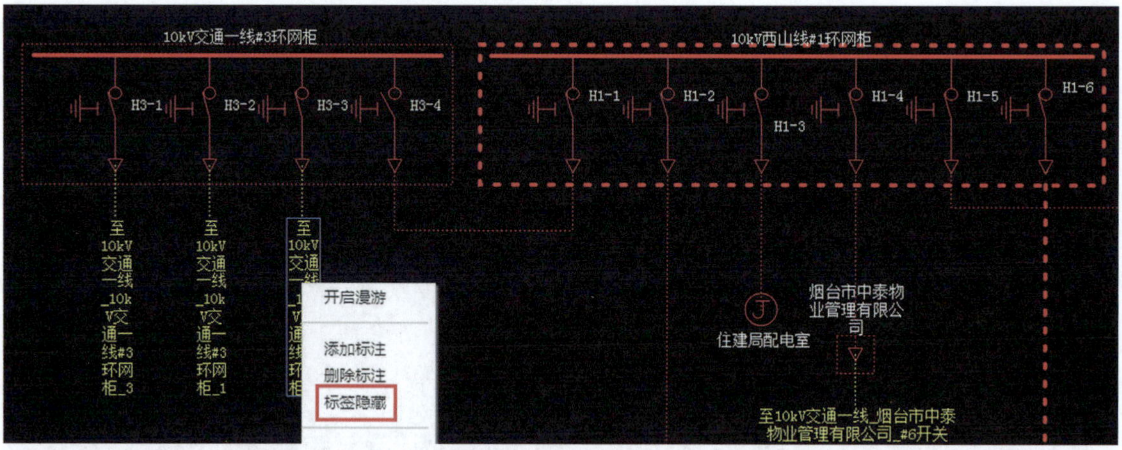

图 2-51 联络标签隐藏

（5）本线路至对侧联络开关标注环网柜双重名称，使用字号 18、黄色，关联环网柜母线，置于环网柜名称正上方，用于线路跳转。本线路至对侧联络环网柜标注如图 2-52 所示。

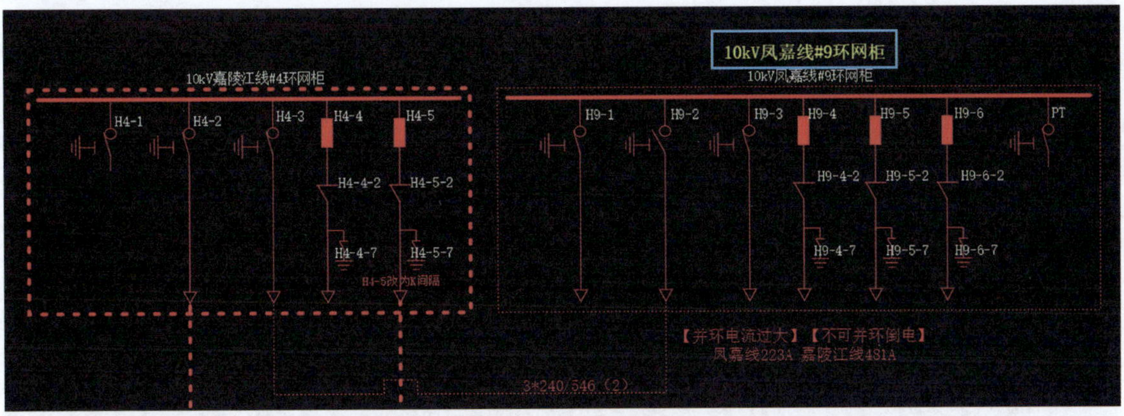

图 2-52　本线路至对侧联络环网柜标注

（6）联络开关至对侧线路标注"至 ×× 线"，使用字号 16、黄色，关联间隔出线，竖排置于间隔出线点上方。联络开关至对侧线路标注如图 2-53 所示。

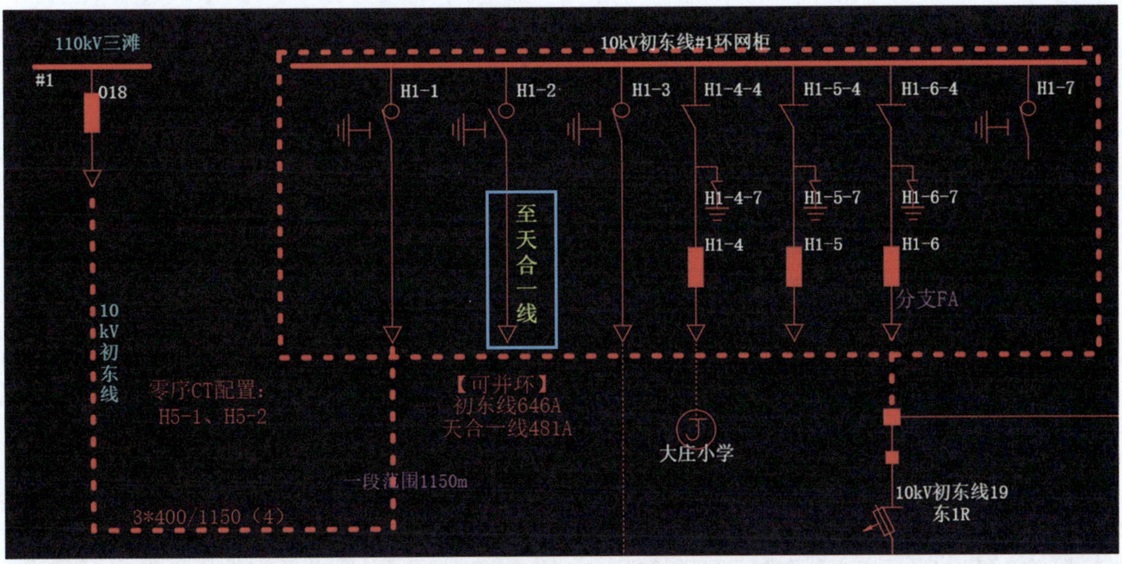

图 2-53　联络开关至对侧线路标注

（7）线路合环标注，如【核相正确】【可并环倒电】【未核相】，使用字号 16、红色、方头括号，置于联络间隔下方。最大允许合环电流标注，如初东线 646A、天合一线 481A，使用字号 16、红色，置于联络间隔下方。联络合环标注如图 2-54 所示。

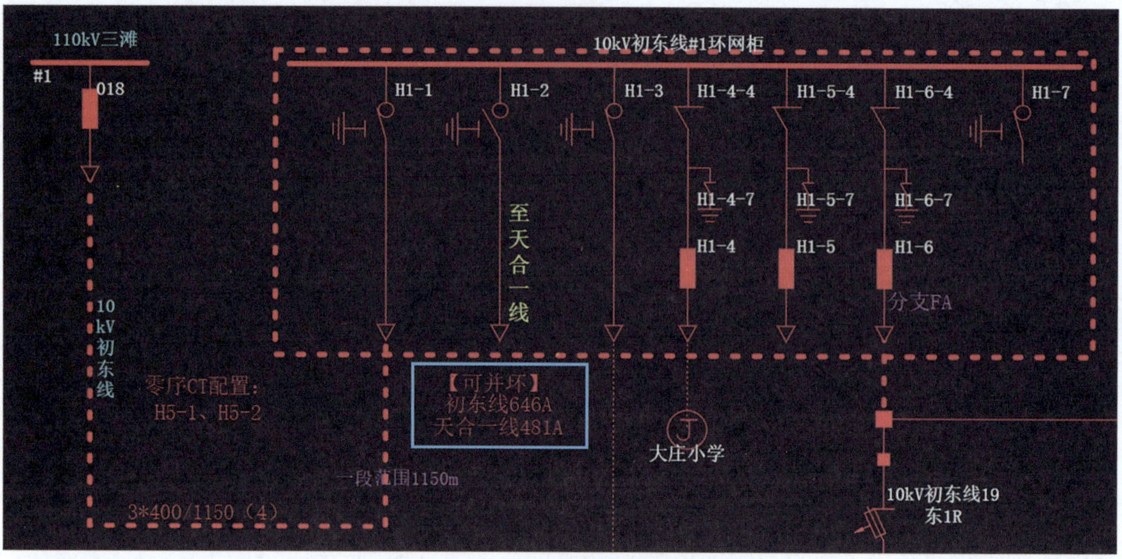

图 2-54 联络合环标注

（8）分支断路器、中间断路器，标注"分支 FA"，使用字号 16、品红色，置于断路器右下方。A 型分支、B 型分支，标注"A 分支""B 分支"，使用字号 16、品红色，置于断路器右下方。对于横向放置的柱上开关设备，分支标注置于开关设备左下方，避开遥测标签。分支断路器标注如图 2-55 所示。

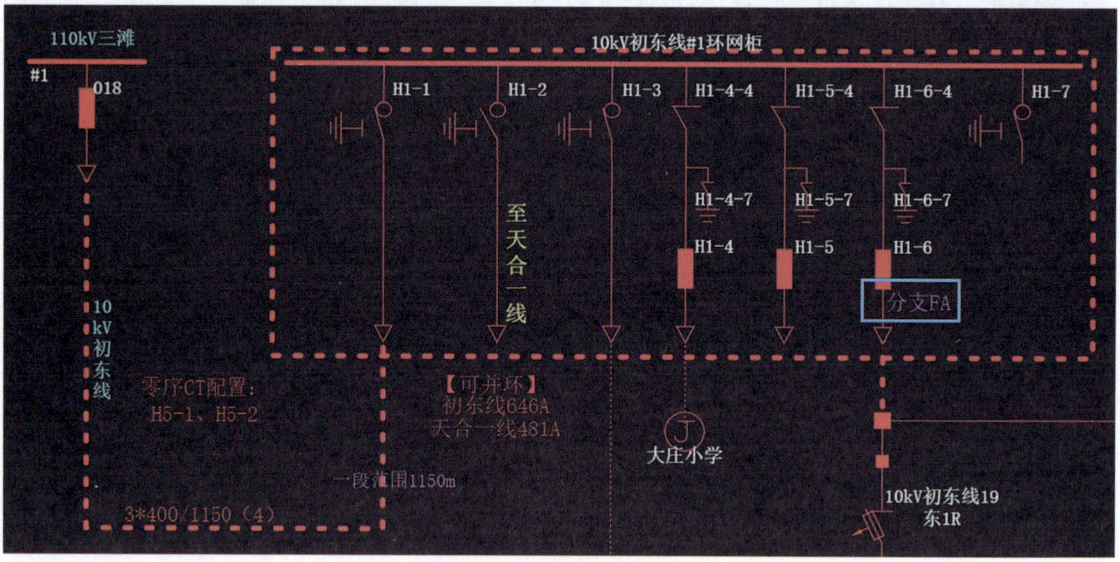

图 2-55 分支断路器标注

（9）用户第二电源、自备电源容量，使用字号 12、红色，关联距离最近的杆塔或出线点，置于用户名称正下方，如 ×× 线（备）、×× 线（主）。第二电源标注如图 2-56 所示。

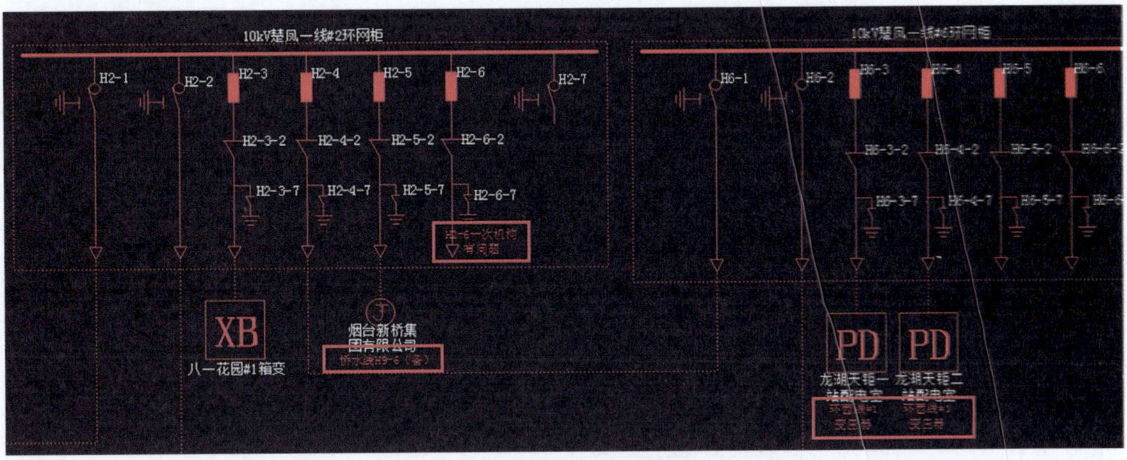

图 2-56 第二电源标注

（10）配电室第二电源，使用字号 12、红色，置于配电室名称正下方，标明第二电源线路和接带变压器，如星海二线 #1、#2 变压器，如图 2-56 所示。

（11）环网柜间隔特殊标注，如 ×× 操动机构损坏，无法操作、××**间隔被 ××工程占用**，使用字号 12、红色，置于间隔出线点上方，如图 2-56 所示。

（12）环网柜现场 G 间隔作为 K 间隔使用，标注"K 间隔"，使用字号 16、红色，置于开关设备右下方。环网柜 G 间隔作为 K 间隔使用标注如图 2-57 所示。

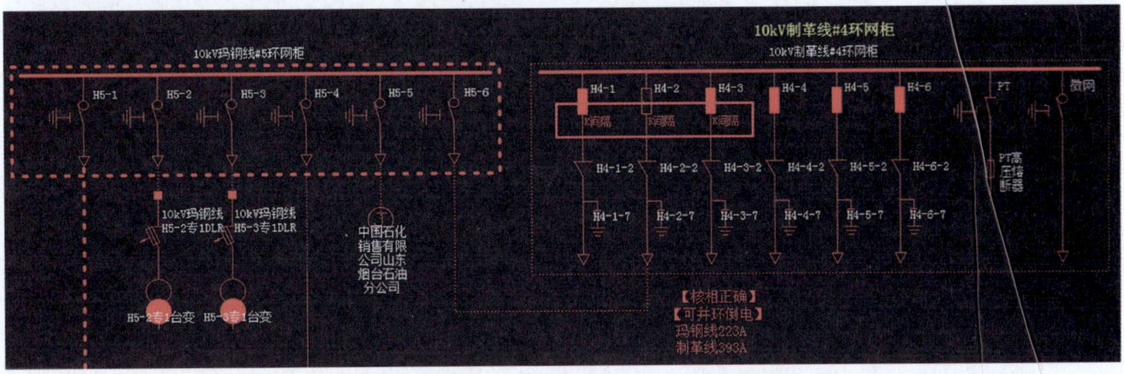

图 2-57 环网柜 G 间隔作为 K 间隔使用标注

（13）SVG 展示编辑页面标注常用色块颜色无法保存，需要更改色号实现颜色切换，红色（255.0.0）、黄色（255.255.0）、品红（255.0.255），点击"确定"完成修改。颜色修改界面如图 2-58 所示。

图 2-58　颜色修改界面

2.2.7　环网图维护

图模导入运维支撑平台，点击左上角"运维管理"→"环网图"→"环网图列表"，右侧按照登录用户所在地市、区县进行环网列表展示，可查看本单位的环网列表明细。图模导入运维支撑平台环网图列表如图 2-59 所示。

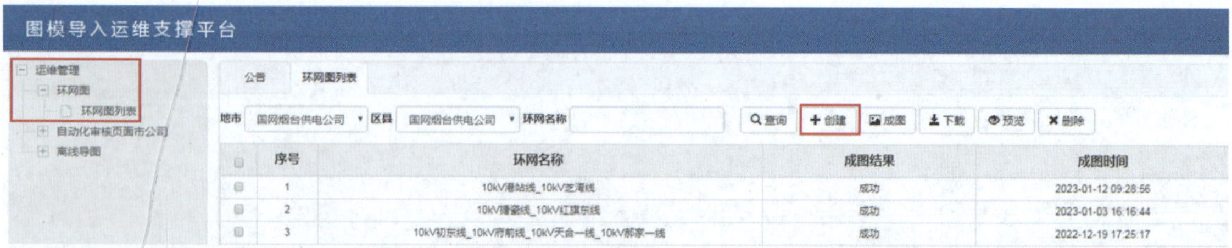

图 2-59　图模导入运维支撑平台环网图列表

1. 环网图列表创建

点击"创建"，打开已成功导入，可以添加组成环网图的线路列表。勾选需要组成环网的线路，点击"合并"，提示"环网图合并完成"。创建环网图界面如图 2-60 所示。

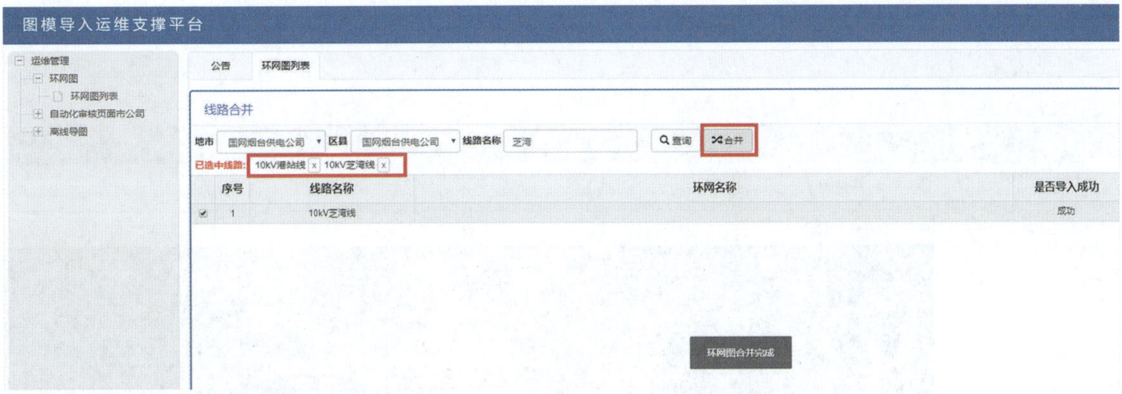

图 2-60　创建环网图界面

关闭线路合并列表，返回环网图列表，即可看到新增环网图信息，环网图创建成功界面如图 2-61 所示。

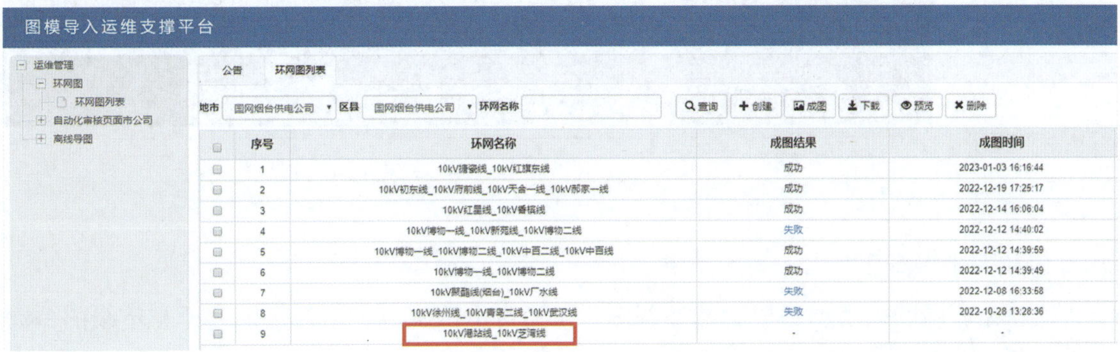

图 2-61　环网图创建成功界面

勾选已合并线路，点击"成图"，提示"成图请求已发送，请稍后查看""环网图成图成功！"，合并线路的成图结果显示"成功"，同时生成成图时间。环网图成图成功界面如图 2-62 所示。

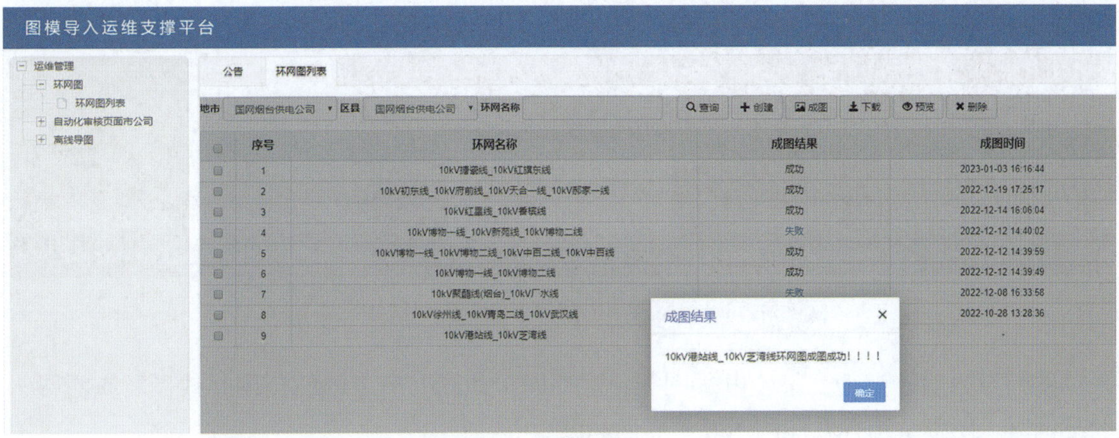

图 2-62　环网图成图成功界面

勾选已成图线路，点击"预览"，即可查看环网图。环网图成图效果预览界面如图2-63所示。

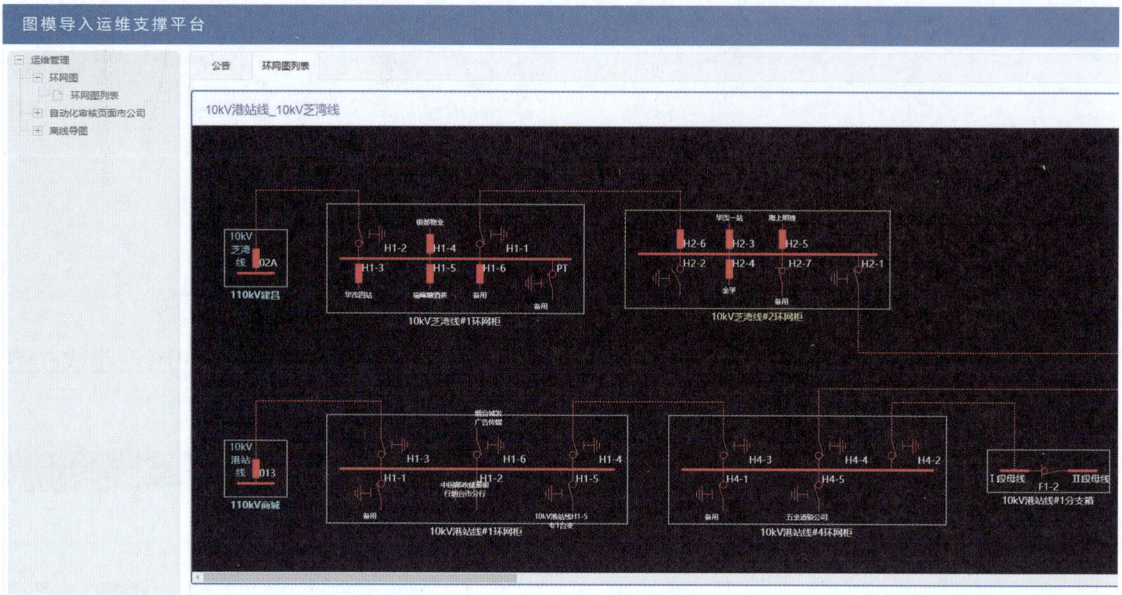

图 2-63 环网图成图效果预览界面

2. 环网图线上交互

已经在环网图列表创建成功的环网图，可通过电网资源中台线上流程，与单线图一同发送至运维支撑平台配电自动化审核节点。审核通过后，点击"发送配电自动化导入"，在弹出窗口中勾选"环网图"，点击"确定"，可将环网图与单线图一起发送至配电自动化图资系统。环网图审核通过发送配电自动化界面如图2-64所示。

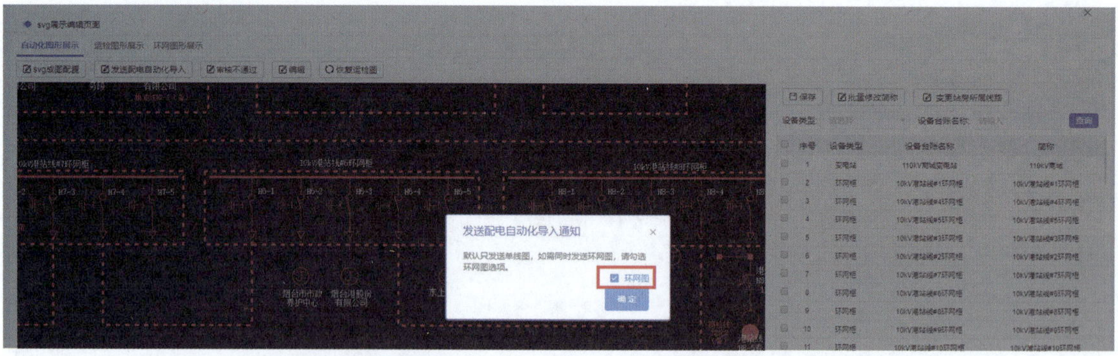

图 2-64 环网图审核通过发送配电自动化界面

图模导入后，点击"衍生电气图"→"环网接线图"→"PMS环网接线图"查看导入的环网图。图资系统查看环网图效果界面如图2-65所示。

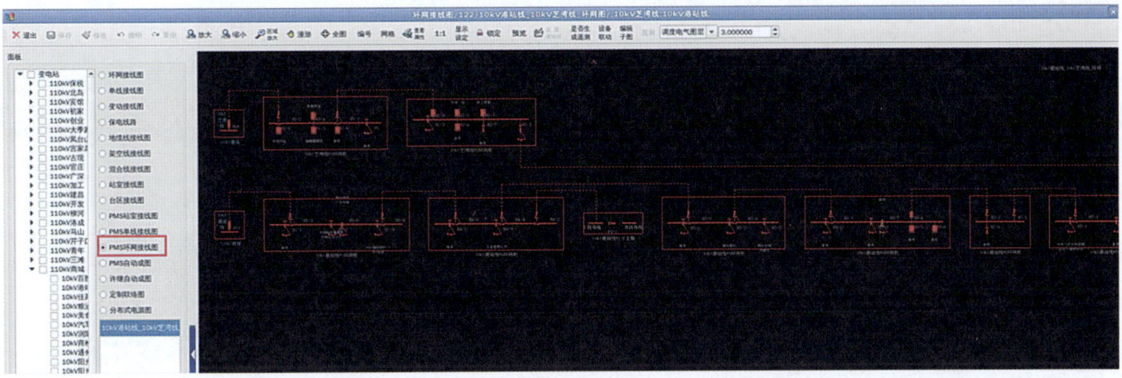

图 2-65　图资系统查看环网图效果界面

2.3　图模导入

2.3.1　图模签收导入

点击"图资系统"→"工程定制"→"流程管理工具",登录配电自动化系统红黑图管理工具。选择需要导入的流程,点击"签收"。包含多条流程的导入,按住 Ctrl 键复选后合并签收。配电自动化系统红黑图管理工具流程签收界面如图 2-66 所示。

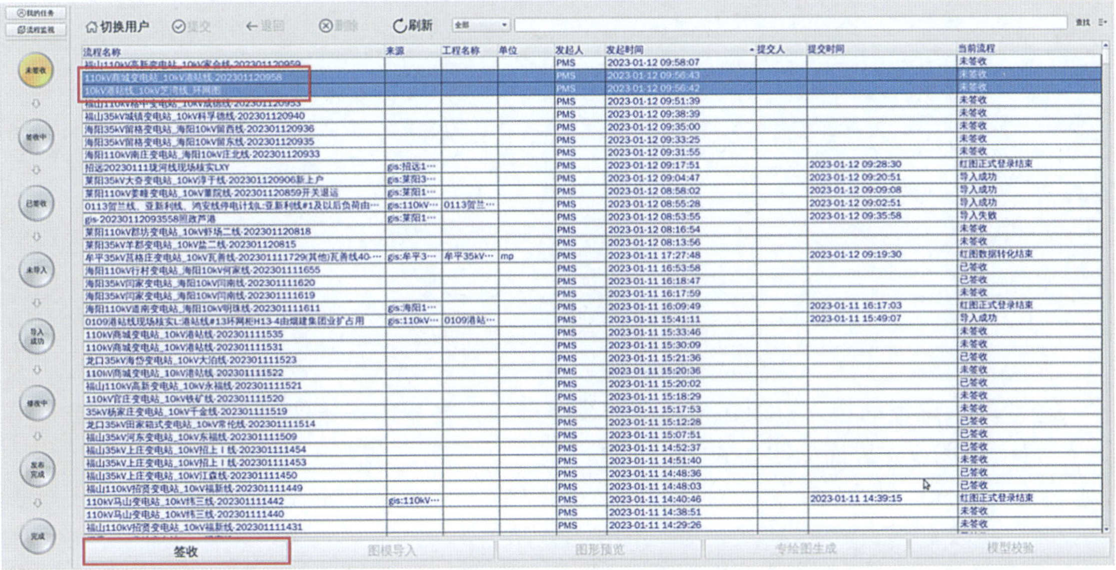

图 2-66　配电自动化系统红黑图管理工具流程签收界面

填写工程名称,修改流程名称,点击"确定"。流程名称格式与图资新建计划的要求一致,也可在导入成功后,图资系统内编辑计划时修改。导入流程创建信息填写界面如图

2-67 所示。

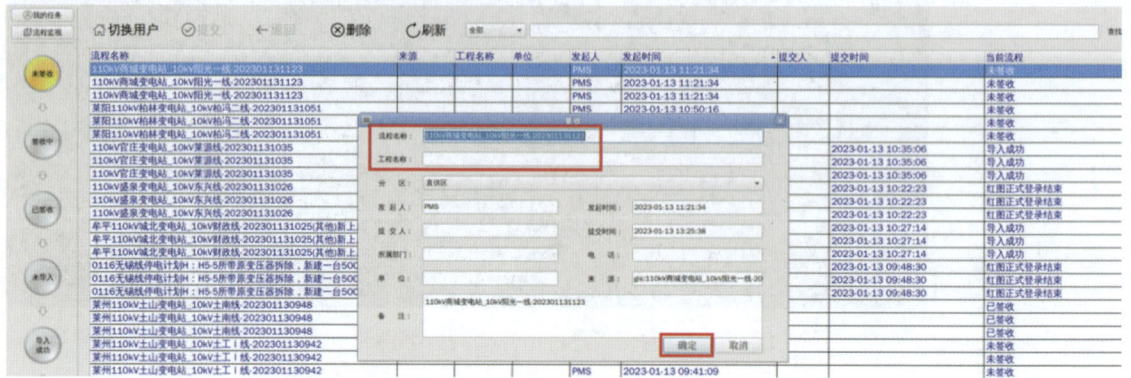

图 2-67　导入流程创建信息填写界面

签收完成，选择该流程，点击"图模导入"，导入流程开始，如图 2-68 所示。

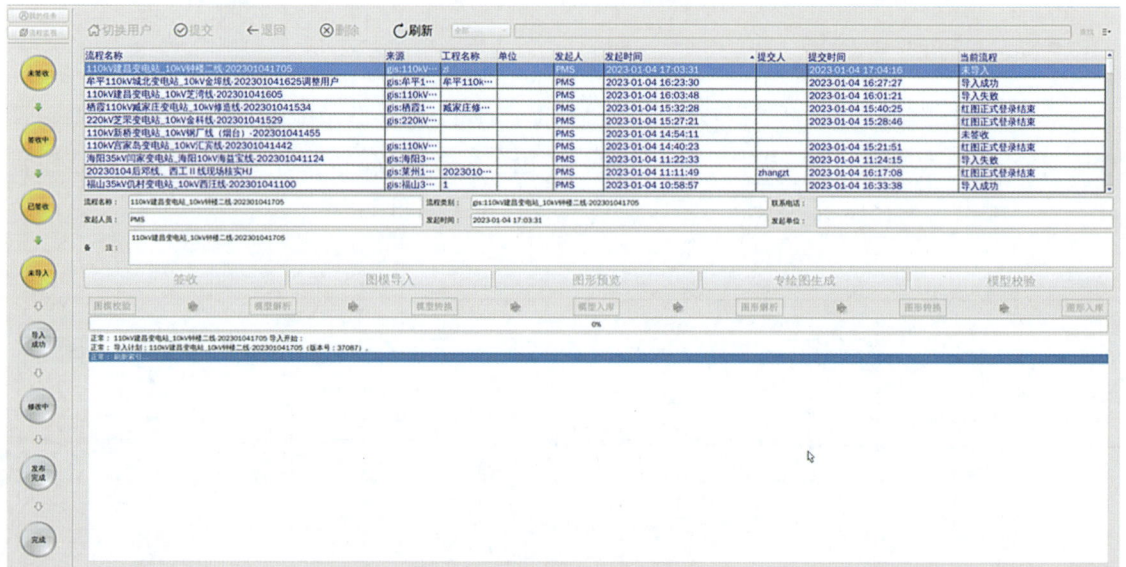

图 2-68　导入流程开始界面

包含多条流程的导入，须在弹出的"线路选择"列表中，按住 Ctrl 键复选后点击"导入"。导入复选线路界面如图 2-69 所示。

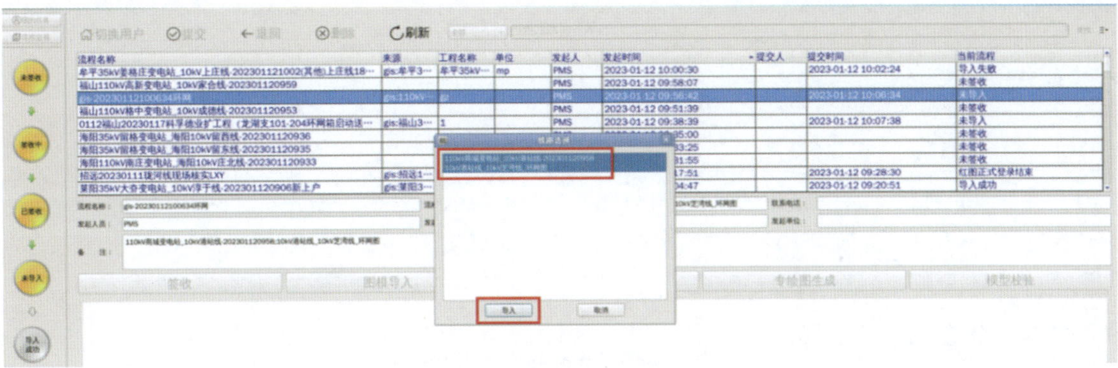

图 2-69　导入复选线路界面

提示"自动化站房未匹配，是否继续导入？"，选择"是"，自动化站房未匹配继续导入界面如图 2-70 所示。

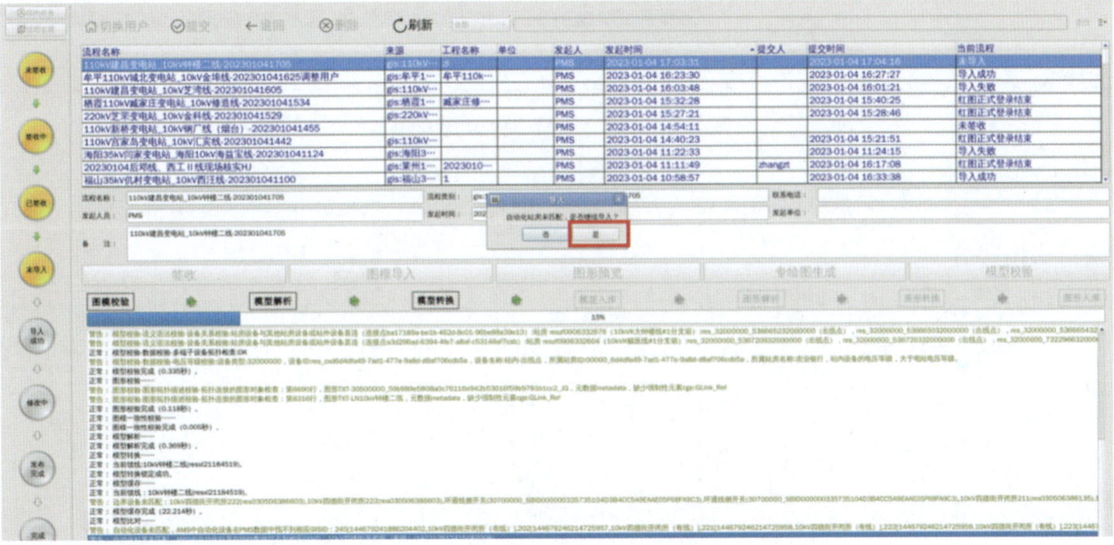

图 2-70　自动化站房未匹配继续导入界面

弹出设备变更列表，可查看导入过程中设备图形的删除、新增、修改，以及设备参数变更详情，点击"继续导入"，导入设备变更列表界面如图 2-71 所示。

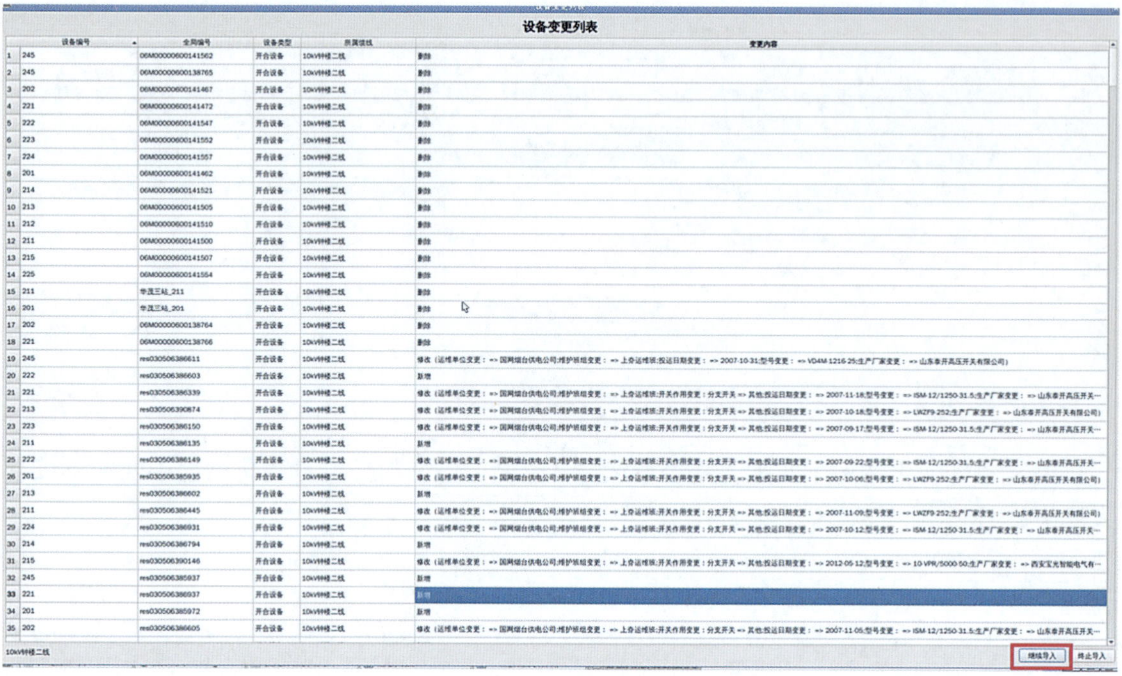

图 2-71 导入设备变更列表界面

待导入流程依次完成，线路导入结果显示"导入成功"，即可重新登录图资系统，进行编辑修改操作。

进行图模导入时，如图资系统是打开状态，导入成功后编辑该计划，系统提示"选中的改建计划对应的版本数据本机未加载，请关闭图资重新打开！"，关闭图资系统重新打开即可。

2.3.2 图模导入设置建议

解锁工具打开方式：在主文件夹中点击"home"→"pms"→"pmsimport"→"bin"→双击"pmsimptool.sh"，提示"您是要运行'pmsimptool.sh'还是显示它的内容？"，选择"运行"。导入解锁工具查找路径界面如图 2-72 所示。

（1）在解锁工具页面上点击"设置"→"本地导入"→勾选"图名继承"，可以保存修改后的环网接线图名称。图模导入图名继承设置界面如图 2-73 所示。

（2）在解锁工具页面上点击"设置"→"本地导入"→勾选"不继承原有坐标（线路）"，图模导入后图资系统地理图布局与调整过的 SVG 图一致；如不勾选，设备连接混乱，不易查看线路拓扑关系。图模导入坐标设置界面如图 2-74 所示。

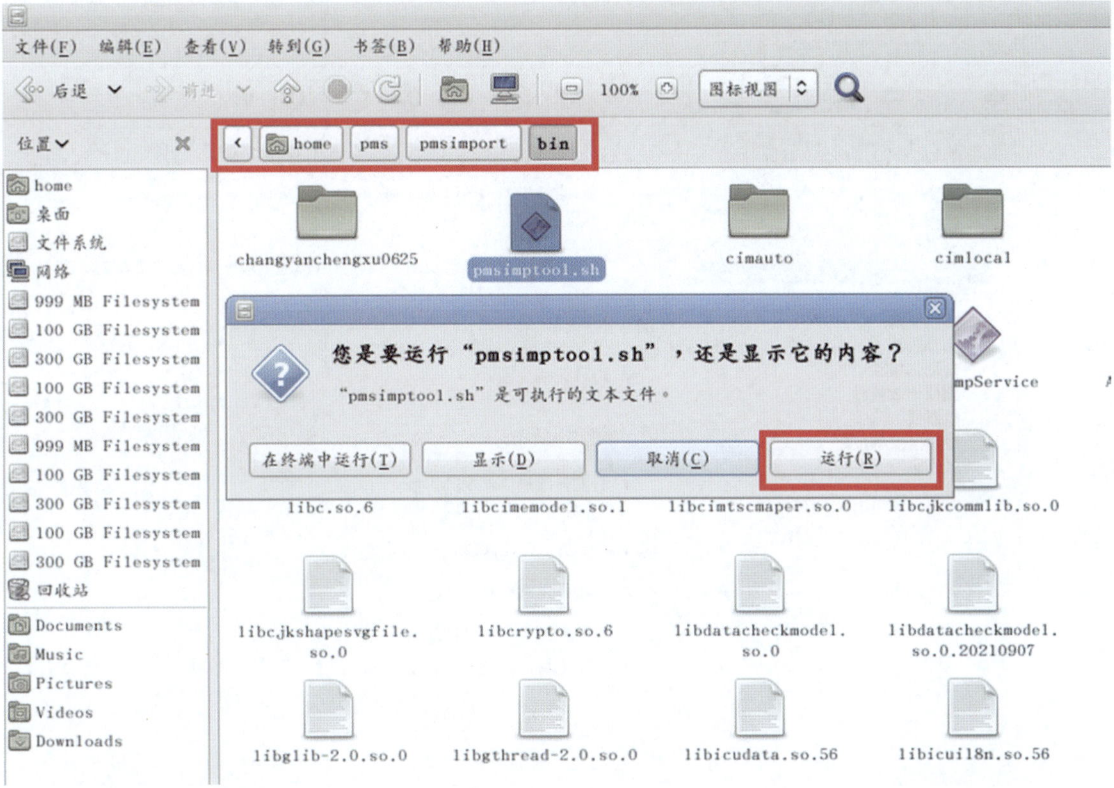

图 2-72　导入解锁工具查找路径界面

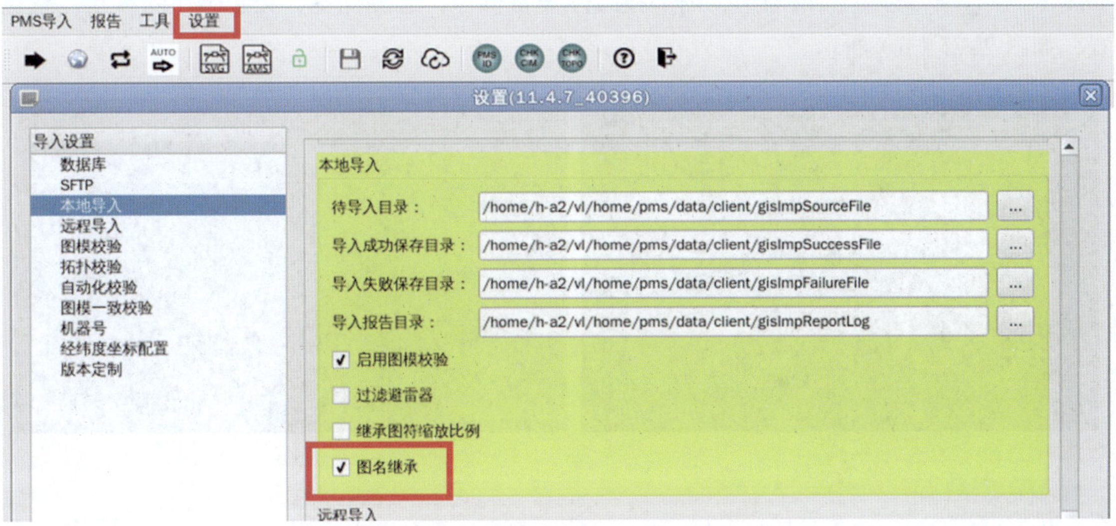

图 2-73　图模导入图名继承设置界面

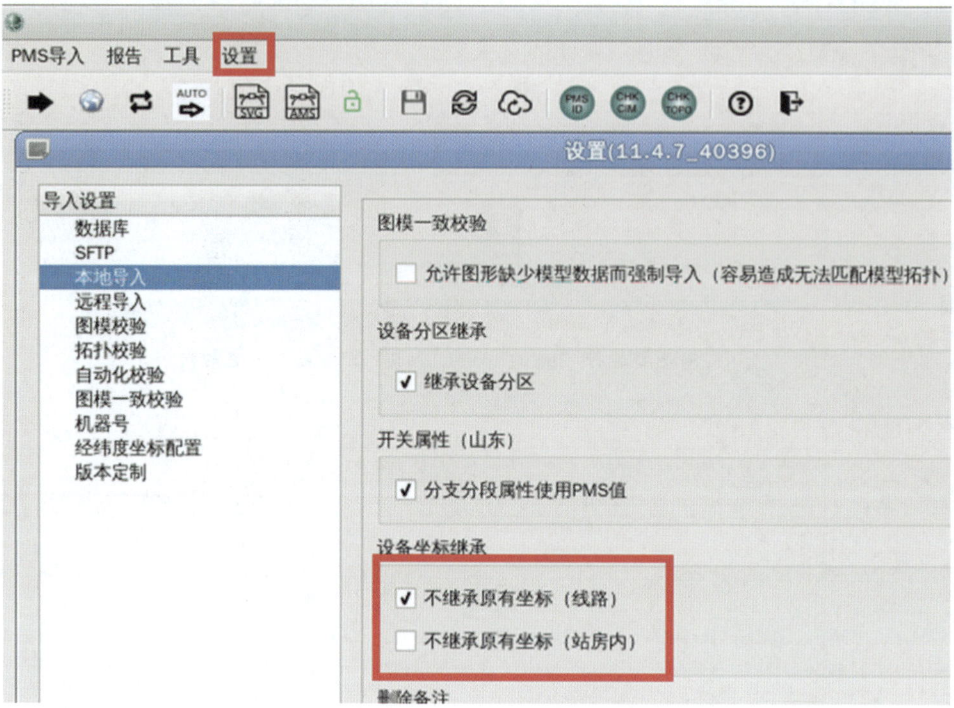

图 2-74　图模导入坐标设置界面

（3）在解锁工具页面上点击"设置"→"本地导入"→不勾选"不继承原有坐标（站房内）"，图模导入后，对于存量环网柜、配电室等站房类设备，原图形位置可继承保存，如图 2-75（a）所示；如果勾选，内部接线图设备移位，遥测标签、文字标注需重新调整位置，如图 2-75（b）所示。

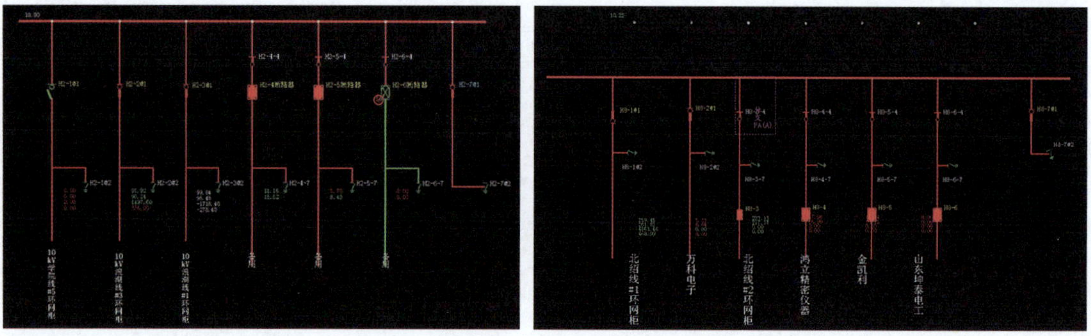

（a）　　　　　　　　　　　　　　　（b）

图 2-75　站房坐标是否继承效果对比

（a）站房不继承原有坐标显示效果；（b）站房继承原有坐标显示效果

2.4　站房类设备维护

新增环网柜、配电室等站房类设备，导入后需调整内部设备位置，修改开关设备的类型、属性，增加遥测标签。

2.4.1　接线图调整

（1）隔离开关、接地开关方向不对，点选设备后使用工具栏"90°旋转"和"对齐"，使其与其他开关设备方向、高度一致。开关设备调整对齐如图 2-76 所示。

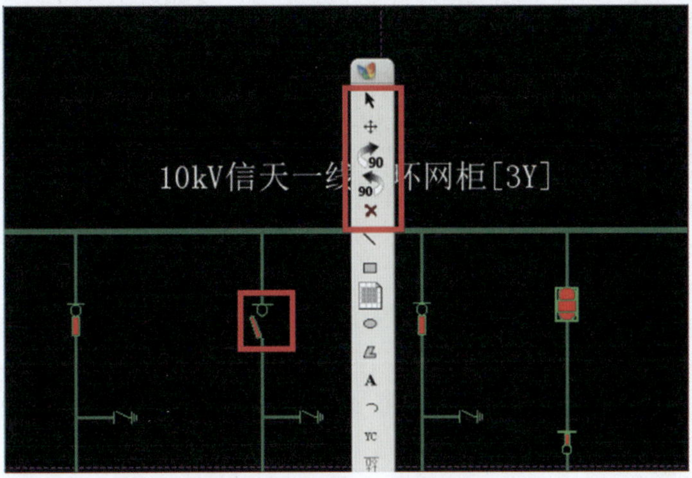

图 2-76　开关设备调整对齐

移动被图形遮挡的设备名称时，点击工具栏"锁定图形"，即可固定图形，精准选定文字。文字移动到位后，再次点击"锁定图形"解锁，即可正常移动图形。

（2）设备间隔错位，删除错位间隔连接线，重新连接。间隔错位接线如图 2-77 所示。

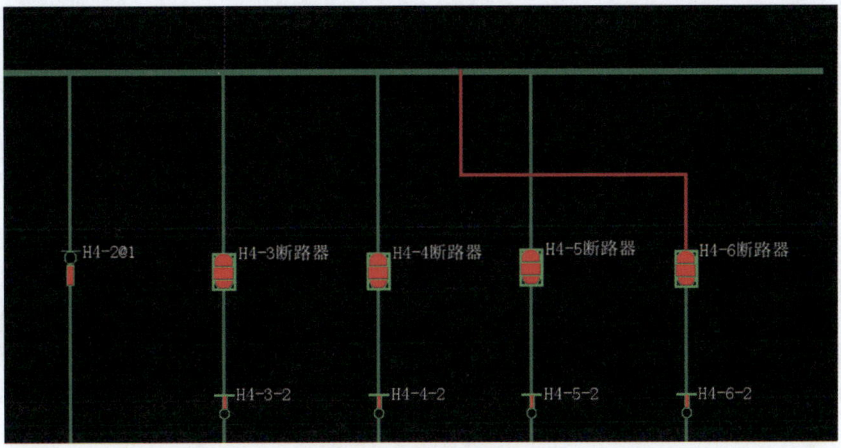

图 2-77　间隔错位接线

与母线连接时，选择作图工具栏中线路，点击"连接线"→"连接干线"，左键选中开关设备，同时按住 Shift 键移动鼠标，可使连接线保持竖直到达母线相应位置，双击左键结束添加。间隔接线重连效果如图 2-78 所示。

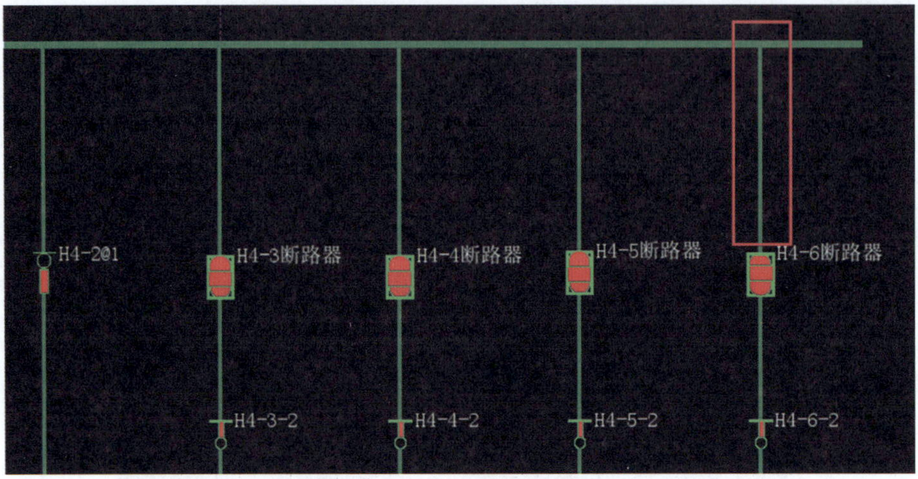

图 2-78　间隔接线重连效果图

（3）已经与站外电缆建立了连接的间隔连接线，无法直接删除，断开连接删除后，需重新建立连接。在连接线右键选择"建立连接"，页面跳转至站外地理图，点击需连接的电缆线，页面跳转回站房内部，连接线右键变为"确认连接"。间隔连接建立如图 2-79 所示。

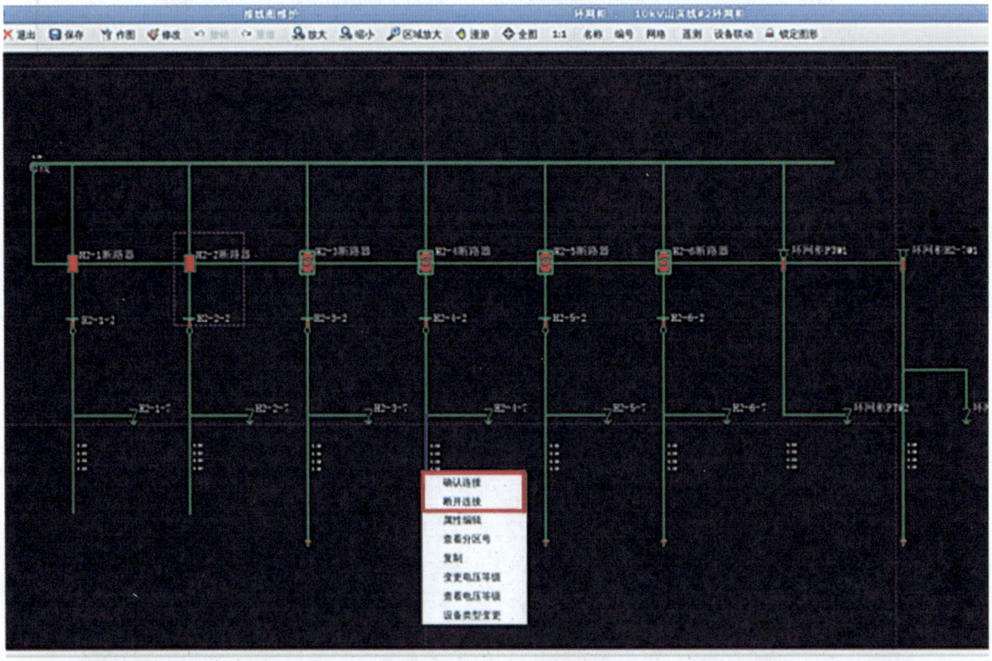

图 2-79　间隔连接建立

2.4.2　遥测标签添加

站房内设备接线调整好后，对于自动化设备，点击工具栏"遥测"，勾选需展示的遥测信息，点击"确定"。开关设备勾选展示有功功率、无功功率、A 相电流、B 相电流、C 相电流，母线展示 AB 线电压。生成的母线遥测标签位于母线左上角，开关设备遥测标签高度保持一致，框选移动至出线点上方。遥测标签成图效果如图 2-80 所示。

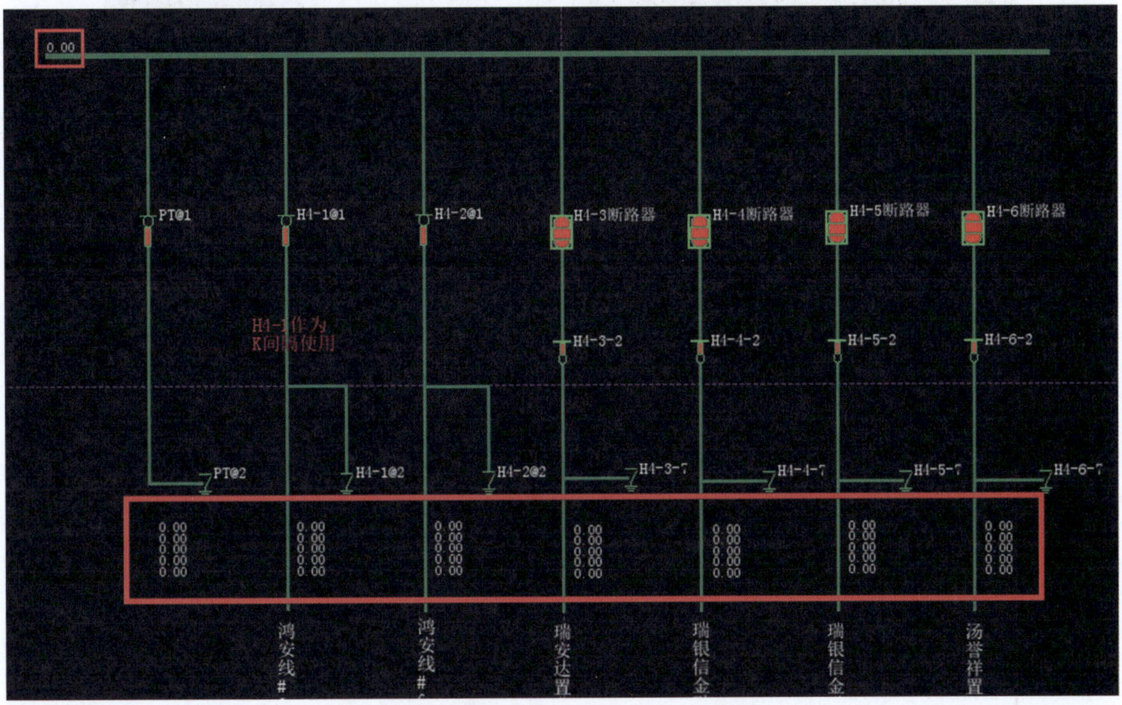

图 2-80　遥测标签成图效果图

2.4.3　开关设备类型、属性维护

2.4.3.1　环网柜

新增环网柜需要在图资系统对开关设备类型、属性进行修改，以满足配电自动化主站 FA 功能以及指标统计需求。

点选开关设备，右键选择"设备类型变更"，在弹出的窗口中选择设备类型，点击"确定"，完成设备类型变更。设备类型变更界面如图 2-81 所示。

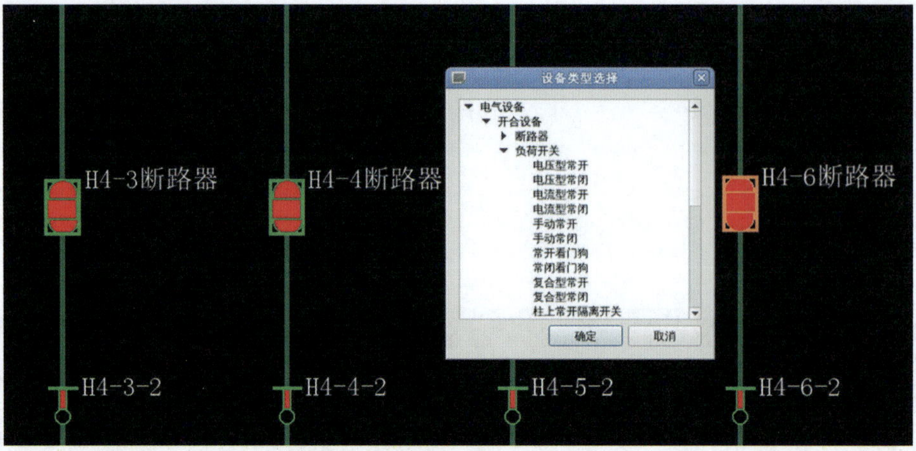

图 2-81 设备类型变更界面

点选开关设备，右键选择"属性编辑"，修改运行参数中的负荷/断路器、分支/分段属性，点击"保存"。开关设备属性编辑界面如图2-82所示。

图 2-82 开关设备属性编辑界面

1. 普通环网柜

（1）普通环网柜是指 2K2G、2K4G、3K3G 等柜内既有负荷开关，又有断路器的环网柜。

（2）进线间隔，设备类型选择负荷开关中的"电流型常闭"，负荷 / 断路器选择"负荷开关"、分支 / 分段属性选择"分段开关"。

（3）出线间隔，设备类型选择负荷开关中的"常闭看门狗"。后端只接带用户，无自动化设备，负荷 / 断路器选择"负荷开关"、分支 / 分段属性选择"分界开关"；后端接带自动化设备，负荷 / 断路器选择"负荷开关"、分支 / 分段属性选择"分段开关"。

（4）联络开关，设备类型选择负荷开关中的"电流型常闭"，负荷 / 断路器选择"负荷开关"、分支 / 分段属性选择"分段开关"。运行参数中初始状态选择"分"，是否联络开关选择"是"。

（5）常闭看门狗后端不允许接带自动化环网柜或自动化开关设备；若接带，需设分支，或定值设"只告警不跳闸"，并在 SVG 图中标注。

2. 融合环网柜

（1）融合环网柜是指 4G、6G 等柜内只有断路器，没有负荷开关的环网柜。

（2）进线间隔，设备类型选择断路器中的"常闭断路器"，负荷 / 断路器选择"带保护装置断路器"、分支 / 分段属性选择"分段开关"。

（3）出线间隔只接带用户，后端无自动化设备，设备类型选择负荷开关中的"常闭看门狗"，负荷 / 断路器选择"负荷开关"、分支 / 分段属性选择"分界开关"。

（4）出线间隔接带自动化设备，设备类型选择断路器中的"常闭断路器"，负荷 / 断路器选择"带保护装置断路器"、分支 / 分段属性选择"分支开关"。若该间隔 CAD 异动内容未设分支，则分支 / 分段属性选择"分段开关"。

（5）联络开关，设备类型选择断路器中的"常闭断路器"，负荷 / 断路器选择"带保护装置断路器"、分支 / 分段属性选择"分段开关"。运行参数中初始状态选择"分"，是否联络开关选择"是"。开关联络属性编辑界面如图 2-83 所示。

2.4.3.2　配电室

配电室内开关设备类型无须修改，若有联络开关，运行参数中初始状态选择"分"，是否联络开关选择"是"。

2.4.4　分支标注添加

（1）使用工具栏中"文本"功能添加分支标注；使用字号 16、宋体、品红，点击"确定"，完成添加。分支标注文字添加界面如图 2-84 所示。

图 2-83　开关联络属性编辑界面

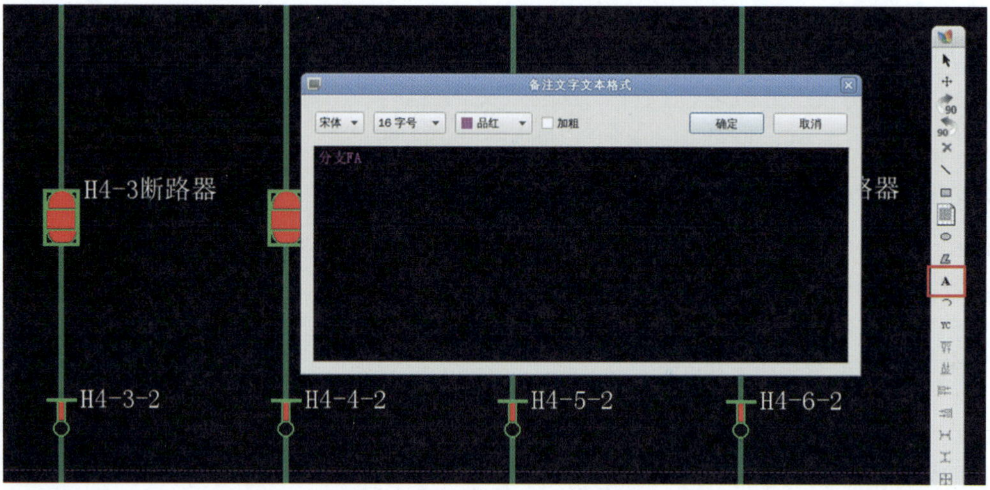

图 2-84　分支标注文字添加界面

（2）使用工具栏中"矩形"功能添加"边框，右键选择"修改属性"，修改边框线形、开关设备、分支标注、设备名称，使用品红色、2 像素、虚线框框起。分支标注内容须与 SVG 图中一致。分支标注边框添加界面如图 2-85 所示。

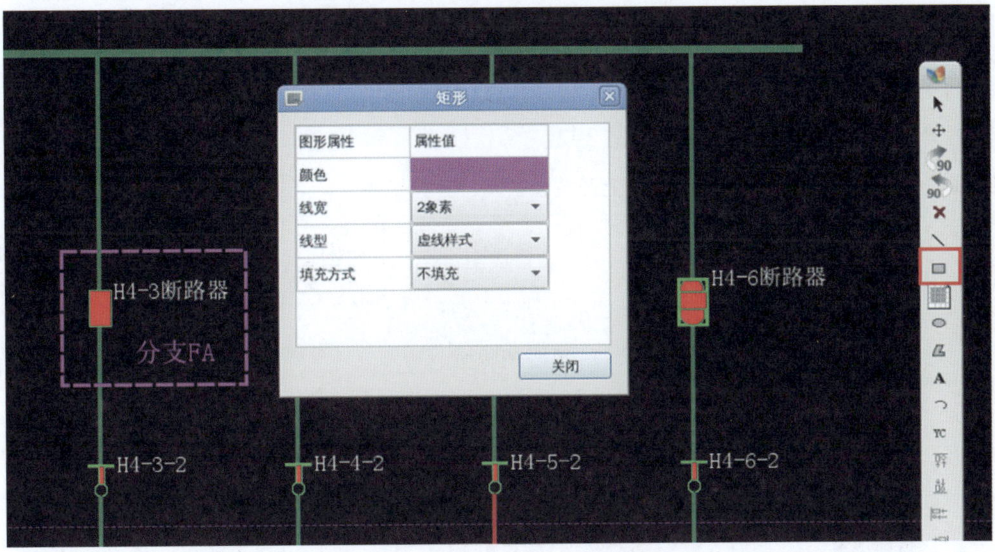

图 2-85　分支标注边框添加界面

2.4.5　出线点标注添加

使用工具栏中"文本"添加出线间隔指向标注。使用字号 16、宋体、白色，点击"确定"，完成添加。标注竖排，可在"备注文字文本格式"中编辑，也可在添加标注后使用右键"竖排"功能修改。出线点标注添加界面如图 2-86 所示。

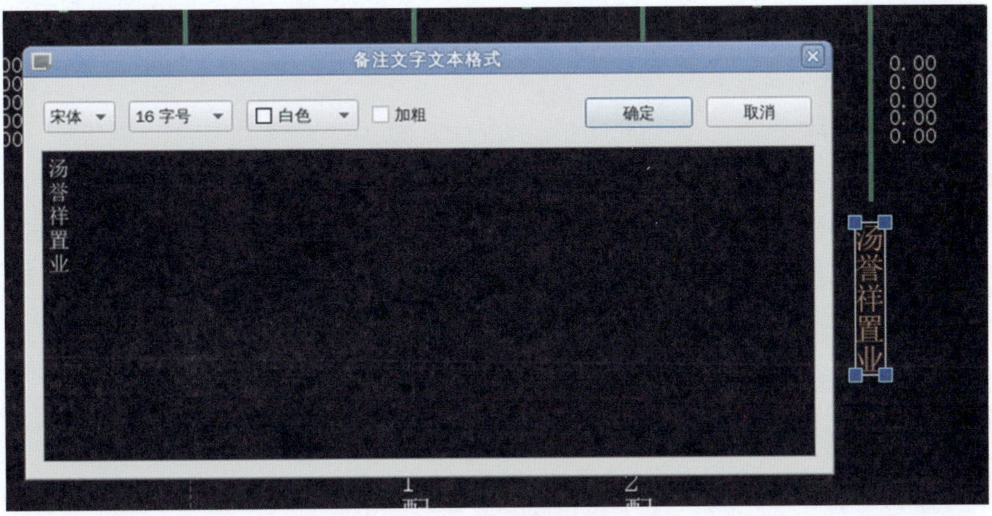

图 2-86　出线点标注添加界面

2.5 柱上开关设备维护

新增柱上开关设备导入后，需要在图资系统进行设备类型变更、属性修改，修改运行参数中的负荷/断路器、分支/分段属性，以满足配电自动化主站 FA 功能以及指标统计需求。柱上开关设备属性分类说明见表 2-2。

表 2-2　　　　　　　　　　　　　　　　柱上开关设备属性分类说明

分类	图元	名称标识	设备类型	属性－负荷／断路器	属性－分支／分段
分支开关		DF、DZ	常闭断路器	带保护装置断路器	分支开关
分界开关		FJK、J	常闭断路器看门狗	带保护装置断路器	分界开关
分段开关		FK	集中式开关常闭	负荷开关	分段开关
分段开关		DK	常闭断路器	带保护装置断路器	分段开关
分段开关		LK	集中式开关常开	负荷开关	分段开关

联络开关运行参数中初始状态选择"分"，是否联络开关选择"是"。

2.6 衍生电气图维护

1. 图纸名称修改

勾线线路→点选"PMS 单线接线图"，双击线路名称可打开 SVG 图，第一次导入的 SVG 图需在线路名称处右键选择"修改图名"。在弹出的窗口中编辑环网接线图名称，接线图名称须标明变电站、线路名称、站内出线断路器编号，如山滨线 029（110kV 宾馆），点击"确定"，完成修改。PMS 单线接线图名修改界面如图 2-87 所示。

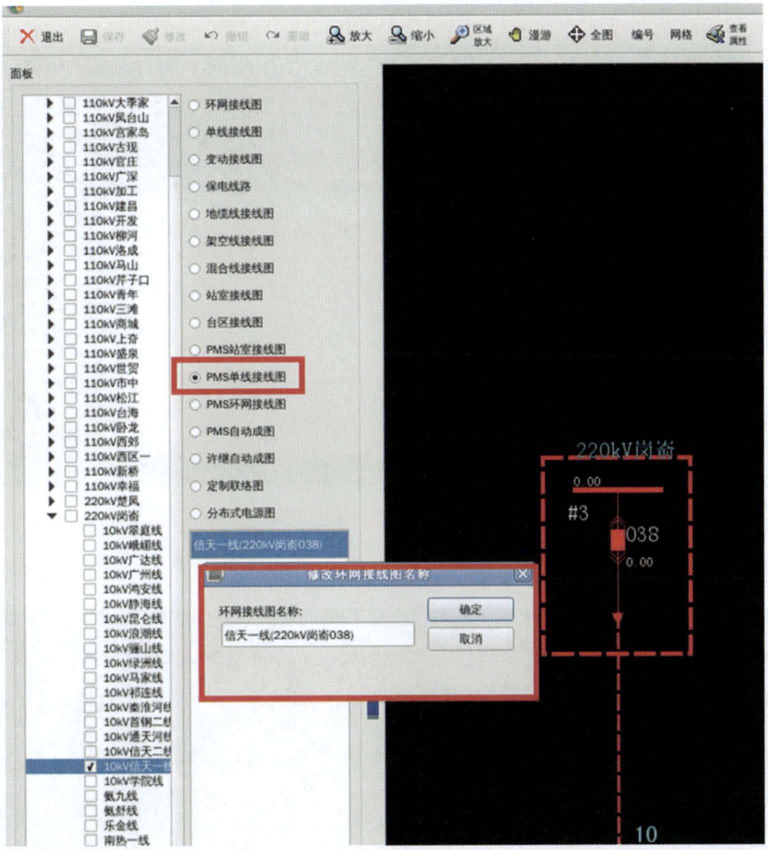

图 2-87 PMS 单线接线图名修改界面

2. 遥测标签添加

点击工具栏"遥测"，勾选需展示的遥测信息，点击"确定"。开关设备勾选展示 A 相电流，母线展示 AB 线电压。PMS 单线接线图遥测标签添加界面如图 2-88 所示。配变遥测不需要。

3. 特殊标注维护

（1）开关设备、分支标注、遥测标签、设备名称，使用品红色、2 像素、虚线框框起。PMS 单线接线图分支标注界面如图 2-89 所示。

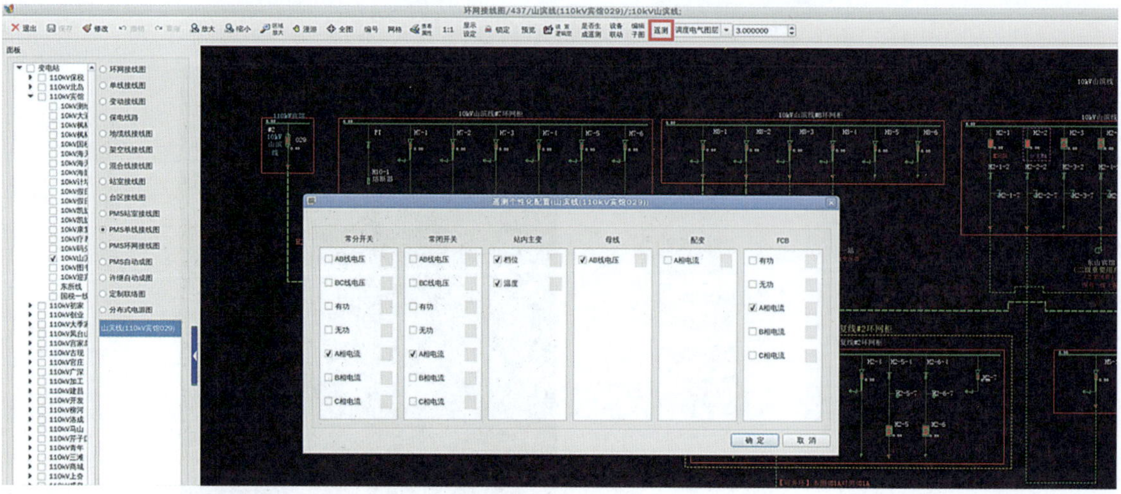

图 2-88　PMS 单线接线图遥测标签添加界面

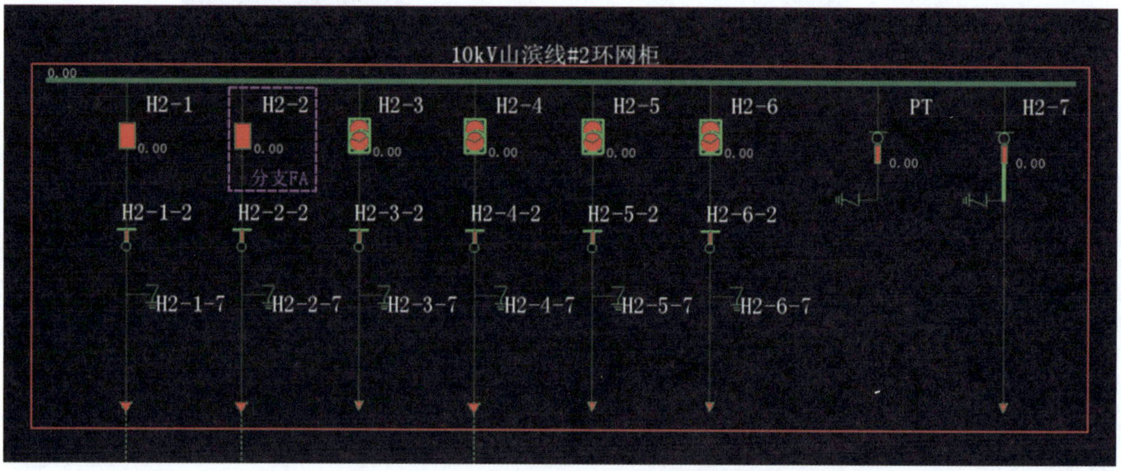

图 2-89　PMS 单线接线图分支标注界面

（2）联络开关所在间隔的开关设备、遥测标签、设备名称、对侧线路标注，使用黄色、2 像素、虚线框，框起整个间隔。PMS 单线接线图联络间隔标注界面如图 2-90 所示，图中 10kV 图书一线与鹿鸣二线的联络开关是图书一线 H1-3。

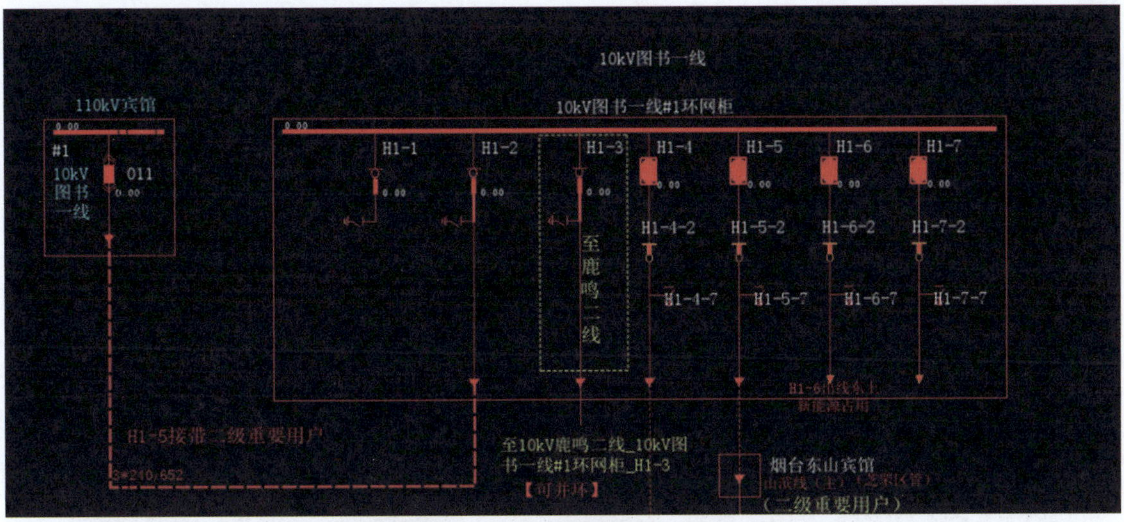

图 2-90　PMS 单线接线图联络间隔标注界面

（3）联络开关在对侧线路，除联络开关所在间隔外，整个环网柜也需使用黄色、2 像素、虚线框框起。PMS 单线接线图对侧联络标注界面如图 2-91 所示，山滨线 PMS 单线接线图中，10kV 山滨线与康复线的联络开关是康复线 H2-2。

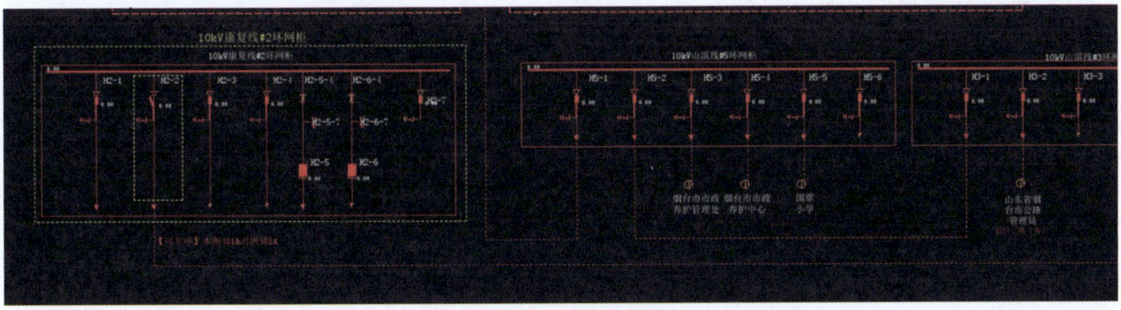

图 2-91　PMS 单线接线图对侧联络标注界面

（4）柱上开关设备、遥测标签、设备名称、对侧线路标注，使用黄色、2 像素、虚线框框起。PMS 单线接线柱上联络标注界面如图 2-92 所示。

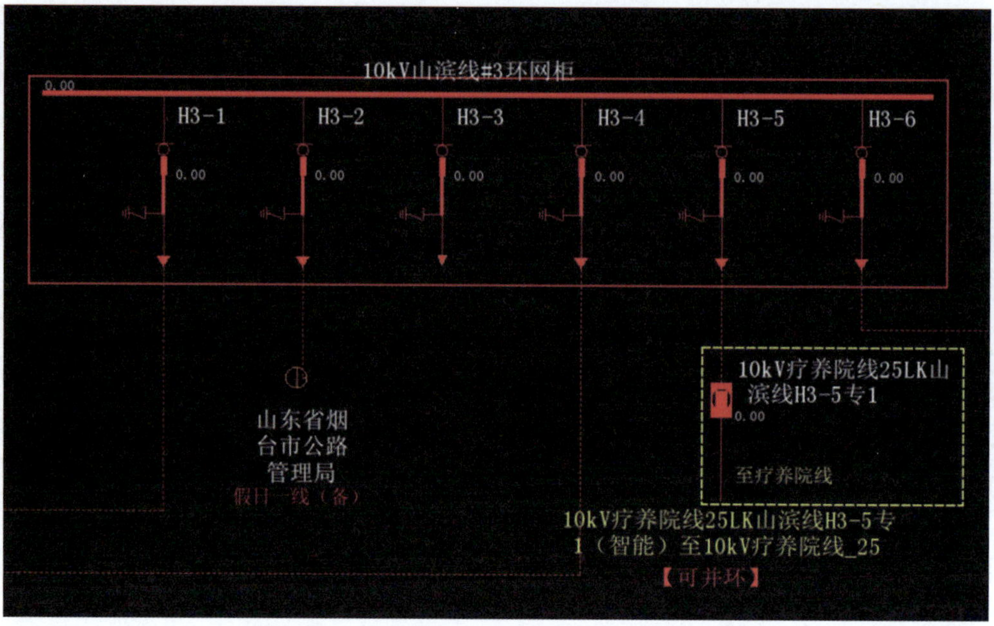

图 2-92 PMS 单线接线柱上联络标注界面

在运维支撑平台 SVG 图中添加文字标注的内容及颜色，会随图模导入继承到图资系统，如未正确继承，需修改。

目前，SVG 图不支持添加边框，只能导入后在图资系统手动添加，而且边框无法保存，每次导入后都需要重新添加维护。

2.7 重要用户

根据市供电公司要求，用户重要等级为二级及以上的用户，需要添加重要用户标注，以突显该用户在 DAS 图中的位置和重要性。

1. 重要用户标注要求

（1）用户正下方标注"（二级重要用户）"，使用字号 16、黄色。

（2）变电站出线电缆右侧，标注接带该用户的开关设备运行编号，使用字号 16、红色。如 10kV 华山线 #6 环网柜 H6-4 间隔接带用户家家悦为二级重要用户。二级重要用户标注添加界面如图 2-93 所示。

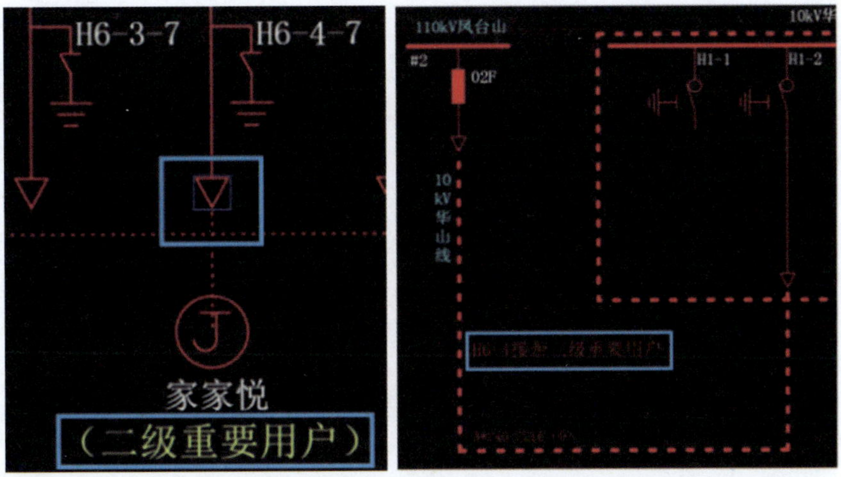

图 2-93 二级重要用户标注添加界面

（a）二级重要用户；（b）标注添加

2. 图资系统

用户属性运行参数中的"用户级别"下拉改为一级用户或二级用户，重要用户属性修改界面如图 2-94 所示。

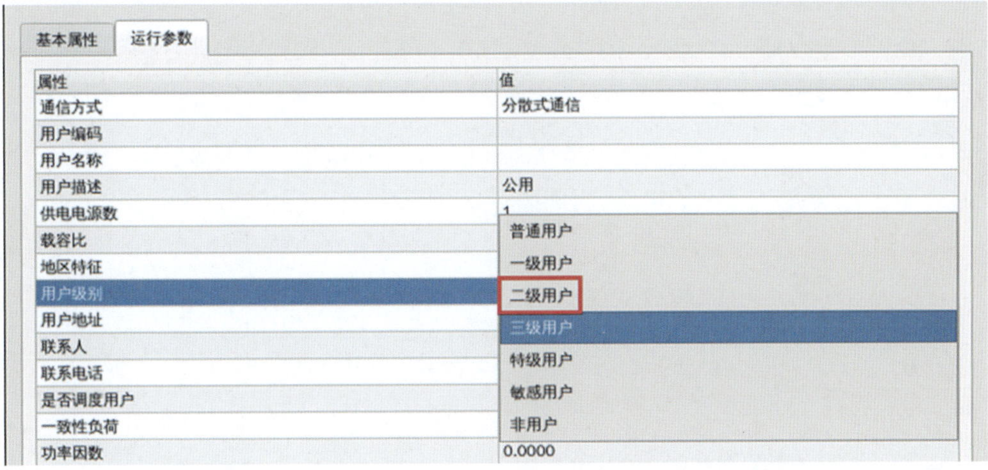

图 2-94 重要用户属性修改界面

2.8 光伏用户

新上增量自动化光伏用户，需在电网资源中台新增设备类型为分支箱，命名包含"光伏"二字，维护内部接线图。图模导入流程推送图资系统时，程序会自动转换为"分布式电站"图元。

2.9 营销设备

SVG 图不显示电网资源中台内的营销设备，只显示中压用户接入点，后面接带的柱上开关设备、用户等均不显示。

第3章 终端投退运

  配电自动化终端投退运是电力生产的重要环节，由供电中心或配电二次班发起，经供电服务指挥中心（配网调控中心）或电力系统调控分中心审核后，完成投退运流程。

  为确保系统内一、二次信息同步，及时变更异动后的设备台账，故编写本章作业指导。

3.1 新上终端作业指导

3.1.1 投运管理

  路径：供电服务指挥系统→"待办工作台"→"新工作台"→"自动化业务流程"→"投运管理"。

  待办工作台及进入路径如图 3-1 所示，投运管理界面如图 3-2 所示。

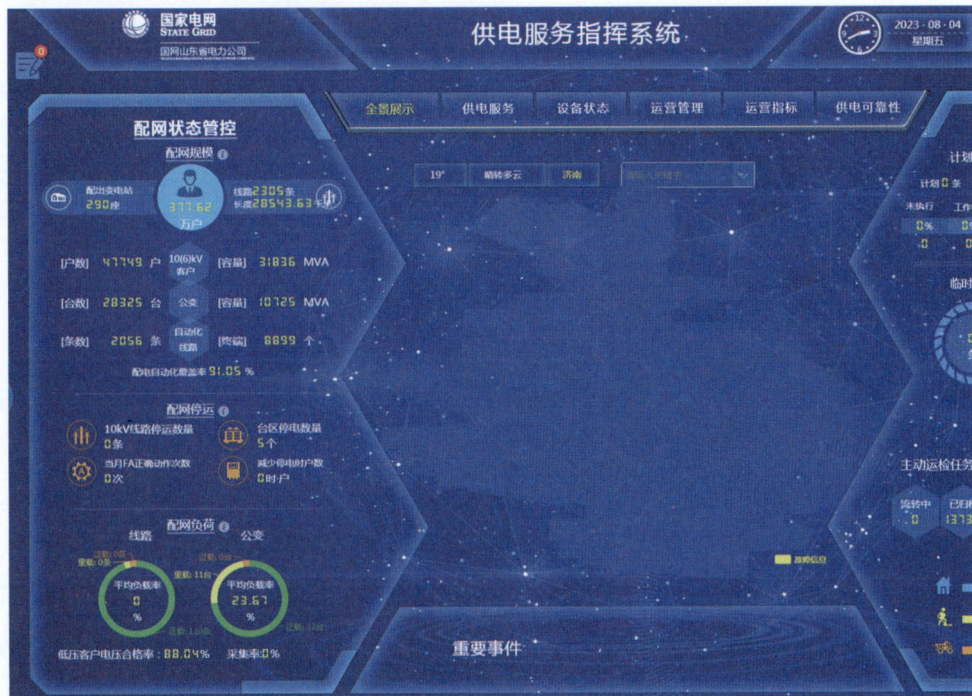

（a）

图 3-1 待办工作台及进入路径（一）

（a）供电服务指挥系统

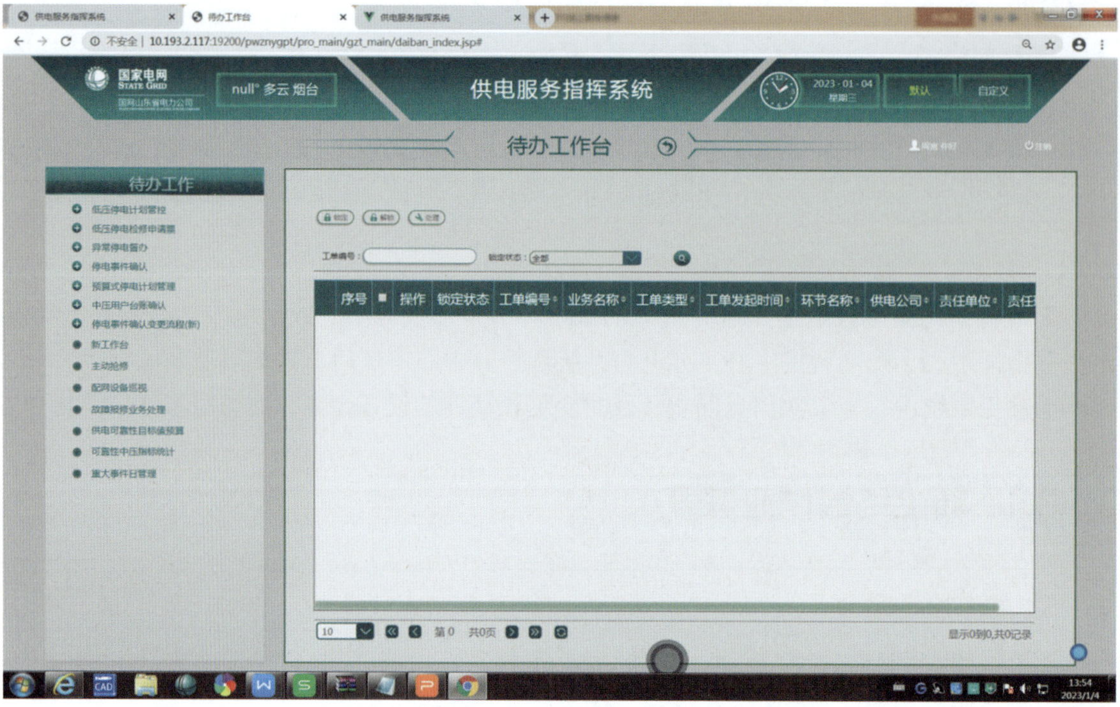

（b）

图 3-1　待办工作台及进入路径（二）

（b）待办工作台

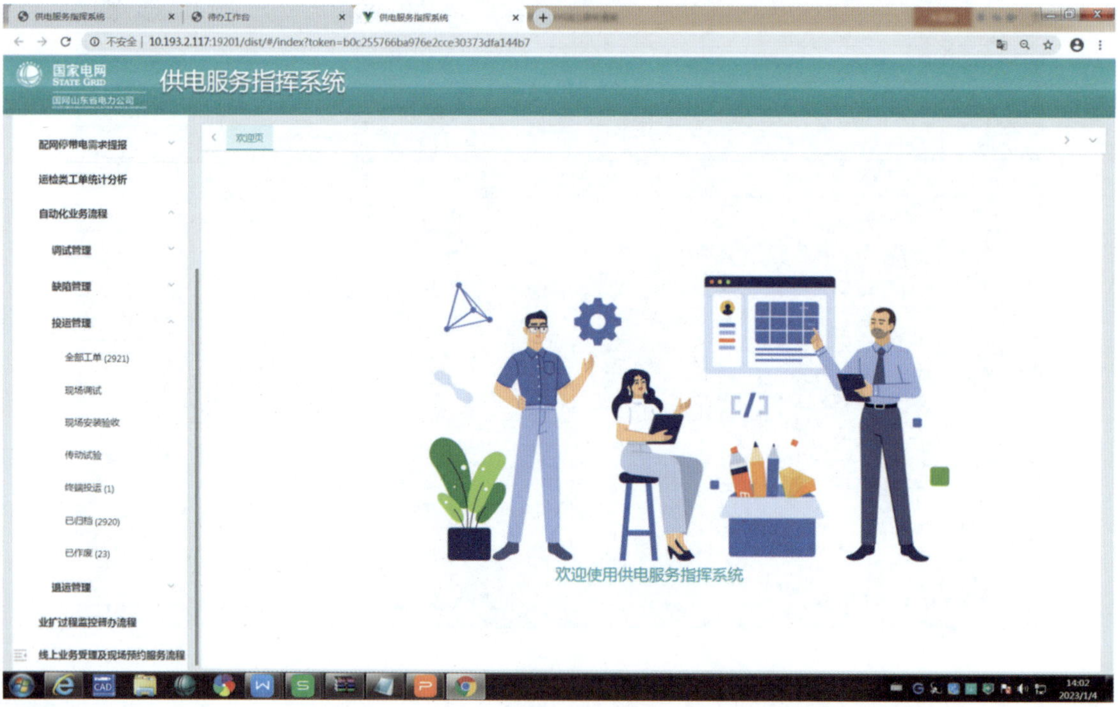

图 3-2　投运管理界面

1. 现场调试

新增投运终端界面如图 3-3 所示。现场调试信息录入，所有标"*"信息必须录入，否则台账无法完成归档。在"终端名称"一栏中录入投运设备名称。信息录入完毕后点击"发送"流转至下一环节。信息录入有误可以点击作废或关闭该界面。新增投运终端信息录入界面如图 3-4 所示。

图 3-3　新增投运终端界面

（a）

图 3-4　新增投运终端信息录入界面（一）

（a）基本信息录入

（b）

图 3-4　新增投运终端信息录入界面（二）

（b）检测及自动化回传信息录入

注意：终端实物 ID 选择"未找到实物 ID"即可，一次设备类型与终端设备类型相匹配，通信方式选择正确。新增投运终端信息录入注意事项如图 3-5 所示。

（a）　　　　　　　　　　　　　　　（b）

图 3-5　新增投运终端信息录入注意事项（一）

（a）注意事项 1；（b）注意事项 2

（c）

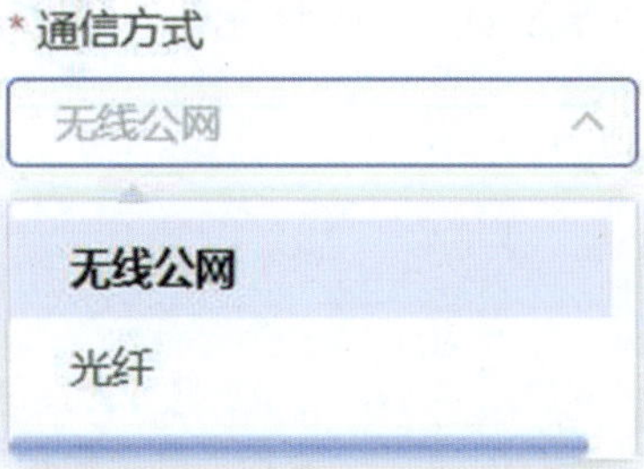

（d）

图 3-5　新增投运终端信息录入注意事项（二）
（c）注意事项 3；（d）注意事项 4

2. 现场验收

勾选需要处理的流转单，点击"处理"。标"*"信息必须录入。可点击"回退"流转至上一环节。现场验收台账维护界面如图 3-6 所示。

图 3-6　现场验收台账维护界面

3. 传动试验

勾选需要处理的流转单，点击"处理"。标"*"信息必须录入。可点击"回退"流转至上一环节。传动试验台账维护界面如图 3-7 所示。

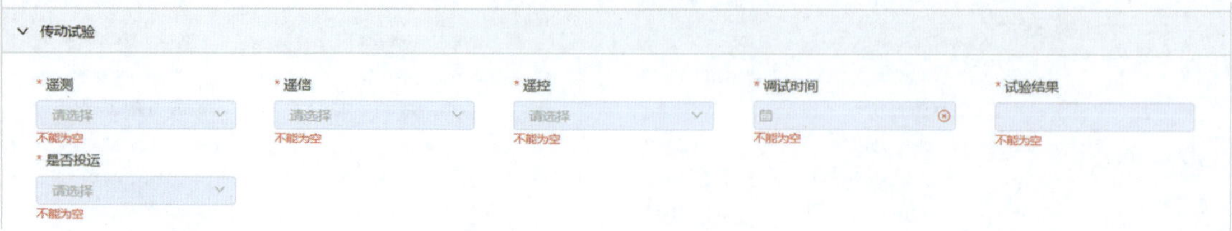

图 3-7 传动试验台账维护界面

4. 终端投运

勾选需要处理的流转单，点击"处理"。标"*"信息必须录入。可点击"回退"流转至上一环节。终端投运台账维护界面如图 3-8 所示。

图 3-8 终端投运台账维护界面

3.1.2 调试管理

路径：供电服务指挥系统→"待办工作台"→"新工作台"→"自动化业务流程"→"调试管理"。配电终端联调申请界面如图 3-9 所示。

图 3-9 配电终端联调申请界面

1. 终端联调申请

配电终端联调申请台账录入界面如图 3-10 所示，标"*"信息必须录入。

图 3-10　配电终端联调申请台账录入界面

2. 联调审核

联调审核台账录入界面如图 3-11 所示，标"*"信息必须录入。

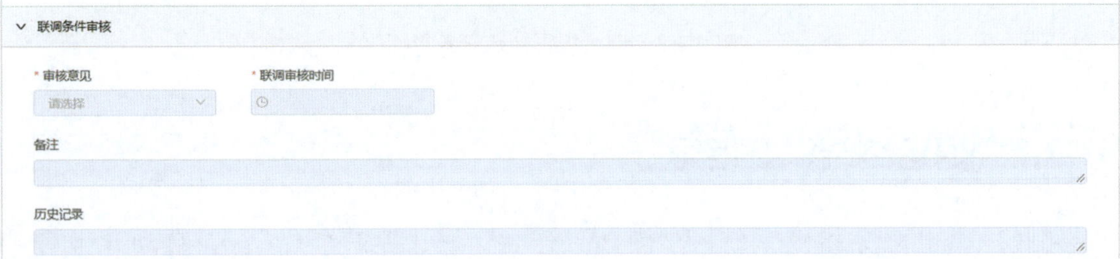

图 3-11　联调审核台账录入界面

3. 主站参数配置

主站参数配置台账录入界面如图 3-12 所示。

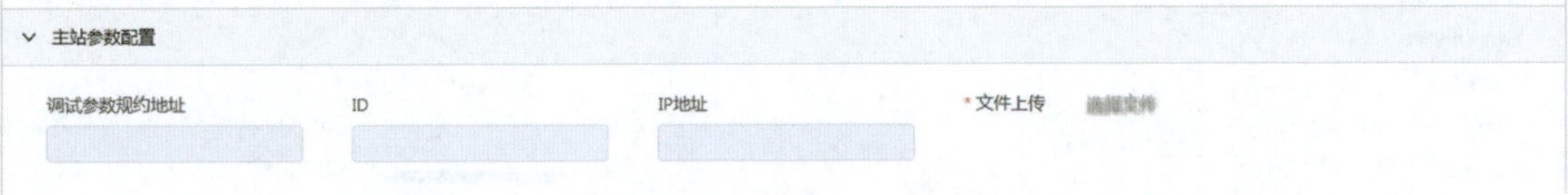

图 3-12　主站参数配置台账录入界面

4. 终端联调

终端联调台账录入界面如图 3-13 所示。

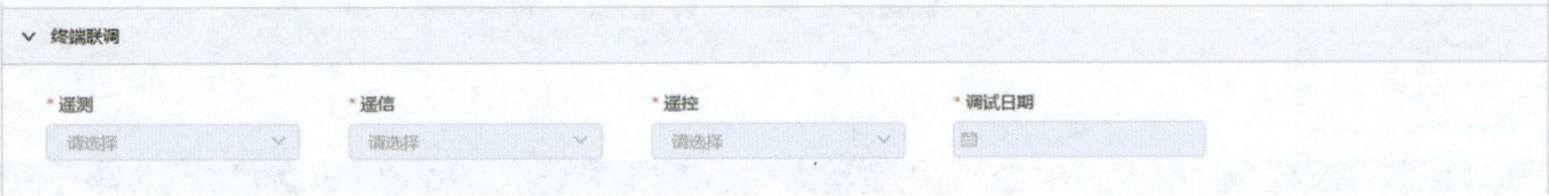

图 3-13　终端联调台账录入界面

5. 联调报告上传

联调报告上传台账录入界面如图 3-14 所示。

图 3-14　联调报告上传台账录入界面

6. 调试报告审核

调试报告台账录入界面如图 3-15 所示。

图 3-15　调试报告台账录入界面

3.2　退运终端作业指导

路径：供电服务指挥系统→"待办工作台"→"新工作台"→"自动化业务流程"→"退运管理"。终端退运路径界面如图 3-16 所示。

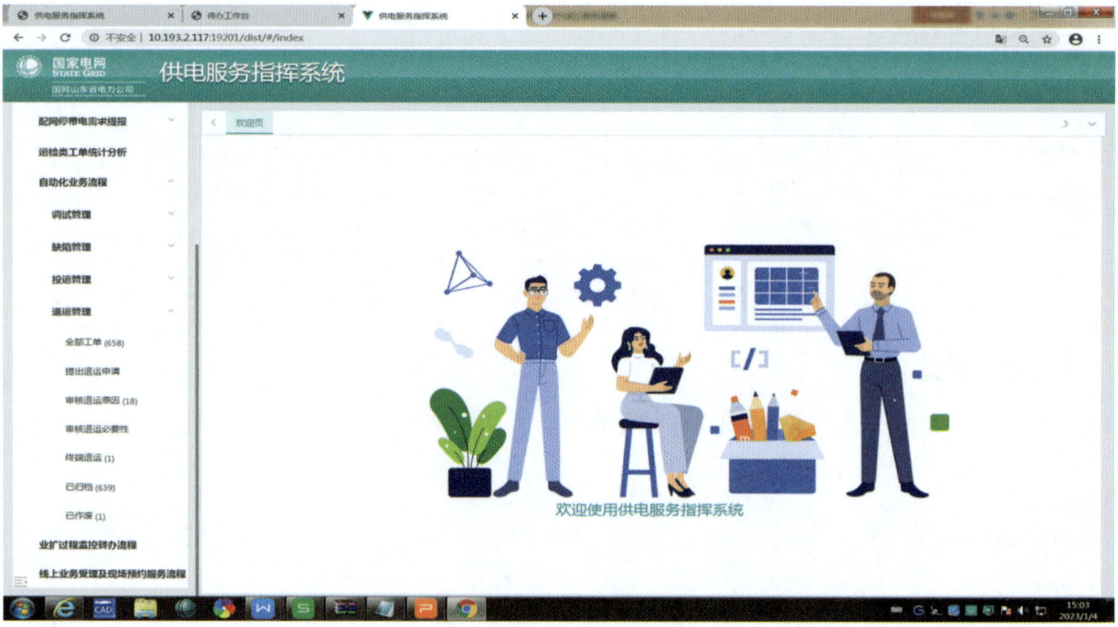

图 3-16　终端退运路径界面

3.2.1　提出退运申请

提出退运申请界面如图 3-17 所示，提出退运申请台账录入界面如图 3-18 所示，标"*"信息必须录入。

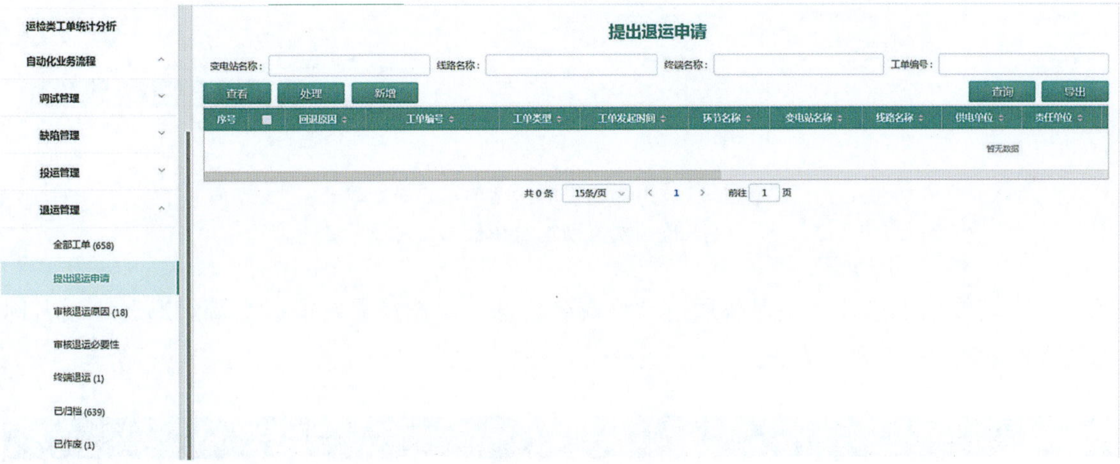

图 3-17　提出退运申请界面

（a）

图 3-18　提出退运申请台账录入界面（一）

（a）基本信息录入

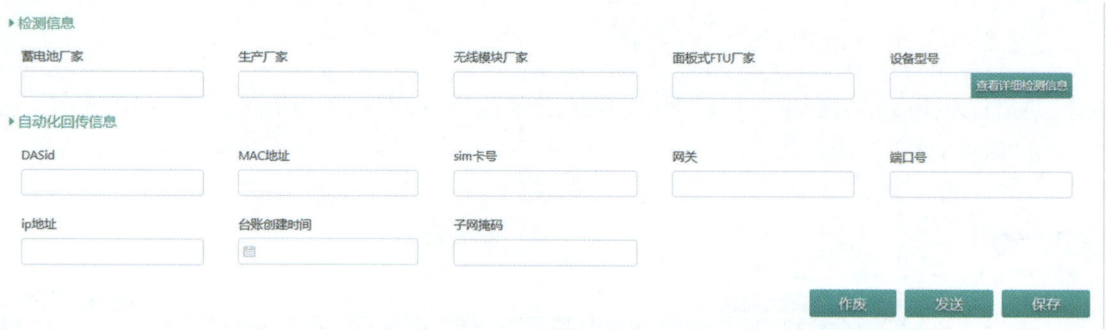

（b）

图 3-18　提出退运申请台账录入界面（二）

（b）检测及自动化回传信息录入

与终端投运不同，终端退运通过“终端名称选择”选择需要退运终端。退运终端名称选择界面如图 3-19 所示。

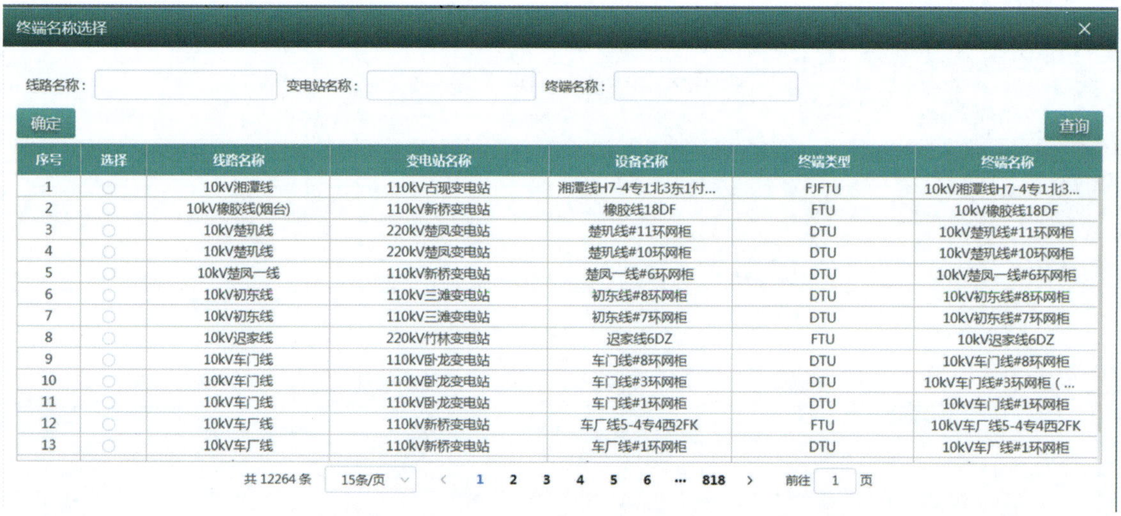

序号	选择	线路名称	变电站名称	设备名称	终端类型	终端名称
1	○	10kV湘潭线	110kV古现变电站	湘潭线H7-4专1北3东1付...	FJFTU	10kV湘潭线H7-4专1北3...
2	○	10kV橡胶线(烟台)	110kV新桥变电站	橡胶线18DF	FTU	10kV橡胶线18DF
3	○	10kV楚玑线	220kV楚凤变电站	楚玑线#11环网柜	DTU	10kV楚玑线#11环网柜
4	○	10kV楚玑线	220kV楚凤变电站	楚玑线#10环网柜	DTU	10kV楚玑线#10环网柜
5	○	10kV楚凤一线	110kV新桥变电站	楚凤一线#6环网柜	DTU	10kV楚凤一线#6环网柜
6	○	10kV初东线	110kV三滩变电站	初东线#8环网柜	DTU	10kV初东线#8环网柜
7	○	10kV初东线	110kV三滩变电站	初东线#7环网柜	DTU	10kV初东线#7环网柜
8	○	10kV迟家线	220kV竹林变电站	迟家线6DZ	FTU	10kV迟家线6DZ
9	○	10kV车门线	110kV卧龙变电站	车门线#8环网柜	DTU	10kV车门线#8环网柜
10	○	10kV车门线	110kV卧龙变电站	车门线#3环网柜	DTU	10kV车门线#3环网柜（...
11	○	10kV车门线	110kV卧龙变电站	车门线#1环网柜	DTU	10kV车门线#1环网柜
12	○	10kV车厂线	110kV新桥变电站	车厂线5-4专4西2FK	FTU	10kV车厂线5-4专4西2FK
13	○	10kV车厂线	110kV新桥变电站	车厂线#1环网柜	DTU	10kV车厂线#1环网柜

图 3-19　退运终端名称选择界面

“退运方式”分为“永久退运”和“临时退运”，若选择“临时退运”，需要选择“计划重新投运时间”。

3.2.2　审核退运原因

审核退运原因台账录入界面如图 3-20 所示。

图 3-20　审核退运原因台账录入界面

3.2.3　审核退运必要性

审核退运必要性台账录入界面如图 3-21 所示。

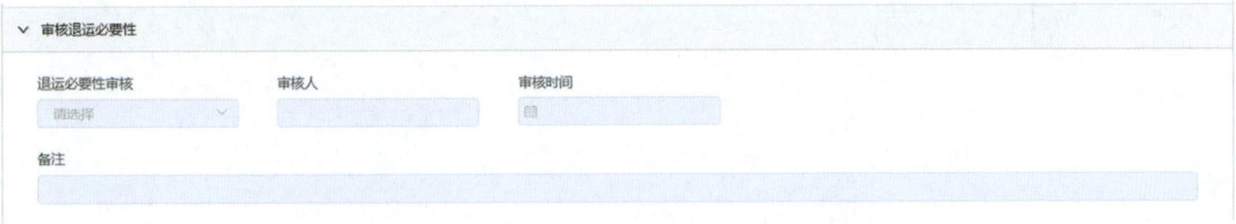

图 3-21　审核退运必要性台账录入界面

3.2.4　终端退运

终端退运台账录入界面如图 3-22 所示。

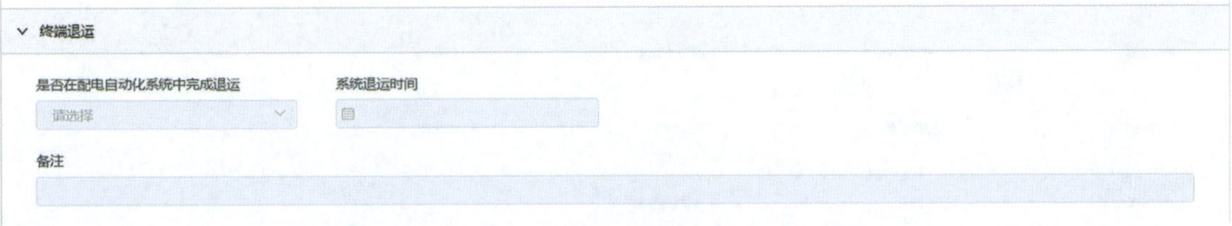

图 3-22　终端退运台账录入界面

3.3　配电终端管理指数相关作业指导

配电终端管理指数分为配电自动化缺陷、配电终端调试两部分。

3.3.1　配电自动化缺陷管理

路径：供电服务指挥系统→"待办工作台"→"新工作台"→"自动化业务流程"→"缺陷管理"。缺陷管理界面如图 3-23 所示。

图 3-23　缺陷管理界面

1. 缺陷提报

缺陷提报台账录入界面如图 3-24 所示，标"*"信息必须录入。

图 3-24　缺陷提报台账录入界面

2. 缺陷审核及转派

缺陷审核及转派台账录入界面如图 3-25 所示。

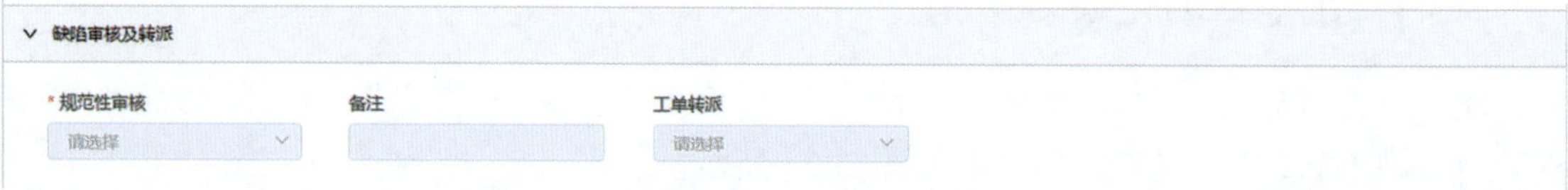

图 3-25　缺陷审核及转派台账录入界面

3. 缺陷处理

缺陷处理台账录入界面如图 3-26 所示。

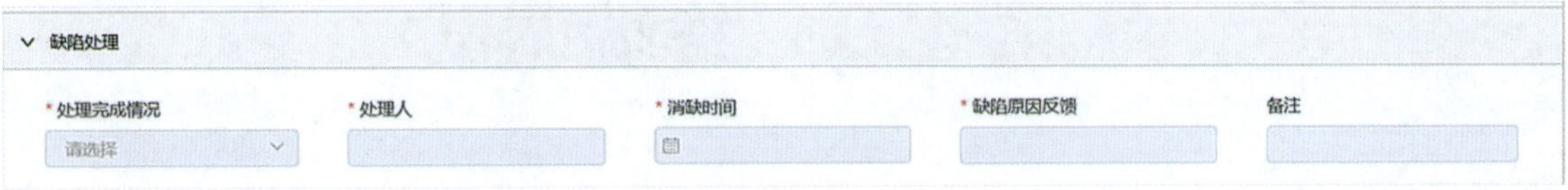

图 3-26　缺陷处理台账录入界面

4. 缺陷审核及归档

缺陷审核及归档台账录入界面如图 3-27 所示。

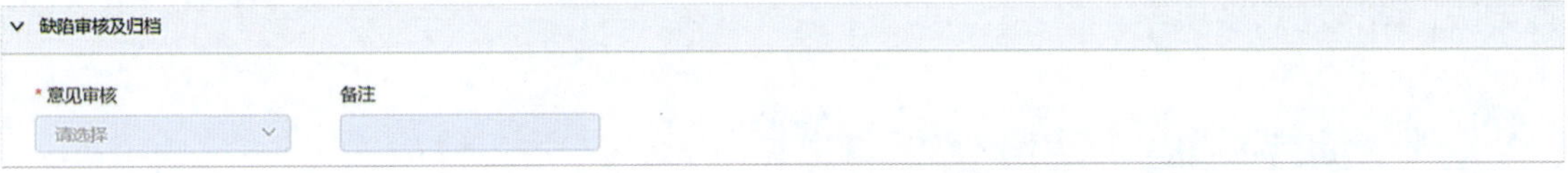

图 3-27　缺陷审核及归档台账录入界面

需要注意，在消缺管理管控过程中，工单归档时间不能晚于缺陷消除时间，否则电科院（中国电力科学研究院有限公司）不予认可，可通过每周周报对缺陷台账查漏补缺。

3.3.2　配电终端调试管理

投运终端在调试管理和投运管理中分别完成信息归档，终端名称不能出现错别字。每天通过 OMS 异动、红黑图等确定当天投运终端，按时完成信息归档工作。每周通过周报和终端投退运报表查漏补缺。指标截至日前完成当月所有投运设备信息归档。

第4章 终端调试

终端调试是终端正式投入运行前的重要环节。开展具备五遥功能的终端调试，是确保终端功能完备、可靠接入配电自动化主站系统的重要保障。通过制定终端调试规范及标准，烟台供电公司配电自动化班在配电自动化系统联调分区利用终端模拟地址开展相关调试。

本章以烟台配电自动化终端管理系统为例，介绍终端联调前期准备工作、终端参数配置方法、调试注意事项等。

4.1 终端联调前期准备工作

（1）安装公司在每周五中午之前在配电自动化管理系统正确填写终端信息，提报本单位下周联调计划，然后通过配电二次班到货验收，符合要求的终端联调申请流转至主站联调环节。烟台配电自动化终端管理系统主界面如图4-1所示。

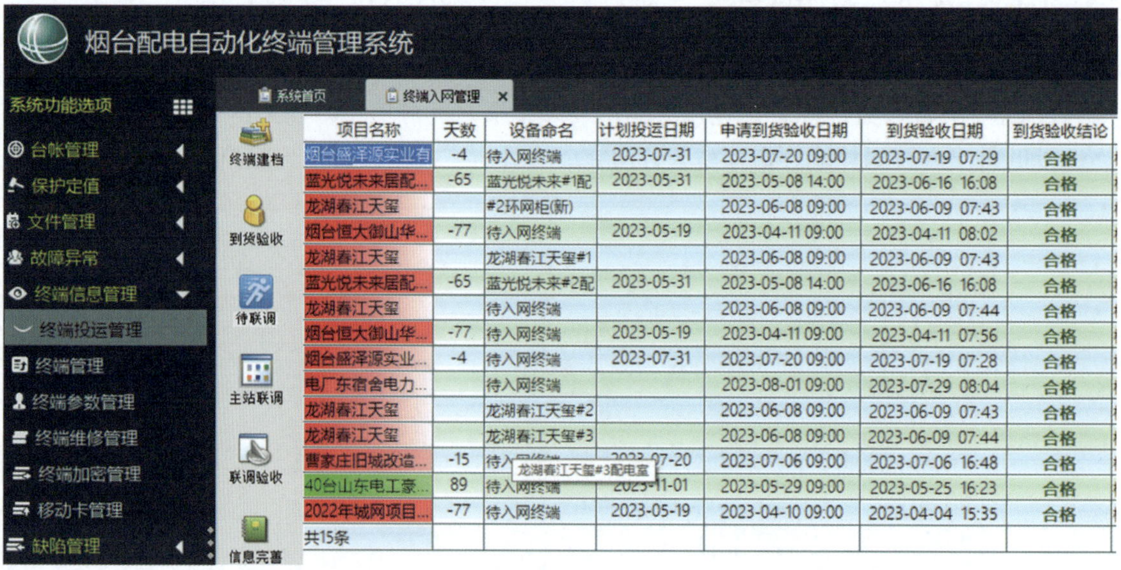

图4-1 烟台配电自动化终端管理系统主界面

（2）主站根据终端计划投运日期分配联调时间，在周五下班前，通过微信、OA（办公自动化系统）通知各单位现场工作负责人。联调计划报送界面如图4-2所示。

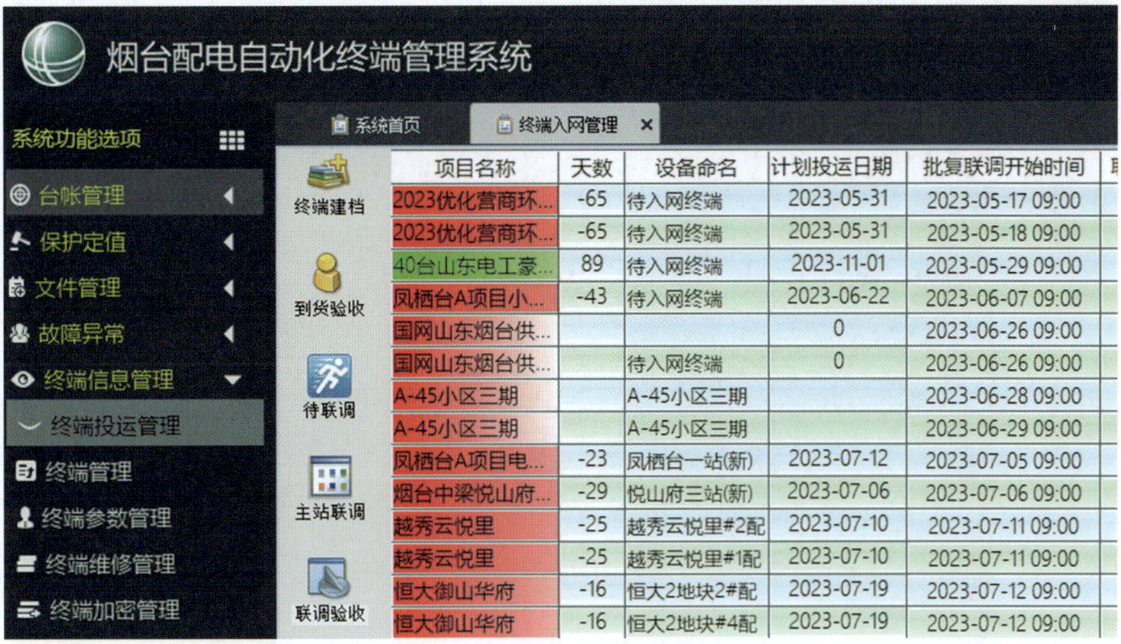

图 4–2　联调计划报送界面

（3）联调记录表以纸质的形式打印出来，记录现场调试人员信息、终端硬加密证书编号及调试过程中出现的问题。调试工作结束后，在配电自动化终端管理系统中填写加密证书、联调结论、主站联调记录等标红字段信息，保存后发送到联调验收环节。配电智能终端基本信息单如图 4–3 所示。

（4）纸质联调记录留存一年，以备后期查验。终端联调线下纸质记录如图 4–4 所示。

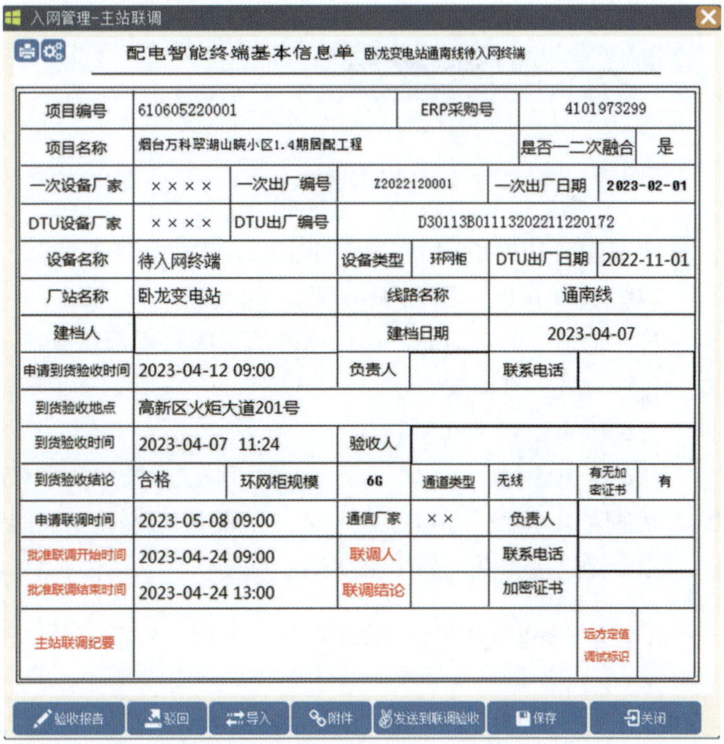

入网管理–主站联调

配电智能终端基本信息单　卧龙变电站通南线待入网终端

项目编号	610605220001			ERP采购号	4101973299		
项目名称	烟台万科翠湖山晓小区1.4期居配工程					是否一二次融合	是
一次设备厂家	××××	一次出厂编号	Z2022120001			一次出厂日期	2023-02-01
DTU设备厂家	××××	DTU出厂编号	D30113B0111320221122017 2				
设备名称	待入网终端		设备类型	环网柜	DTU出厂日期	2022-11-01	
厂站名称	卧龙变电站		线路名称		通南线		
建档人			建档日期		2023-04-07		
申请到货验收时间	2023-04-12 09:00		负责人		联系电话		
到货验收地点	高新区火炬大道201号						
到货验收时间	2023-04-07 11:24		验收人				
到货验收结论	合格	环网柜规模	6G	通道类型	无线	有无加密证书	有
申请联调时间	2023-05-08 09:00		通信厂家	××	负责人		
批准联调开始时间	2023-04-24 09:00		联调人		联系电话		
批准联调结束时间	2023-04-24 13:00		联调结论		加密证书		
主站联调纪要						远方定值调试标识	

验收报告　驳回　导入　附件　发送到联调验收　保存　关闭

图 4–3　配电智能终端基本信息单

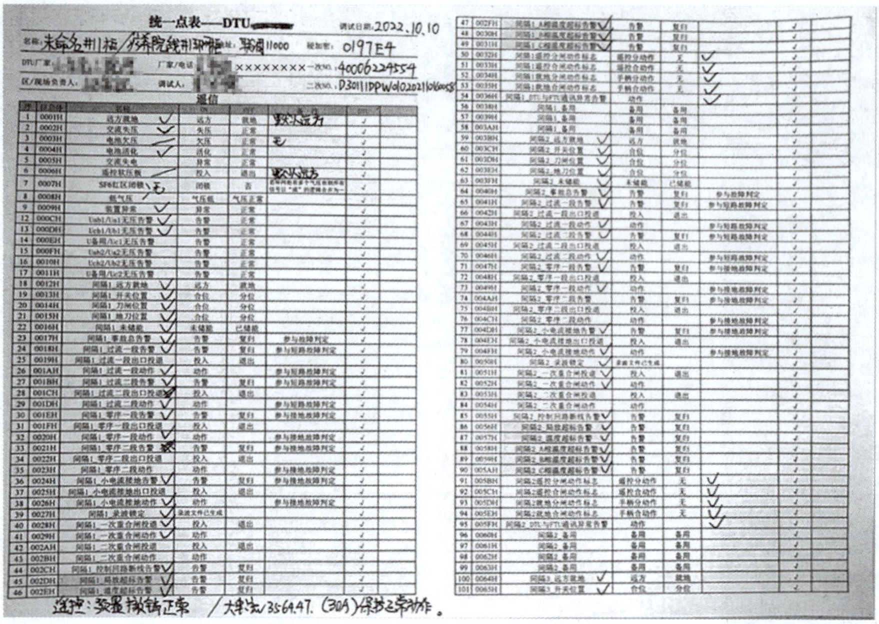
统一点表——DTU

调试日期：2022.10.10

图 4-4　终端联调线下纸质记录

4.2　终端参数配置

4.2.1　无线终端参数配置

终端通信 IP：192.168.2.4（即主站无线服务器地址）。

规约采用 101，UDP 带协议服务端模式。

公共地址、链路地址、传送原因信息体长度都是 2。

传输方式：平衡式。

规约版本：97 版（默认）。

移动卡 IP 网段：10.18.××.××；移动 VPN：gdpw.yt.sd。

联通卡 IP 网段：10.19.××.××；联通 VPN:ytgdpw.sdapn。

以上运营商参数开新卡也要用（重要）。

4.2.2　光纤终端参数配置

1. 参数配置要求

主站侧分配光纤终端 IP 地址、端口号统一为 2404。

规约采用 104，TCP 客户端模式。

公共地址 2、链路地址 2、传送原因 2 信息体长度都是 3。

传输方式：平衡式。

规约版本：97 版（默认）。

光纤地址：20.16.Y.X（20.16 网段）。

公共地址：X（X 为光纤地址最后一位）。

网关地址：20.16.Y.254（Y 为光纤地址的倒数第二位）。

子网掩码：255.255.255.0。

终端通信：20.16.0.2、20.16.0.3。

2. 参数配置举例

光纤地址：20.16.37.13。

公共地址：13。

网关地址：20.16.37.254。

子网掩码：255.255.255.0。

终端通信：20.16.0.2、20.16.0.3。

4.3　调试注意事项

（1）禁止对已投运的站所终端 DTU 或馈线终端 FTU 进行模拟遥控操作。

（2）联调试验前，终端必须加挂"试验牌"。

（3）联调试验前，须核对设备一次出厂编号、终端二次设备编号等信息。

（4）遥测调试须平衡负荷。

（5）遥信调试须观察事件记录和 SOE（事件顺序记录）相差时间小于 15s。同一开关的动作时间与相应保护信号动作时间符合事故判定的条件。

（6）遥控调试不成功须截报文（通道原因除外），分析原因（许继协助）。

（7）变电站遥控调试须解除其他无关遥控压板（或置就地），先做遥控合闸操作。

（8）调试时填写纸质记录，调试完毕须填写电子记录。调试记录注明"送电前"或"仓库调试"。

4.4　终端硬加密配置

4.4.1　联调设备现场信息核对

与现场调试人员核对待联调终端一、二次设备编号无误后，现场人员提供该设备的硬加密证书编号给主站。

1. 举例 1：10kV 长春线 #1 环网柜（无线）

（1）一次编号 012201079。

（2）二次编号 D301276YD120202211157702。

（3）加密证书 00A86A。

（4）无线模拟联调地址：端口 7030，地址 11111，主站及现场配置需补齐 11 位 00000011111。

2. 举例 2：10kV 长春线 #1 环网柜（光纤）

（1）一次编号 012201079。

（2）二次编号 D301276YD120202211157702。

（3）加密证书 00A86。

（4）光纤模拟联调地址：20.16.46.49。

4.4.2 无线终端硬加密网关配置

（1）系统登录→双击桌面"无线网关"→输入用户名、密码。

（2）终端管理→点选"主站 IP"→点击"添加"，新增无线终端网关。无线网关终端添加界面如图 4-5 所示。

图 4-5 无线网关终端添加界面

监听方向选择"主站 UDP 监听"→填写设备号（即三遥配置工具里的"模块 ID"）、监听端口→"证书路径"处点选添加硬加密证书。无线网关终端信息维护界面如图 4-6 所示。

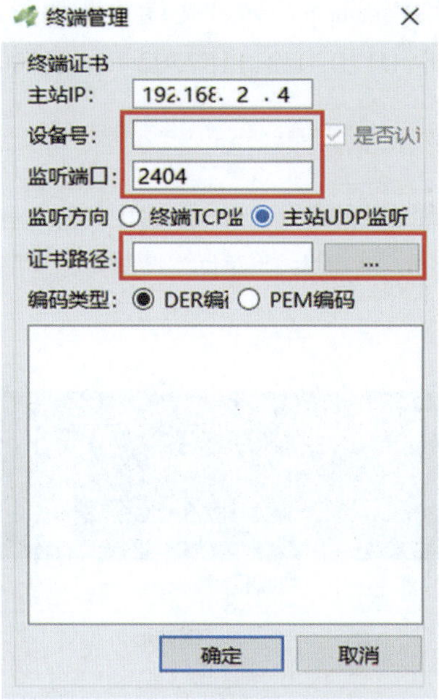

图 4-6　无线网关终端信息维护界面

（3）无线终端硬加密前置终端参数配置界面如图 4-7 所示。

图 4-7　无线终端前置参数配置界面

一、二次融合终端的终端版本选择"融合终端（新加密）"，终端序列号为硬加密证书文件名称去掉 .cer，如 D301276YD120202211157702_011531000000A86A。

4.4.3　光纤终端硬加密网关配置

（1）系统登录→双击"桌面光纤网关"→输入用户名、密码。

（2）终端管理→点选主站 IP →点击"添加"，新增光纤终端网关。光纤网关终端添加界面如图 4-8 所示。

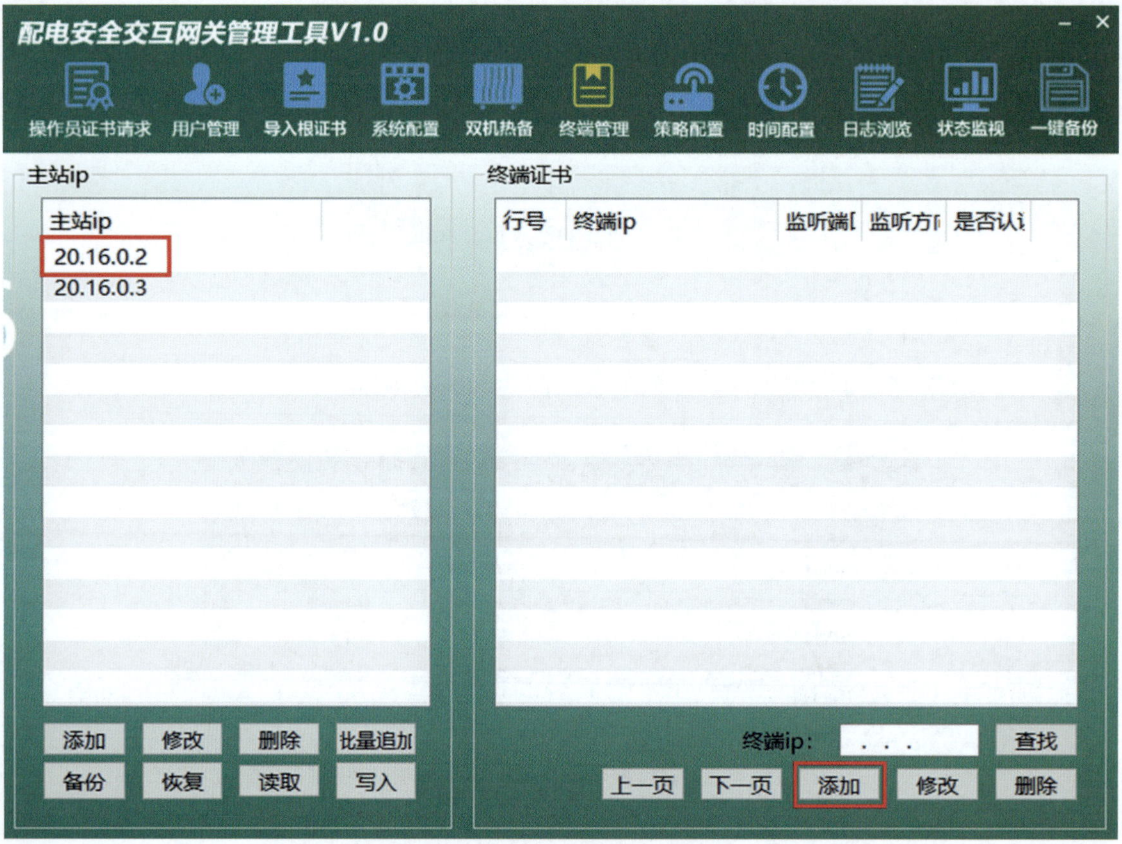

图 4-8　光纤网关终端添加界面

编码类型默认"DER 编码"→填写终端 IP、监听端口，证书路径处点选添加硬加密证书。无线网关终端信息维护界面如图 4-9 所示。

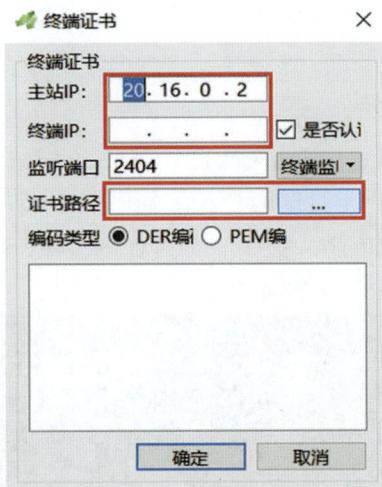

图 4-9　无线网关终端信息维护界面

注意：光纤终端网关需要同时配置 20.16.0.2、20.16.0.3 两个主站 IP 地址。

（3）光纤终端硬加密前置终端参数配置界面如图 4-10 所示。

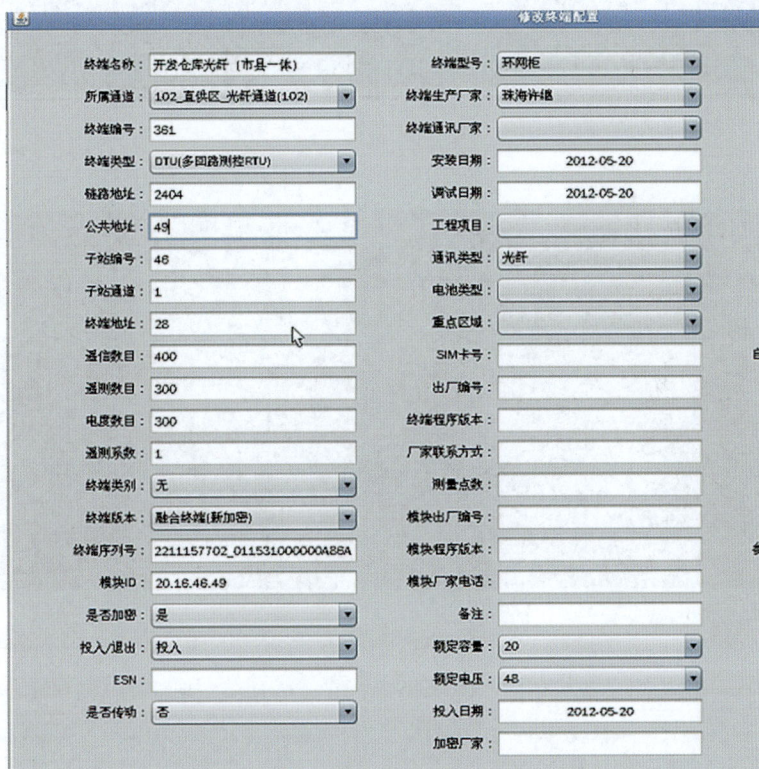

图 4-10　光纤终端前置参数配置界面

4.5　终端调试

（1）前置服务器终端上线后，主站人员打开 DAS 工作站联调分区接线图，找到对应地址的图形与现场进行联调传动。主站联调模拟图如图 4-11 所示，主站环网柜联调模拟图如图 4-12 所示，主站模拟联调环网柜三遥信息列表如图 4-13 所示。

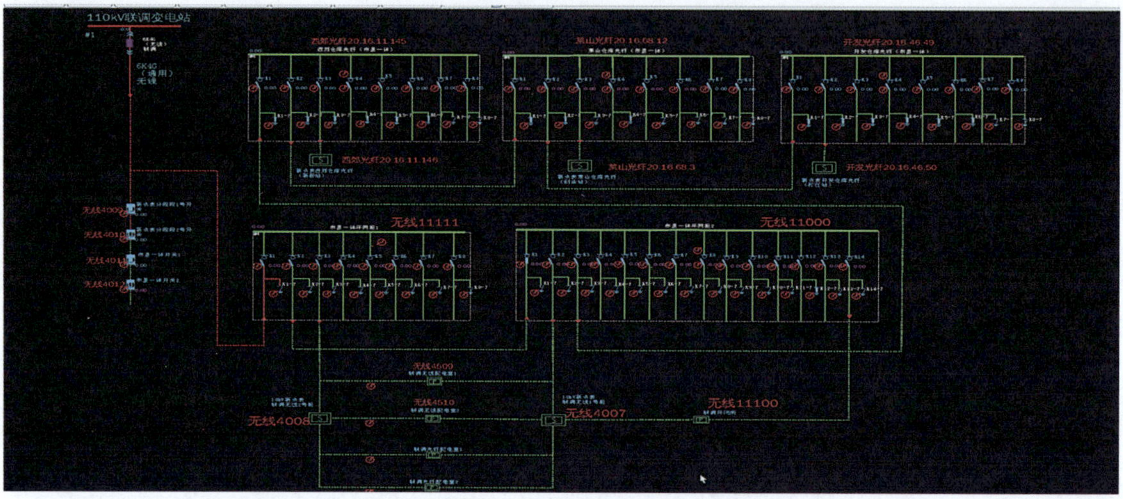

图 4-11　主站联调模拟图

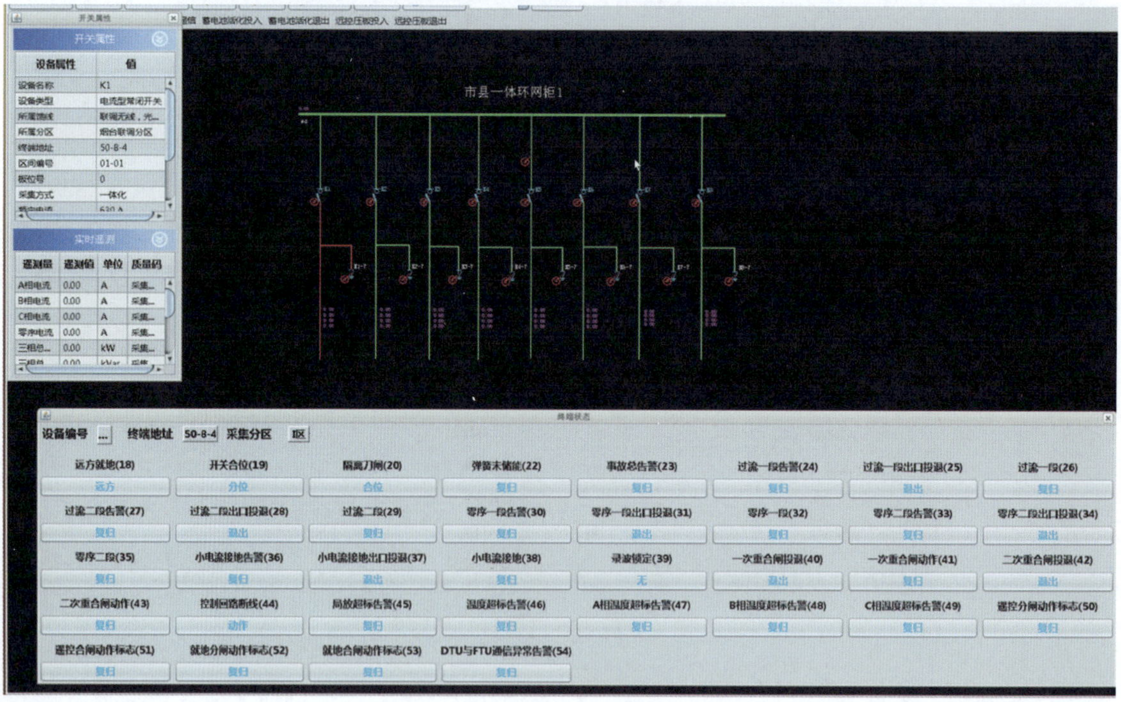

图 4-12　主站环网柜联调模拟图

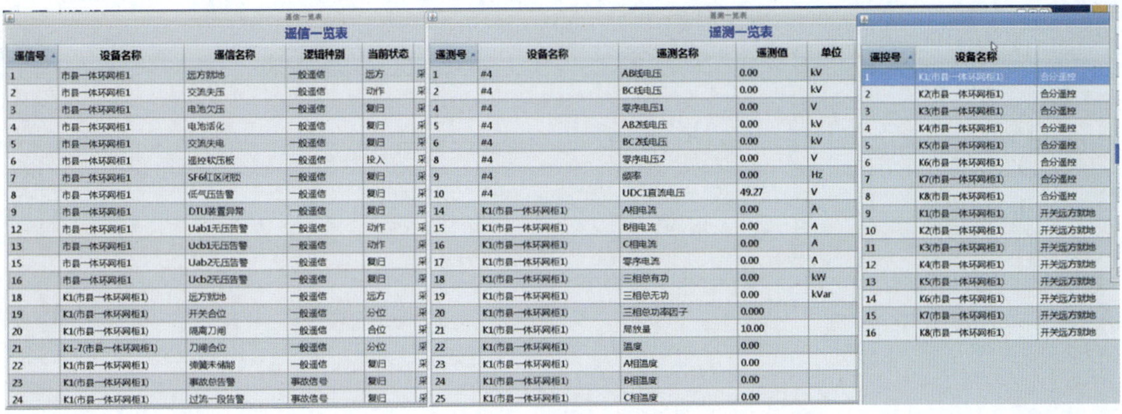

图 4-13　主站模拟联调环网柜三遥信息列表

（2）调试正式开始前，现场人员将设备每一间隔的远方 / 就地、断路器、接地开关、隔离开关位置统一。主站查看所有间隔信号位置，确认现场点号配置无误。除交流失压、无压告警外，其余信号均默认"复归"。

（3）一、二次融合终端联调点号较多，可以依次进行远方 / 就地、隔离开关、接地开关、控制回路断线、遥控、保护、局部放电超标告警、温度超标告警等项目联调试验，以免遗漏。

（4）故障录波、电量文件召唤：打开前置服务器→"状态监视"→"终端状态监视"→点击对应联调终端→右键选择"文件召唤"，可召唤录波文件、日冻结电能量等文件。故障录波、电量文件召唤界面如图 4-14 所示。

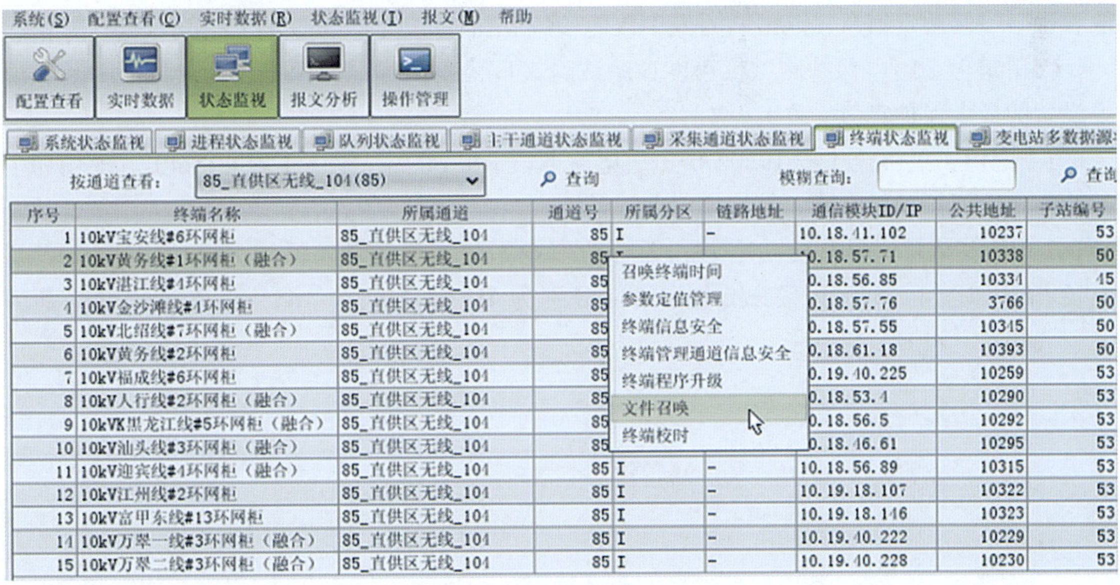

（a）

图 4-14　故障录波、电量文件召唤界面（一）

（a）终端文件信息召唤页面

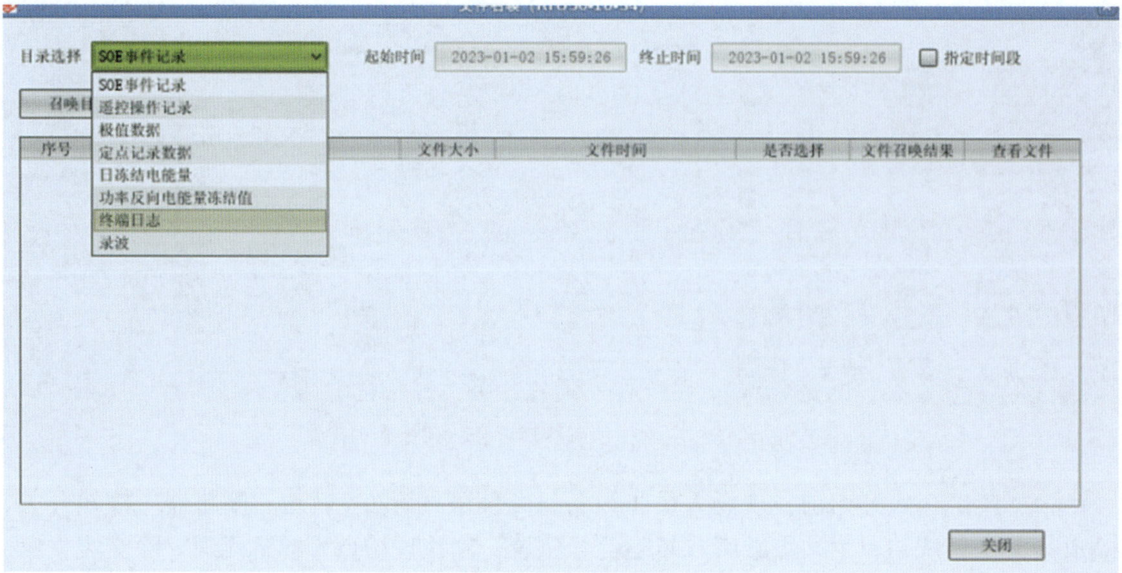

（b）

图 4-14　故障录波、电量文件召唤界面（二）

（b）终端文件召唤目录

注意事项：要求电量文件以 XML 文件格式上送，录波以 cfg，dat 两个文件格式上送。

（5）终端定值修改：打开 DAS 工作站"信息查询"→"终端运维管理"→"终端参数管理"→查询、勾选联调终端，点击"定值参数操作"→参数版本选择"V2021 jzDTU"（馈线终端选择"V2021-FTU"），点击"读取定值区号"→勾选需要修改的定值，点击"读取参数"→修改定值后，点击"写入参数"。终端定值修改界面如图 4-15 所示。

（6）定值、继电保护测试仪角度：调试除 K 间隔外，过电流保护校验定值统一（和现场设置的最大保护定值一致）。

1）定值：过电流 I 段 1920A/0s、过电流 II 段 840A/0.2s、零序 I 段 40A/40s。现场和主站均需记录保护动作电流。

2）因主站需记录有功功率 P 和无功功率 Q 数值，现场继电保护测试仪设置的电压、电流角度如图 4-16 所示，三相电压角度分别为 45°、285°、165°，电流角度分别为 0°、240°、120°。

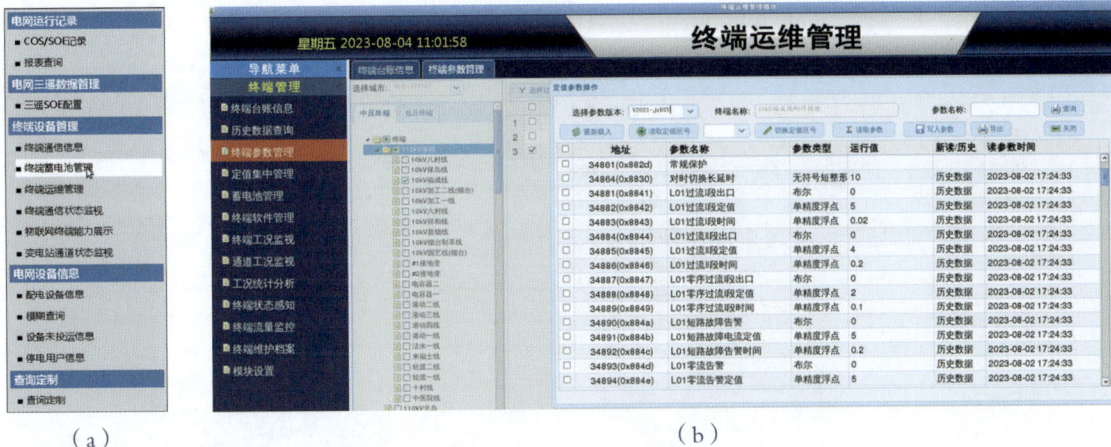

（a）　　　　　　　　　　　　　　　　　（b）

图 4-15　终端定值修改界面

（a）终端运维菜单；（b）终端定值修改

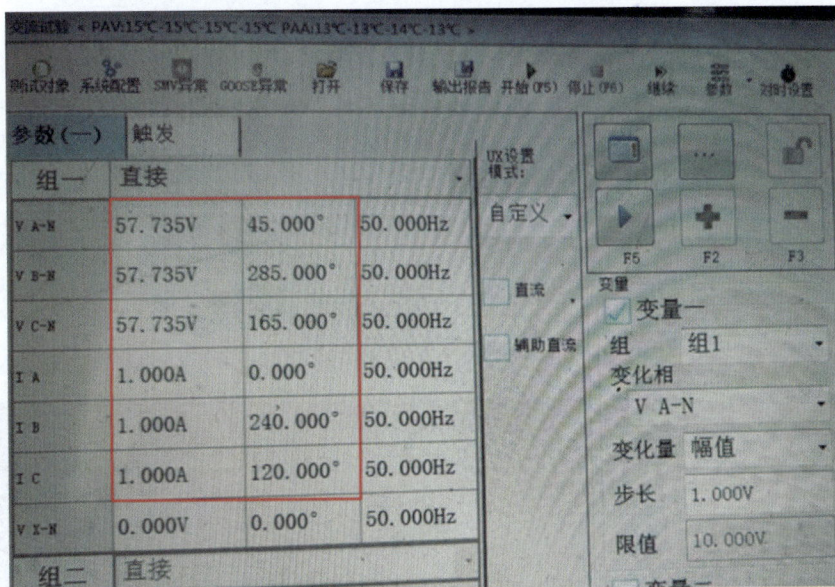

图 4-16　电压、电流角度记录

4.6　终端遥调

　　除具备普通终端的遥信、遥测、遥控功能以外，一、二次融合终端还具备远方定值修改和电量召唤功能。在三遥配置工具中需要设置电度数目（DTU300，FTU100）和参数定值版本（DTU 配置 V2021-jzDTU，FTU 配置 V2021-FTU），终端配置界面如图 4-17 所示。参数配置后，前置系统每天凌晨 3 时自动召唤该设备定值数据，定值展示界面如图 4-18 所示。凌晨 4 时自动召唤该设备电量数据，电量展示界面如图 4-19 所示。电量文件存放于前

置服务器 /home/h-a2/vl/home/tcm/his/upfile/HISTORY/FRZ_bak 目录。

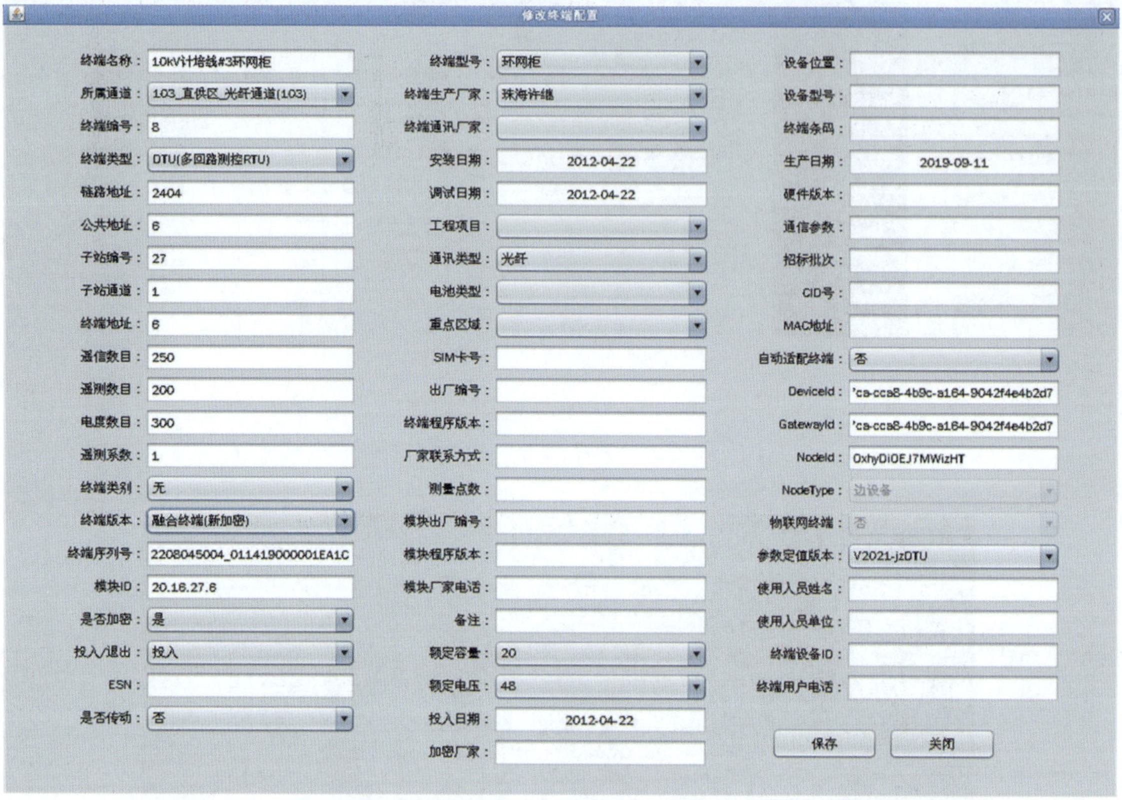

图 4-17　终端配置界面

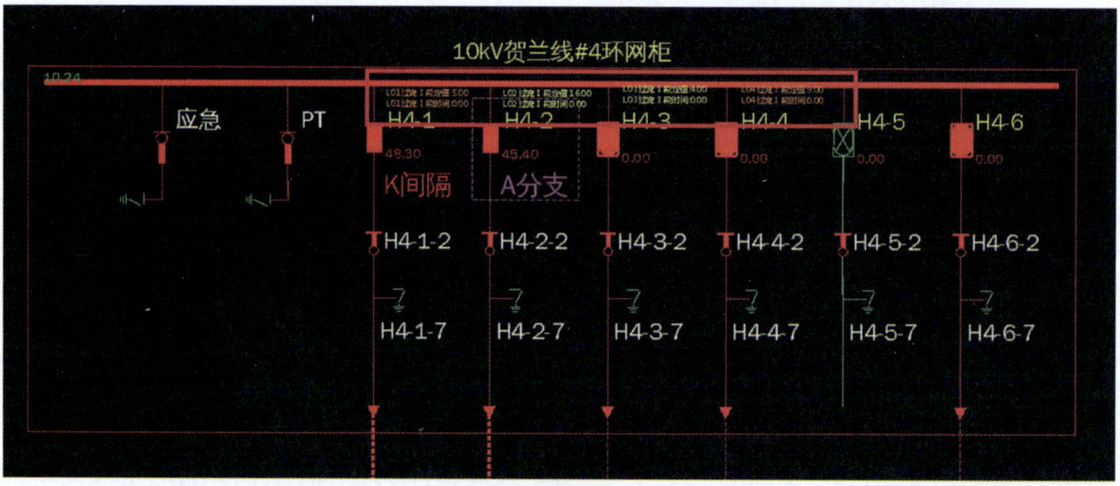

图 4-18　定值展示界面

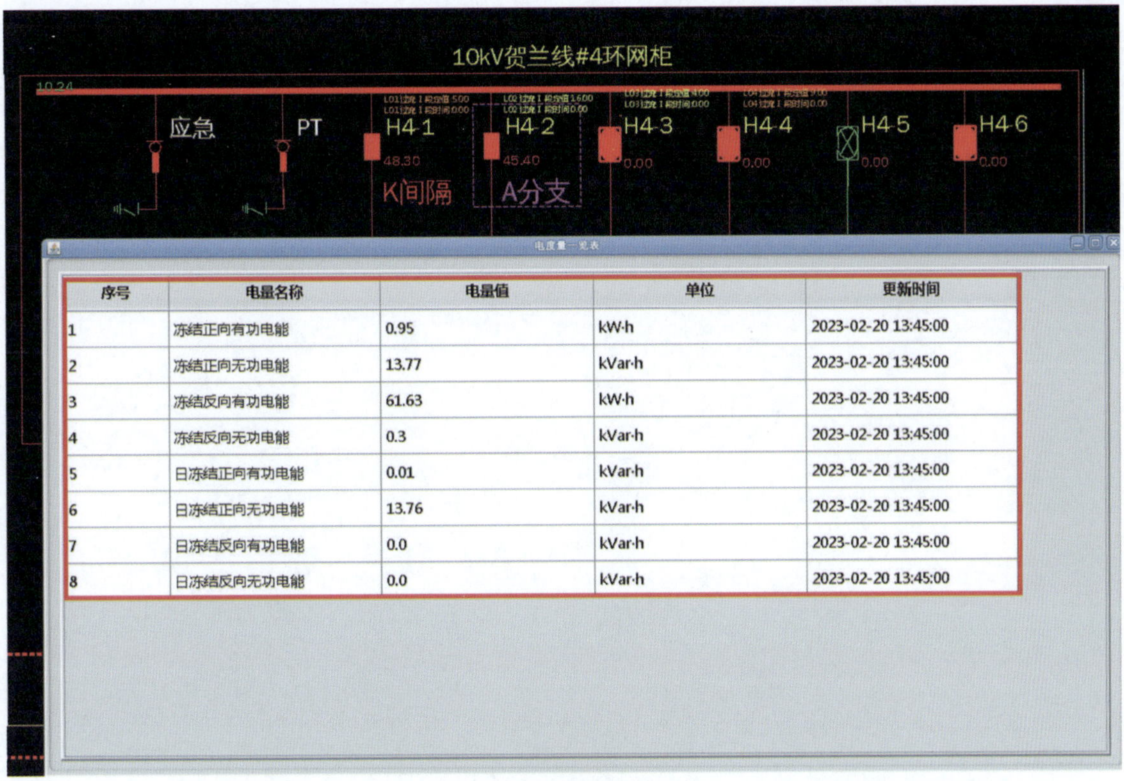

序号	电量名称	电量值	单位	更新时间
1	冻结正向有功电能	0.95	kW·h	2023-02-20 13:45:00
2	冻结正向无功电能	13.77	kVar·h	2023-02-20 13:45:00
3	冻结反向有功电能	61.63	kW·h	2023-02-20 13:45:00
4	冻结反向无功电能	0.3	kVar·h	2023-02-20 13:45:00
5	日冻结正向有功电能	0.01	kVar·h	2023-02-20 13:45:00
6	日冻结正向无功电能	13.76	kVar·h	2023-02-20 13:45:00
7	日冻结反向有功电能	0.0	kVar·h	2023-02-20 13:45:00
8	日冻结反向无功电能	0.0	kVar·h	2023-02-20 13:45:00

图 4-19　电量展示界面

第二部分

功能应用

第5章　配电自动化实用化功能应用

报表系统，在 DAS 系统日常使用的情况下用于数据统计和查询功能，可以通过报表按照时间或者关键字查询设备运行事件记录或者操作事件记录，查询后可以导出分析，终端运行状态终端在线率或者遥控成功率等数据也可以在报表中查询导出。

本章主要介绍报表的各种数据查询和数据统计功能。

5.1　报表管理作业指导

报表查询系统挂载至配电自动化系统信息查询→报表查询菜单（程序路径在 DAS 工作站 / home / h-a2 / vl / home / DasWebClient / app / dasrpt / dasrpt.jar）。该功能独立于配电自动化系统，可以单独运行该程序独立打开，程序运行需要能连接配电自动化系统数据库服务器并具备 java 环境。

报表系统从大类分为负荷数据、报表定制、报表查询、其他功能四个大项，报表打开初始界面如图 5-1 所示。

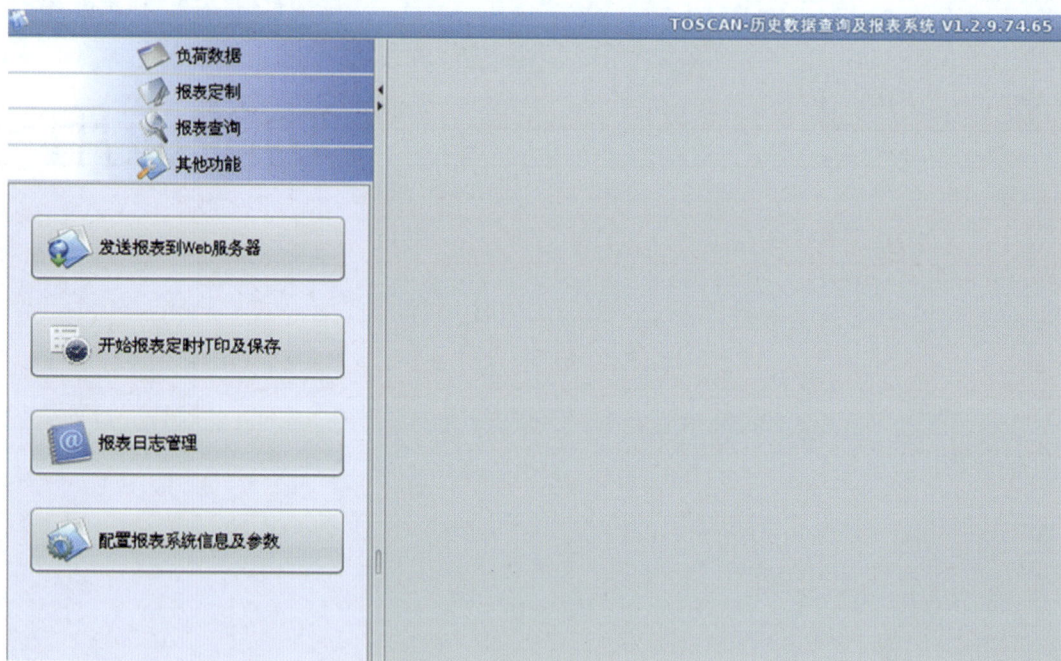

图 5-1　报表打开初始界面

1. 负荷数据

报表系统可查看变电站、开闭站、环网柜、分界开关等设备的负荷数据，可进行查询数据、打印报表、导出 Excel 等操作。负荷查询数据界面如图 5-2 所示。

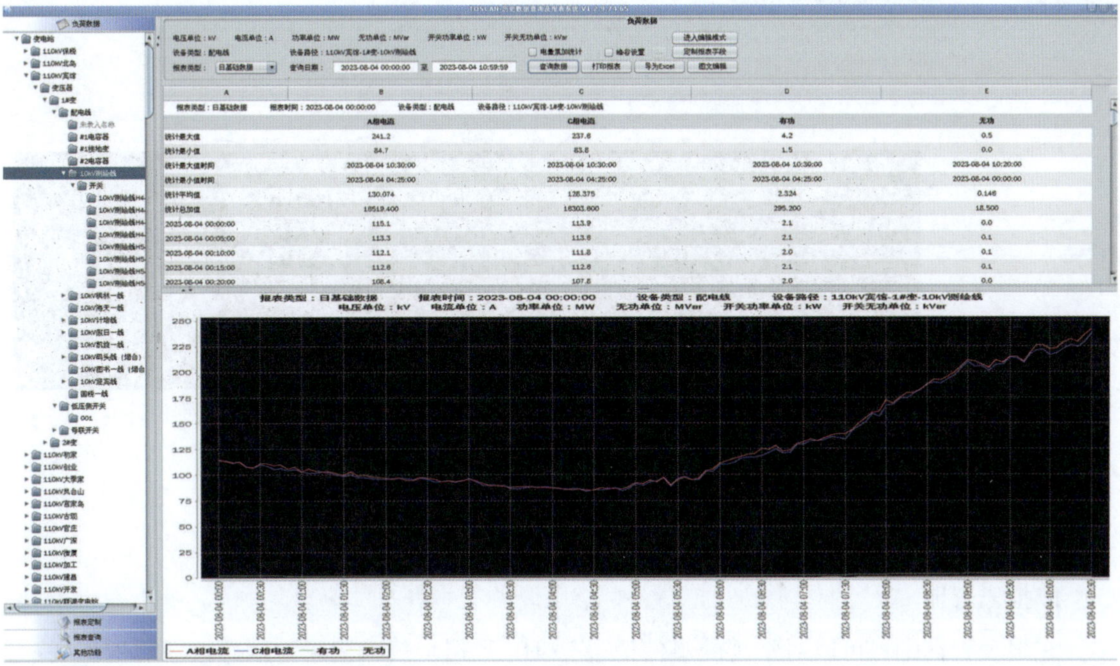

图 5-2　负荷查询数据界面

2. 报表定制

在实际应用中，往往要对特定的设备、特定的信息进行特殊关注，为实际使用和决策提供数据支撑，这时可以对报表进行定制，并使其能够按时打印、保存。

报表定制下包含日负荷数据报表、周负荷数据报表、月负荷数据报表、季负荷数据报表、年负荷数据报表几个大项。在各项内点击右键增加报表，根据需求设备类型，可以选择变电站、开关、低压侧开关等填写报表名称选择设备定制报表。报表定制数据界面如图 5-3 所示。

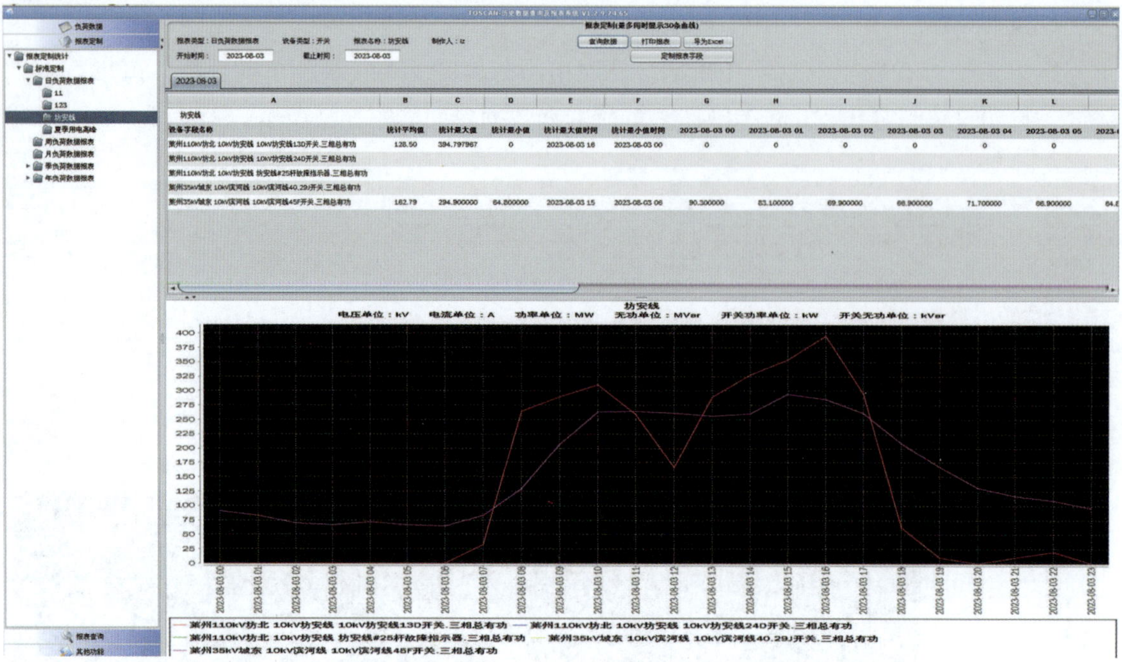

图 5-3 报表定制数据界面

3. 报表查询

在报表查询中，可以对常规的事件记录、SOE 数据、故障记录等信息按时间列出展示，形成一个历史数据展示的报表，也可以对遥控次数、设备数据、终端在线率、系统指标等分析统计，形成一个统计报表。

（1）COS / SOE 报表：可以根据时间顺序或者关键字查询 COS / SOE 记录，查询后可以导出 Excel 表格。

（2）挂牌数据报表：可以根据条件（时间、变电站、线路、挂牌类型等）查询挂牌记录。

（3）日负荷报表：可以根据条件（单选某一个变电站名称或者"所有变电站"，查询时间）查询设备的负荷数据，该统计数据包含最大允许电流、高峰电流、高峰时间负荷率等统计数据。

（4）班组统计报表：根据条件查询配电自动化设备操作记录（例如挂牌摘牌操作、遥控操作）。

（5）设备统计信息报表：配电自动化设备数据统计（变电站数量、线路数量、环网柜、开关站等数据）。

（6）电网运行_FA 报表：可以根据条件（时间、变电站、配电线）查询统计馈线自动化故障数据。

（7）电网运行_设备异动：可以根据条件（时间、关键字、计划类型等）查询统计红图和黑图数据登录信息。

（8）设备运行异常报表：可以根据条件（变电站、线路、通信类型、时间等）查询统计配电自动化终端在线率运行情况。

（9）配电终端投退记录报表：可以根据条件（变电站、线路、投退运、时间等）查询统计投运终端和退运终端设备信息。

（10）变位统计记录报表：可以根据条件（开关 / 多回路、变位类型、时间等）查询统计配电自动化设备遥信变位次数和遥信点名称。

（11）设备操作记录报表：可以根据条件（变电站、线路、时间等）查询统计配电自动化设备遥控统计信息。

（12）FA 启动次数统计报表：可以根据条件（变电站、线路、时间等）查询统计线路的故障次数。

（13）PMS 导入信息统计表：可以根据条件（导入统计信息 / 导入明细信息、关键字、时间等）查询统计 PMS 导入配电自动化系统线路明细和导入次数。

4. 其他功能

发布报表到 Web 服务器，使用该功能可以选择发送的文件，发送至 IV 区 Web 系统，在 IV 区主页点击"统计报表"→"报表发布浏览"可以查询 I 区发布文件。

5.2　合环监视作业指导

在"配网监视"→"合环监视"菜单，进入"合环监视一览表"列表，通过该页面可以实时监视查看电网中存在的合环运行信息。当发生环网运行时，在合环配电线一览表中记录合环配电线 1 的所属变电站名称和合环配电线 1 的配电线名、合环配电线 2 的所属变电站名称和合环配电线 2 的配电线名；若为三重环网，还要记录合环配电线 3 的所属变电站名称和合环配电线 3 的配电线名等详细信息；该系统最多只能监视三重环网。合环监视一览表数据界面如图 5-4 所示。

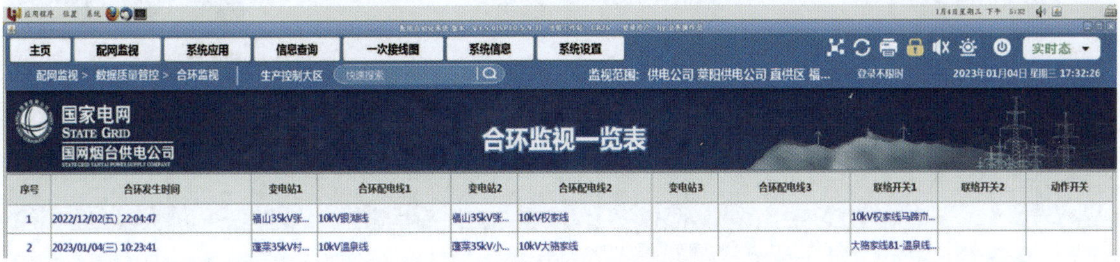

图 5-4　合环监视一览表数据界面

合环线路注意事项：

（1）合环线路着色为蓝色显示，方便区分正常线路带电（红色）、转供（粉色）、失电（绿色）状态。

（2）合环运行线路开关故障跳闸时，因开关分合后不影响线路带电，系统不启动 FA 键名，在"配网监视"→"智能推断故障"中能显示合环运行的故障跳闸信息。

（3）合环线路展示信息，配电自动化系统首页线路信息监视内合环线路，方便及时查看当前合环运行线路信息。

（4）配电自动化Ⅳ区首页合环线路总数显示当前合环运行线路信息，该页面可以按照时间查询历史合环线路信息。

5.3　事故追忆作业指导

在"配网监视"→"事故追忆"菜单，进入"事故追忆"选项，点击"选择追忆"，打开如图 5-5 所示事故追忆界面，可以根据条件查看当前启动的故障，系统记录故障前 3min 至故障后 5min 保存的事件记录、故障时界面截图等故障信息。选择故障后点击"启动追忆"，点击"播放"按钮可以播放故障记录保存信息，点击"加速"可以 1~4 倍速度播放，点击"打开记录窗"和"打开正交图"，可以打开追忆记录线路故障时的事件记录或者追忆记录线路对应的单线图。

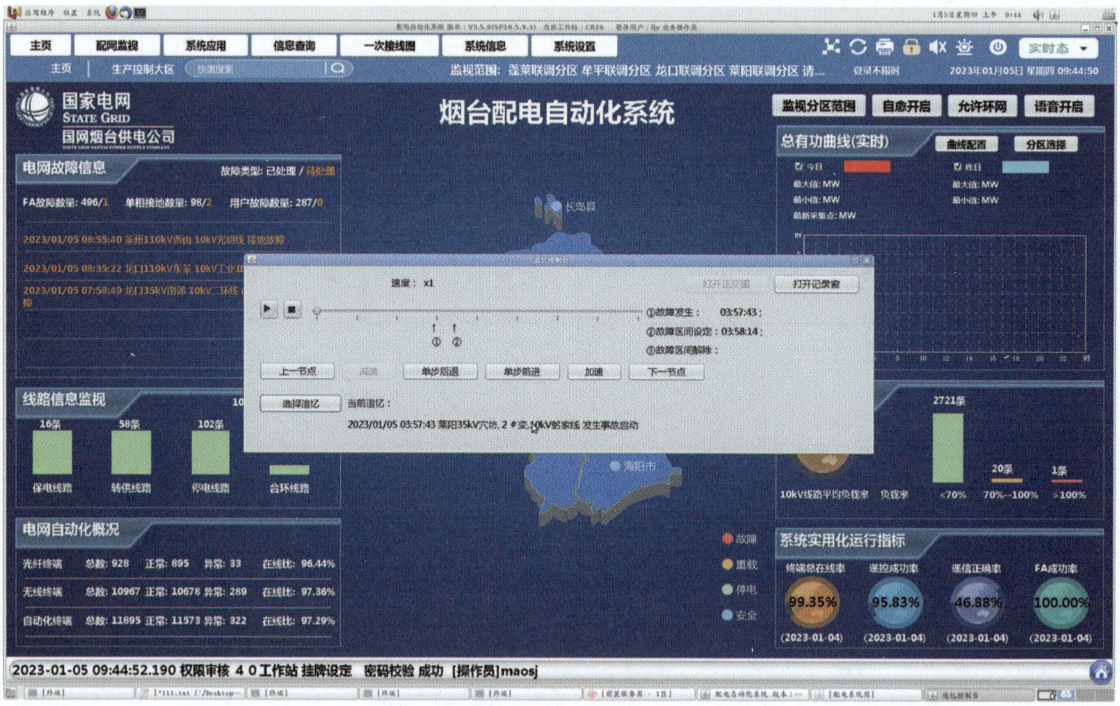

图 5-5　事故追忆界面

5.4　变电站及通道监视作业指导

在主页面点击"信息查询"→"变电站通道状态监视"，即可打开如图 5-6 所示变电站通道状态监视界面，可以按照关键字搜索变电站名称或者选择仅显示异常通道查看异常通信变电站。该页面在主页推图锁中可以单独设置变电站通信异常时是否弹出该页面。

图 5-6　变电站通道状态监视界面

5.5　记录和报警设定作业指导

点击"系统应用"→"记录和报警设定"，进入记录和报警设定界面，如图 5-7 所示，可以设置变电遥信、变电遥测、配电遥信、配电遥测、语音/系统遥信、可疑遥信、自定义公式、故障/异常等事件记录是否发送、时间记录是否确认、告警级别、是否发送短信等。

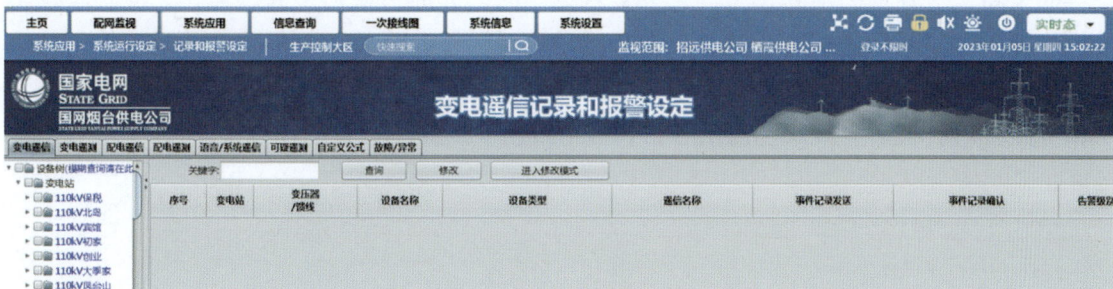

图 5-7　记录和报警设定界面

1. 变电遥信

对变电站内遥信记录进行设置，例如：事件记录是否发送，表示遥信变位后事件记录是否产生，如果是"否"则表示无事件记录。告警级别对应的是语音告警，0表示语音不告警，1~6表示语音告警，频繁动作上限设置一段时间内遥信动作大于多少次为频繁动作，系统自动标记频繁动作标示牌。1为复归信号，系统默认遥信为0是复归信号，选择1时为遥信取反。

2. 变电遥测

对变电站内遥测信号进行设置，例如：遥测上限，大于该设置遥测一览表内遥测质量码会显示遥测越上限，遥测文本颜色为紫色（可自定义）。保存历史库周期，默认设置为5min（表示每5min系统保存一次遥测数据至历史库）；可以正常查看遥测曲线，如果遥测曲线不显示，可以查看该配置是否设置正确。

3. 配电遥信

对配电自动化系统内变电站以外的其他设备遥信进行设置，设置内容同变电遥信相似。

4. 配电遥测

对配电自动化系统内变电站以外的其他设备遥测进行设置，设置内容同变电遥测相似。

5. 语音／系统遥信

大批量终端同时掉线门槛值设定，设置门槛值数量和时间后，系统检测到超过该设置的终端离线后，会产生事件记录和语音告警。语音告警设置，设置是否语音告警，同首页面的语音开启设置相同页面。信息优化治理设定，该配置用户事件记录优化设置，5s+5s过滤（对于异常、告知信息，将首次动作及复归信号报出，若信号不复归则只报信号动作），将5s之内再次动作（以首次信号复归时刻开始计算时间），且动作之后5s之内对复归的信号进行屏蔽；5s之内再次动作，但其后5s内未复归的信号或5s之后的相同动作信号不予以屏蔽，并重复进行之前的设定逻辑。这样，既将监控信息正确报出、保证信息不会遗漏，又对短时内（5s+5s）复归的信号进行了屏蔽，极大减少了频繁动作信号总量。延时过滤告警延时策略：对频发的信息，个性化设置告警延时，如通道通信中断、监视无应答、逻辑通道中断、RTU异常等信息设置30s告警延时；对于柱上开关，在事故跳闸时，伴生的电源侧无压告警和负荷侧无压告警等信息可设置延时时间（躲开FA故障判断时间），并参考EMS系统处置方式，对频繁上送信号，只显示最新一次的信号及上送频次）。

第6章 配电自动化高级应用

高级应用是新一代配电自动化系统的特色亮点应用，其将原有的调控日常操作由人工操作提高至自动生成一键操作，大大提高了调度员的日常工作效率，负荷批量精准控制、序列控制、设备批量预置等功能就是在调查各现场调控人员日常使用中的操作。此类操作频繁重复，且需人工选择执行，占用了大量时间，使用该功能可一键生成方案并操作执行。

本章主要讲解负荷批量精准控制（一键降负荷）、序列控制（倒送电一键顺控）等常用高级功能。

6.1 负荷批量精准控制作业指导

在配电自动化系统主页，点击"系统应用"→"负荷批量精准控制"，可以打开负荷批量精准控制菜单，如图6-1所示。

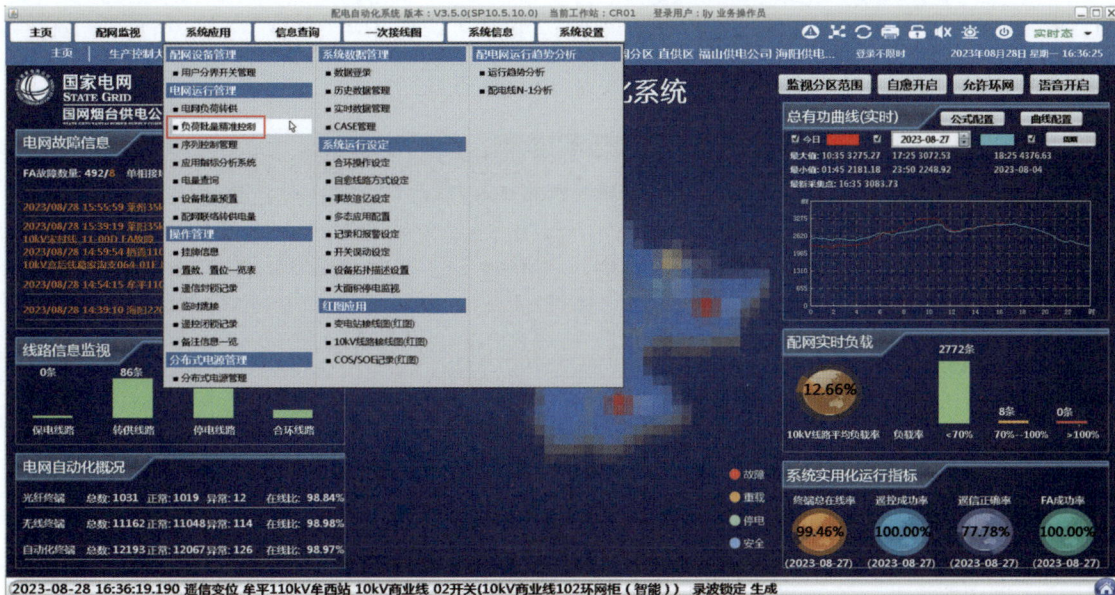

图6-1 负荷批量精准控制菜单

1. 负荷批量精准控制

配电自动化系统中，负荷批量批量精准控制界面如图6-2所示，该页面显示当前正在

137

操作的负荷批量精准控制任务或者以前完成的历史任务。其中，"参数配置"为该任务模块同主网数据互动设置，该配置在市供电公司配置完成后各现场不建议修改。配置针对整个市县供电公司系统生效。"新建任务"用于前期系统功能测试使用。该页面主要用于接收省调下发的负荷批量精准控制任务，各现场可以在各自工作站的任务内对终端进行预置，并对预置失败终端进行查看和统计。

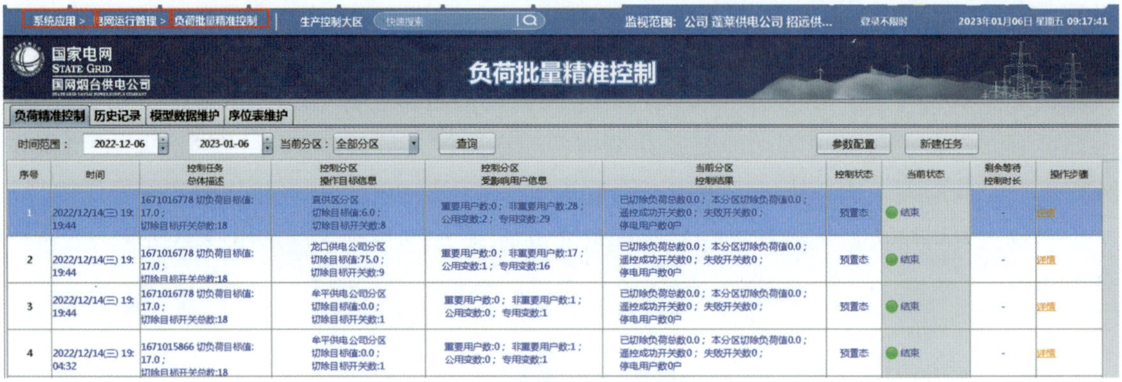

图 6-2　负荷批量精准控制界面

2. 模型数据维护

模型数据维护主要维护主网系统下发的负荷批量精准控制线路 ID 录入，该配置主网负荷名称和主网负荷 ID 同主网一一对应，省调切负荷时使用该 ID 对应线路。负荷批量精准控制模型数据维护界面如图 6-3 所示。

图 6-3　负荷批量精准控制模型数据维护界面

3. 序位表维护

序位表维护主要维护主网系统下发的负荷批量精准控制设备 ID 录入，该配置主网设备 ID 同配网设备一一对应，省调切负荷时使用该 ID 对应设备（该设备 ID 对应的线路必须在模型数据维护表中录入线路 ID，线路 ID 未录入而只录入设备 ID 不生效）。点击上方"进入修改模式"按钮，输入用户名和密码确认后，点击"添加"，根据弹出框选择变电站线路设备后录入序位表即可。负荷批量精准控制序位表维护界面如图 6-4 所示。

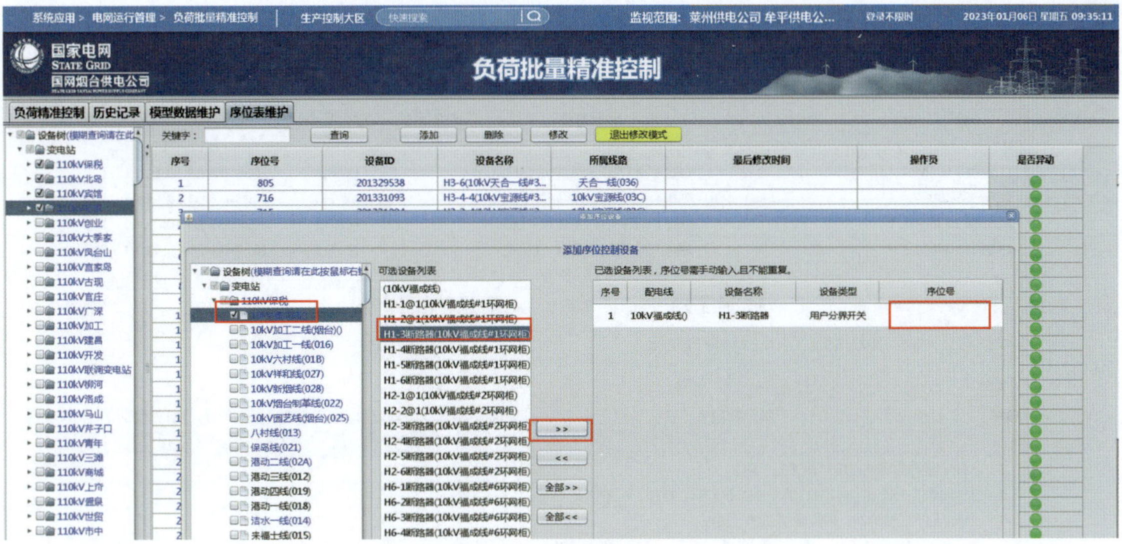

图 6-4 负荷批量精准控制序位表维护界面

6.2 序列控制管理作业指导

在"系统应用"菜单中用鼠标单击"序列控制管理"按钮，可以进入序列控制管理界面，如图 6-5 所示。

通过新增序列任务，添加需要序列操作的内容，添加成功后，可以追加、插入和删除序列任务。编辑好的序列可以单项执行、序列执行或成组执行，执行过程中可以暂停、终止操作。

1. 新增序列

（1）选择"新增序列"后，序列表中新增一条记录；点击"遥控态"，输入用户名和密码，该序列进入编辑模式；修改序列名称，改为自己操作设备或者线路名称用于区分序列。序列控制编辑界面如图 6-6 所示。

（2）选择需要操作的线路，在单线图对应的开关上点击右键，选择"遥控合"或者"遥控分"，根据所需操作完成一个序列的所有操作步骤。选择对应序列可以修改操作顺序上移或者下移删除等操作，完成后点击"保存"。选择防误校验，校验遥控逻辑（开关合位遥控分，开关是否在就地模式，开关是否在线，有无遥控权限等）；校验通过后选择"单项执行"或者"序列执行"，系统会根据编辑的序列进行遥控操作，单项执行需要每一步都输入密码，序列执行系统按照顺序依次执行，遇到失败终止执行，失败后可人工干预执行。成组执行系统按照操作顺序依次执行，遇到失败继续执行后面的操作。序列控制操作添加界面如图 6-7 所示。

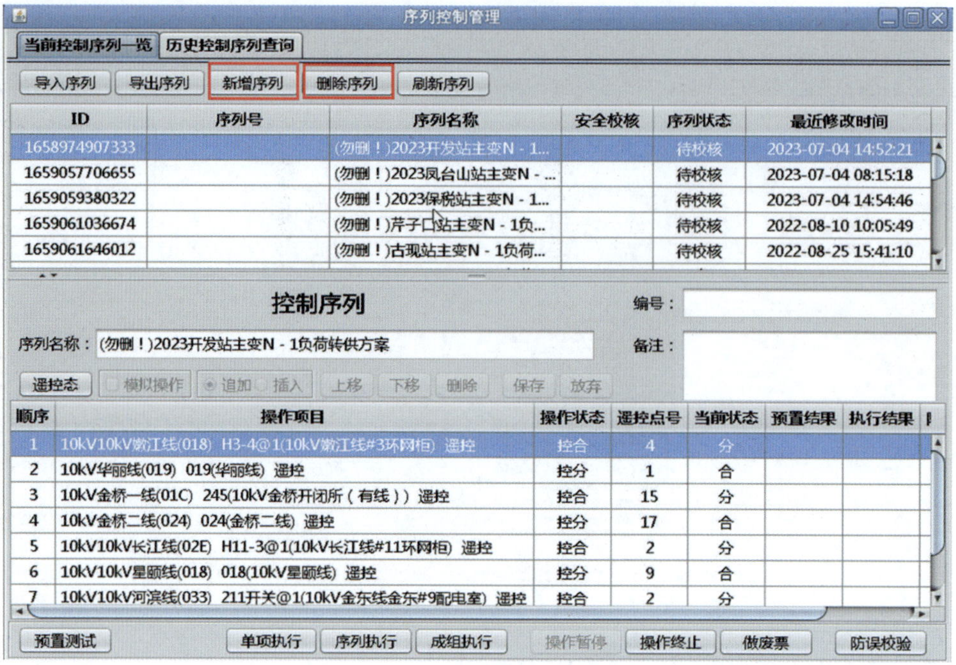

图 6-5　序列控制管理界面

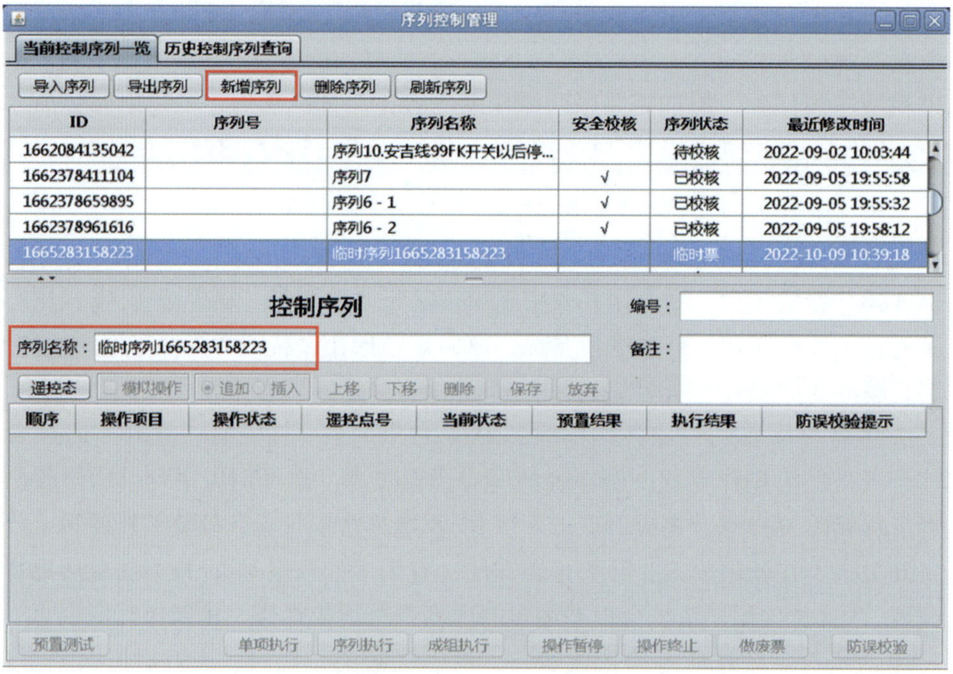

图 6-6　序列控制编辑界面

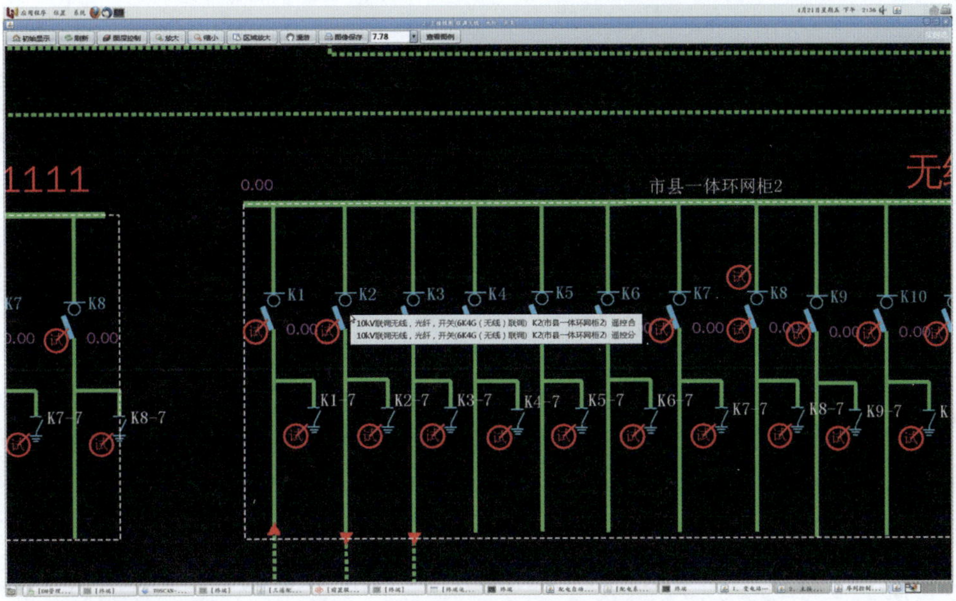

图 6-7　序列控制操作添加界面

2. 历史控制序列查询

历史控制序列查询页面显示序列控制历史操作，可以查看历史执行序列的操作结果。序列控制执行后，该序列在当前序列控制一览表中消失。在历史控制序列查询页面查找需要的序列点击右键可以恢复操作票，输入用户名和密码后，恢复操作完成的序列再次使用。历史控制序列查询界面如图 6-8 所示。

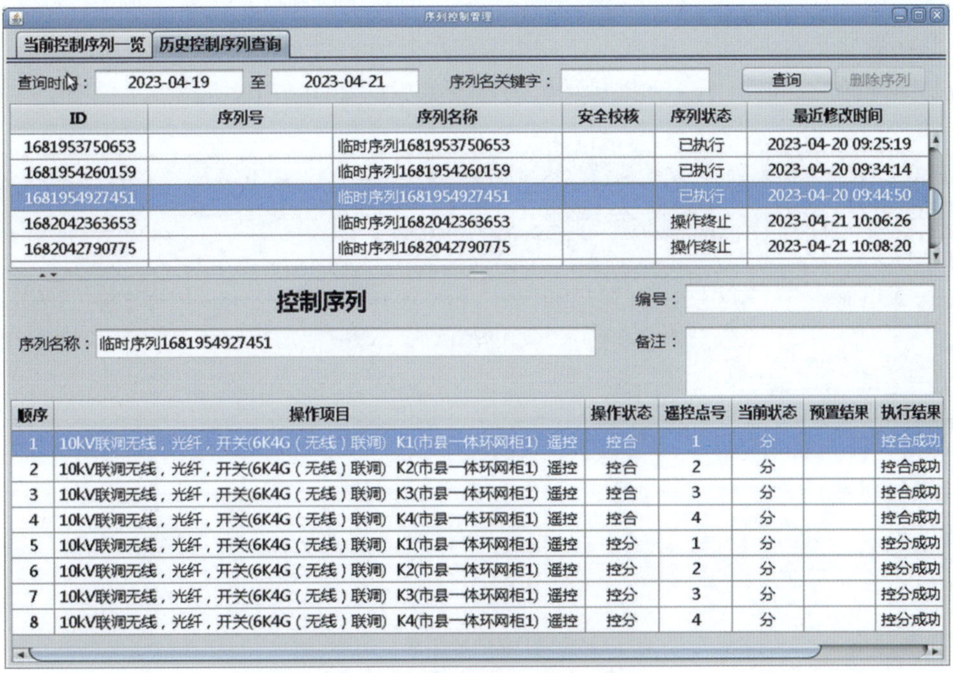

图 6-8　历史控制序列查询界面

注意：该序列控制功能严禁在研究态测试操作。输入用户名和密码后，系统会对开关进行真实遥控操作。

6.3 设备批量预置作业指导

点击"系统应用"→"设备批量预置"，可以进入设备批量预置界面，如图 6-9 所示。在设备批量预置界面中可以创建和修改各项任务（多个任务应尽量错开执行时间），在任务中可以选择单次或者循环执行预置任务。

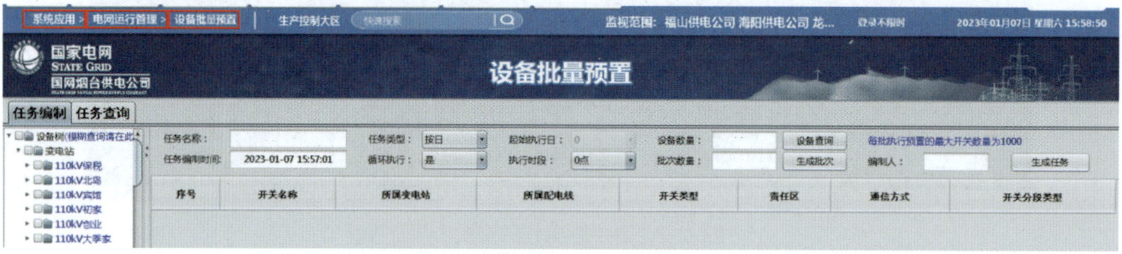

图 6-9　设备批量预置界面

1. 任务编制

在设备批量预置界面左侧设备树中根据变电站和线路选择对应设备（系统只能根据线路选择而不能根据设备选择），选择后在右侧查询设备可以查看到本次任务设备明细，选择生成批次，填写任务名称、任务类型（按日或者周）、循环执行（"是"或者"否"）、执行时段（根据需要选择时间）、编制人，点击"生产任务"即可。对设备表中不需要的设备，可点击右键选择设备退出任务。批量预置新建任务界面如图 6-10 所示。

图 6-10　批量预置新建任务界面

注意：批量预置任务，任务执行时间会根据设置执行时段略微延迟，受系统遥控进程限制（同一设备同一时间不能多线程遥控），尽量选择闲时执行，减少循环执行。任务使用完成后及时删除任务，避免预置任务对设备遥控时同调度员遥控冲突影响调度员遥控操作。

2. 任务查询

（1）创建完成任务后，任务执行操作后在批量预置任务查询界面展示，如图 6–11 所示。

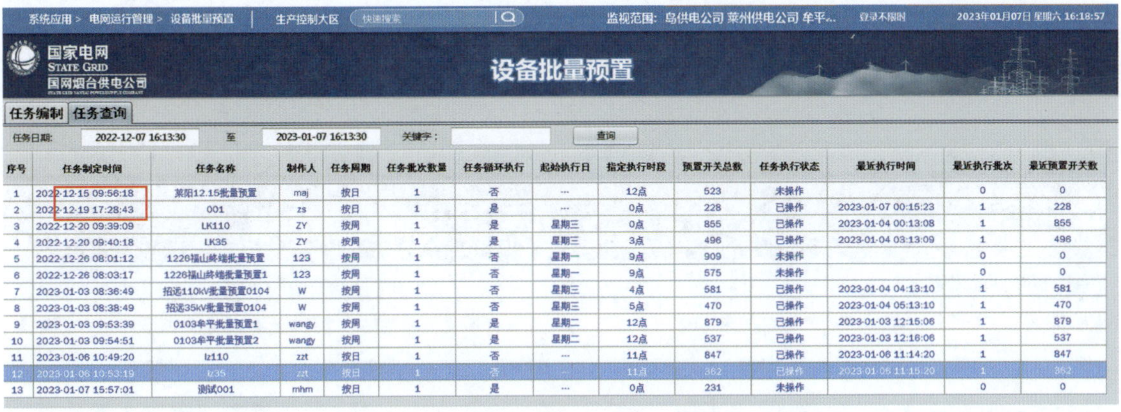

序号	任务制定时间	任务名称	制作人	任务周期	任务批次数量	任务循环执行	起始执行日	指定执行时段	预置开关总数	任务执行状态	最近执行时间	最近执行批次	最近预置开关数
1	2022-12-15 09:56:18	莱阳12.15批量预置	maj	按日	1	否	···	12点	523	未操作		0	0
2	2022-12-19 17:28:43	001	zs	按日	1	是	···	0点	228	已操作	2023-01-07 00:15:23	1	228
3	2022-12-20 09:39:09	LK110	ZY	按周	1	是	星期三	0点	855	已操作	2023-01-04 00:13:08	1	855
4	2022-12-20 09:40:18	LK35	ZY	按周	1	是	星期三	3点	496	已操作	2023-01-04 03:13:09	1	496
5	2022-12-26 08:01:12	1226福山终端批量预置	123	按周	1	否	星期一	9点	909	未操作		0	0
6	2022-12-26 08:03:17	1226福山终端批量预置1	123	按周	1	否	星期一	9点	575	未操作		0	0
7	2023-01-03 08:36:49	招远110kV批量预置0104	W	按周	1	否	星期三	4点	581	已操作	2023-01-04 04:13:10	1	581
8	2023-01-03 08:38:49	招远35kV批量预置0104	W	按周	1	否	星期三	5点	470	已操作	2023-01-04 05:13:10	1	470
9	2023-01-03 09:53:39	0103牟平批量预置1	wangy	按周	1	是	星期二	12点	879	已操作	2023-01-03 12:15:06	1	879
10	2023-01-03 09:54:51	0103牟平批量预置2	wangy	按周	1	是	星期二	12点	537	已操作	2023-01-03 12:16:06	1	537
11	2023-01-06 10:49:20	lz110	zzt	按日	1	否	···	11点	847	已操作	2023-01-06 11:14:20	1	847
12	2023-01-06 10:53:19	lz35	zzt	按日	1	否	···	11点	362	已操作	2023-01-06 11:15:20	1	362
13	2023-01-07 15:57:01	测试001	mhm	按日	1	是	···	0点	231	未操作		0	0

图 6–11　批量预置任务查界面

（2）在任务查询界面选择需要查看的任务，右键点击预置详细报告可以查看预置详情或者对原有任务进行删除操作。批量预置任务分析报告如图 6–12 所示。

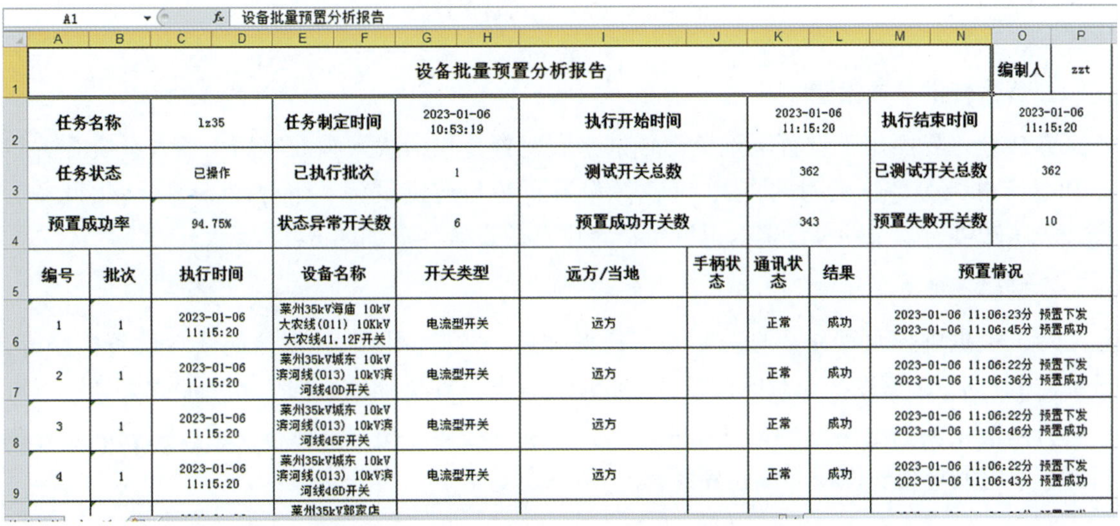

设备批量预置分析报告								编制人	zzt
任务名称		lz35	任务制定时间	2023-01-06 10:53:19	执行开始时间	2023-01-06 11:15:20		执行结束时间	2023-01-06 11:15:20
任务状态		已操作	已执行批次	1	测试开关总数	362		已测试开关总数	362
预置成功率		94.75%	状态异常开关数	6	预置成功开关数	343		预置失败开关数	10
编号	批次	执行时间	设备名称	开关类型	远方/当地	手柄状态	通讯状态	结果	预置情况
1	1	2023-01-06 11:15:20	莱州35kV海庙 10kV大农线(011) 10KkV大农线41.12F开关	电流型开关	远方		正常	成功	2023-01-06 11:06:23分 预置下发 2023-01-06 11:06:45分 预置成功
2	1	2023-01-06 11:15:20	莱州35kV城东 10kV滨河线(013) 10kV滨河线40D开关	电流型开关	远方		正常	成功	2023-01-06 11:06:22分 预置下发 2023-01-06 11:06:36分 预置成功
3	1	2023-01-06 11:15:20	莱州35kV城东 10kV滨河线(013) 10kV滨河线45F开关	电流型开关	远方		正常	成功	2023-01-06 11:06:22分 预置下发 2023-01-06 11:06:46分 预置成功
4	1	2023-01-06 11:15:20	莱州35kV城东 10kV滨河线(013) 10kV滨河线46D开关	电流型开关	远方		正常	成功	2023-01-06 11:06:22分 预置下发 2023-01-06 11:06:43分 预置成功
			莱州35kV郭家店						

图 6–12　批量预置任务分析报告

注意：系统升级新增批量预置报告上传大Ⅳ区 Web 系统功能，Ⅰ区工作站文件路径为 / home / h-a2 / vl / home / dasclient2020MasterTrunk-ZoneⅠ / stbyzreport，路径下打开或拷贝分析报告，或者在Ⅳ区 Web 系统首页点击"统计报表"→"报表发布浏览"打开。

6.4　电网负荷转供作业指导

在"系统应用"→"电网负荷转供"菜单，进入电网负荷转供界面，如图 6-13 所示。通过创建负荷转供任务，系统进行分析计算出负荷转供方案供选择。转供点为自动化设备的，可以通过系统遥控操作实现转供，非自动化备需要现场人员操作主站挂牌方式转供。

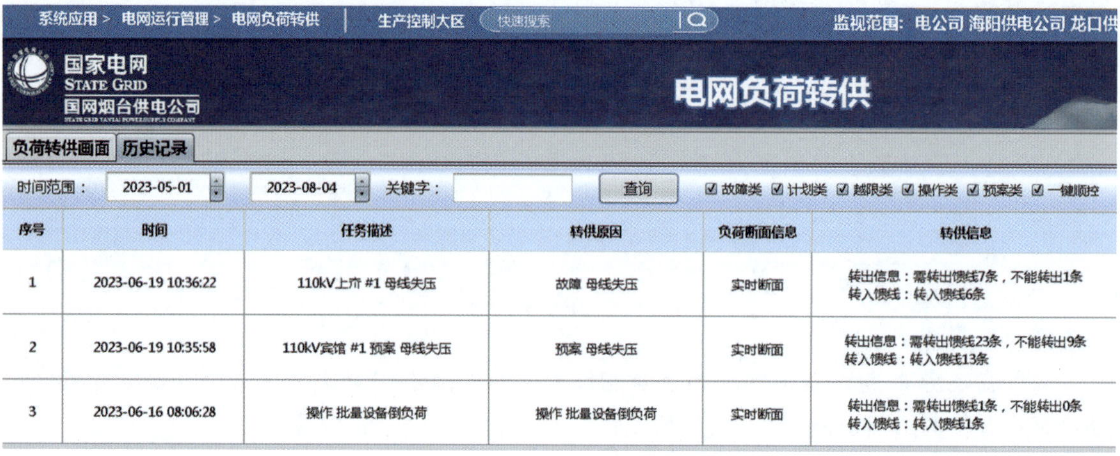

图 6-13　电网负荷转供界面

1.负荷转供参数设置

参数设置界面用于设置电网负荷转供参数配置，包括载入画面时间（载入系统开关状态和电流电压等数据的时间点）、转供源设置、参与转供设备（所有设备 / 自动化设备）、母线失压转供启动条件等设置。电网负荷转供参数设置界面如图 6-14 所示。

2.创建任务

（1）根据弹出页面录入任务编号、任务描述、故障原因、计划停电或者设备检修等，选择"下一页"，可以选择对应设备，完成创建任务。在创建完成的任务后面方案详情下可以打开系统生成的电网负荷转供任务，查看方案后选择"操作票执行"即可完成该任务执行操作。电网负荷转供任务创建界面如图 6-15 所示。

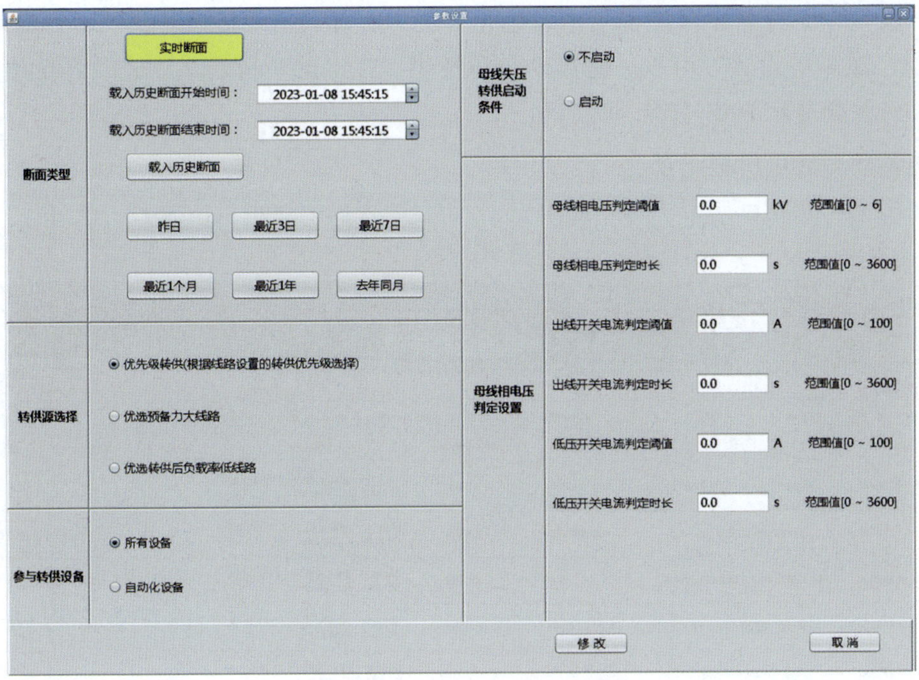

图 6-14　电网负荷转供参数设置界面

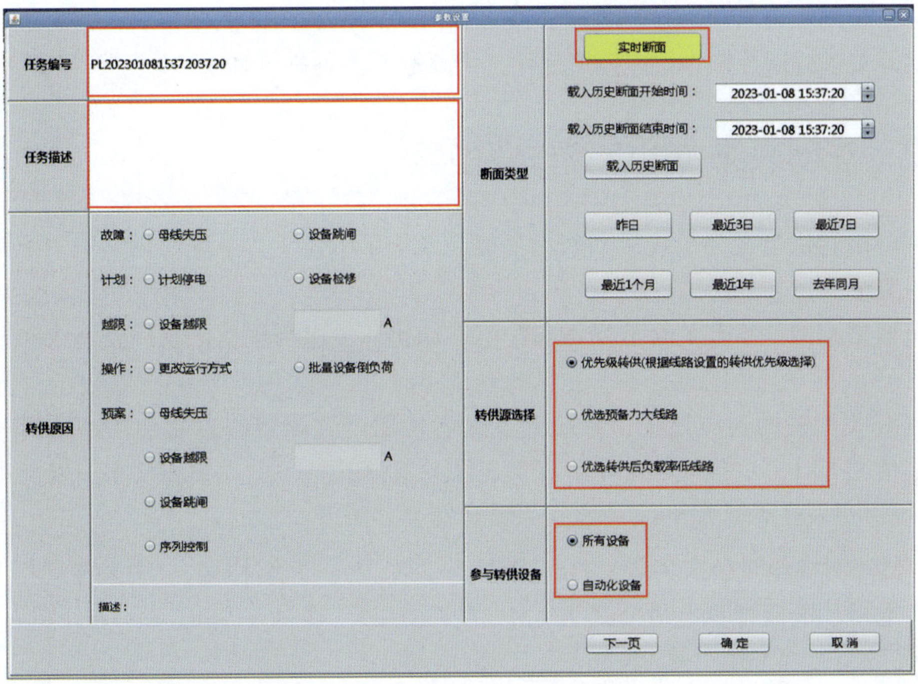

图 6-15　电网负荷转供任务创建界面

（2）在变电站或者单线图内点击自动化开关，右键点击“负荷转供”→“检修、运行方式调整、故障等设置”可以一键启动负荷转供。在电网负荷转供中查看系统生成任务，任务描述备注会显示 DAS 右屏一键启动。

3. 电网负荷转供历史记录

查看电网负荷转供历史记录，如图 6–16 所示，在该记录中可以查看方案并执行。

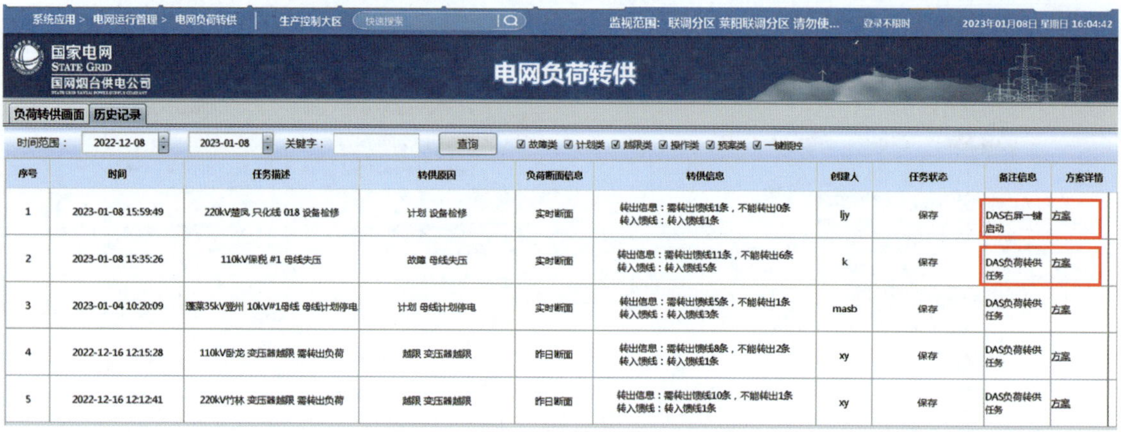

序号	时间	任务描述	转供原因	负荷断面信息	转供信息	创建人	任务状态	备注信息	方案详情
1	2023-01-08 15:59:49	220kV楚凤 只化线 018 设备检修	计划 设备检修	实时断面	转出信息：需转出馈线1条，不能转出0条 转入馈线：转入馈线1条	ljy	保存	DAS右屏一键启动	方案
2	2023-01-08 15:35:26	110kV保税 #1 母线失压	故障 母线失压	实时断面	转出信息：需转出馈线11条，不能转出6条 转入馈线：转入馈线5条	k	保存	DAS负荷转供任务	方案
3	2023-01-04 10:20:09	蓬莱35kV登州 10kV#1母线 母线计划停电	计划 母线计划停电	实时断面	转出信息：需转出馈线5条，不能转出1条 转入馈线：转入馈线3条	masb	保存	DAS负荷转供任务	方案
4	2022-12-16 12:15:28	110kV卧龙 变压器越限 需转出负荷	越限 变压器越限	昨日断面	转出信息：需转出馈线8条，不能转出2条 转入馈线：转入馈线1条	xy	保存	DAS负荷转供任务	方案
5	2022-12-16 12:12:41	220kV竹林 变压器越限 需转出负荷	越限 变压器越限	昨日断面	转出信息：需转出馈线10条，不能转出1条 转入馈线：转入馈线1条	xy	保存	DAS负荷转供任务	方案

图 6–16　电网负荷转供历史记录界面

注意：电网负荷转供和序列控制不要在研究态内测试，该任务模块在研究态下会对系统内真实开关进行遥控操作。应谨慎操作，需要输入密码执行时须注意。

6.5　配网联络转供电量作业指导

配网联络转供电量为系统后期新增功能，系统菜单位于“系统应用”→“配网联络转供电量”菜单。

系统根据配网联络开关合分操作和配电自动化开关遥测数据记录线路转入和转出负荷数据。

根据开关配置的遥测情况，系统计算或者使用开关配置的总有功功率计算（采用的开关遥测值参与计算的优先级如下：开关三相总有功功率→开关单相功率→开关电压、电流）。系统遥测采样周期为 5min 一次。系统计算公式如下：

（1）功率计算电量公式为 $\sum_{i=1}^{N} P_i t$，其中 N=288，P_i 为每采样值，t 为采样周期 1/12h。

（2）电压、电流计算电量公式为 $\sum_{i=1}^{N} 3U_i{\cdot}I_i{\cdot}\cos\varphi{\cdot}t$，其中 N=288，U_i、I_i 分别为相电压、相电流采样值，t 为采样周期 1/12h。

由于现场终端单相功率、单相电压、单相电流一般只配置一相或两相，采用三相平均电流、三相平均电压、三相平均功率计算；若采集线电压，则线电压与相电压需要用公式进行转换；电压量测未配置时，采用标称电压 10kV 计算；对于功率因数量测未配置的开关，采用功率因数 0.98 计算。

配网联络转供电量记录界面如图 6-17 所示。

图 6-17　配网联络转供电量记录界面

注意：部分转供数据不准确时可以查看联络开关三遥数据是否准确、联络开关是否通信正常以及联络开关合分拓扑着色是否正常，联络开关的上送数据直接影响系统计算。系统数据生成并上送省电力公司路径为 210.10.1.21：/home/h-a2/vl/home/temp/newadapterfiles/dayata。

6.6　终端蓄电池管理作业指导

在"信息查询"→"终端蓄电池管理"打开终端蓄电池管理界面，如图 6-18 所示。

图 6-18　终端蓄电池管理界面

在蓄电池活化数据信息页面中，可以在当前树状图中按照变电站线路选择查看自动化设备蓄电池活化时长，根据蓄电池活化时长判定蓄电池运行状态。电池额定容量和电池电压数据取自三遥配置工具终端配置内的额定容量和额定电压，如果系统数据为空应及时排查修改。

1. 终端蓄电池管理

终端蓄电池管理活化设定页面功能为新增功能，如图 6-19 所示。

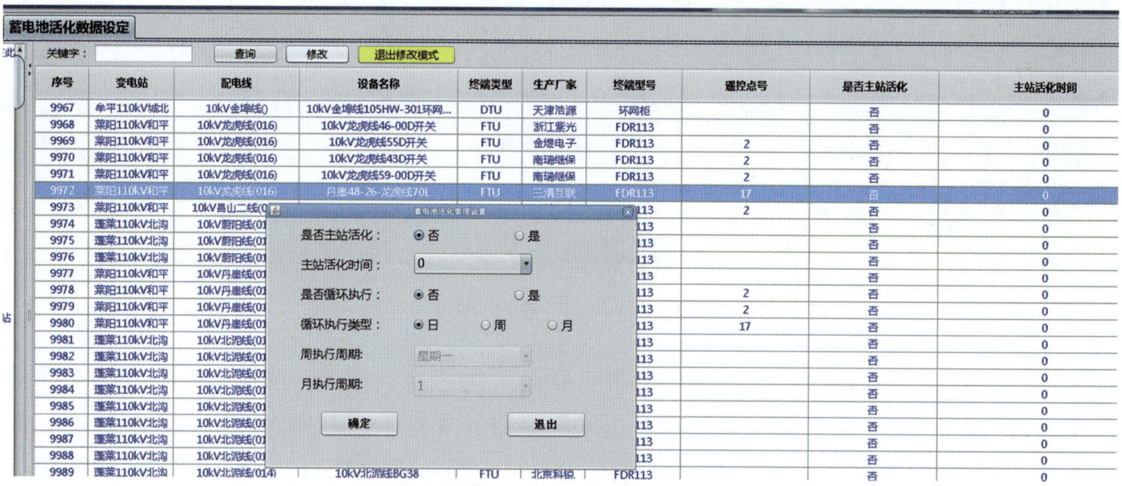

图 6-19 终端蓄电池管理活化设定界面

现系统内终端蓄电池活化为现场终端投入活化主站检测，该功能用于主站对蓄电池进行活化管理，进入修改模式选择是否主站活化，设置主站活化时间是否循环等。

注意：使用主站活化时，需核查主站蓄电池活化遥控点号，主站和现场遥控点号一致后可投入使用。

2. 终端运维管理界面内蓄电池管理

在系统主页中点击"信息查询"→"终端运维管理"，打开终端运维管理界面，点击"终端管理"→"蓄电池管理"，打开蓄电池管理界面，如图 6-20 所示。在蓄电池管理界面可以查看蓄电池活化记录和电池性能，可以对单个设备进行蓄电池活化或者对多个设备批量活化。

图 6-20　终端运维管理界面内蓄电池管理界面

6.7　终端运维管理作业指导

点击"信息查询"→"终端运维管理",打开终端运维管理界面。终端运维管理内的终端管理用于 10kV 中压终端的管理操作,物联网终端用于低压终端管理(山东低压物联网终端统一接入省电力公司系统,故该界面不做讲解)。

1. 终端台账信息

终端运维管理终端台账信息界面如图 6-21 所示,该界面用于展示终端台账信息(终端所属变电站、线路、终端名称、终端厂家、通信方式等)。终端站线拓扑关系取自 DAS 系统终端归属线路和变电站。

终端厂家、终端型号、通信方式等数据取自三遥配置工具内的终端配置信息,可以点击修改终端信息对设备进行备注信息添加、修改电池更换时间。

图 6-21　终端运维管理终端台账信息界面

2. 历史数据查询

历史数据查询界面用于终端运维管理历史数据查询召唤操作,如图 6-22 所示。数

据查询召唤同前置工具状态监视下的右键文件召唤相同，如图 6-23 所示，文件召唤包括
SOE 记录、遥控操作记录、极值数据、定点记录数据、日冻结电能量、终端日志、录波等
操作。

图 6-22　终端运维管理历史数据查询界面

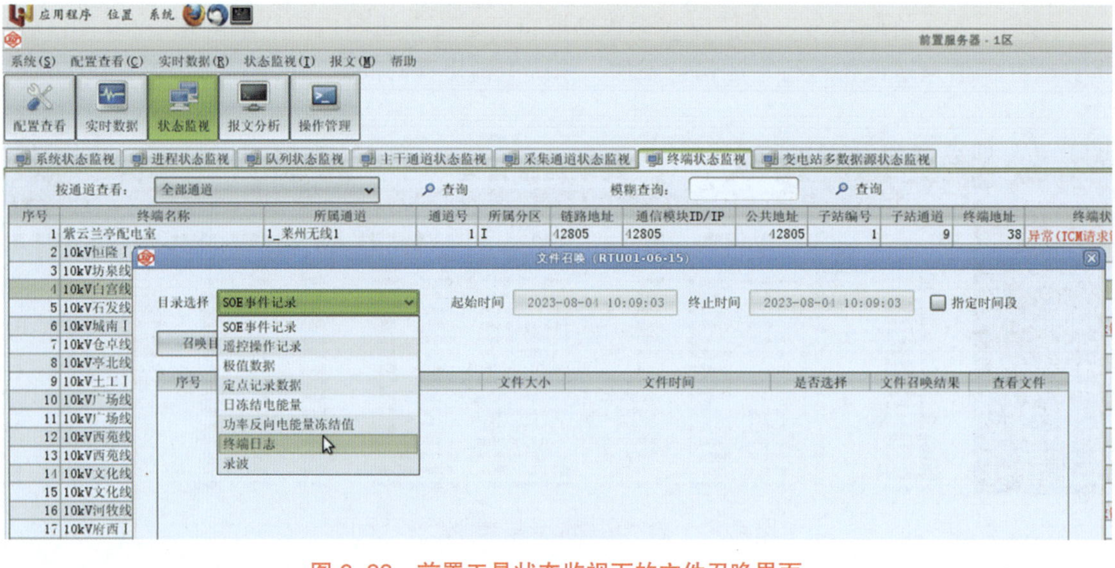

图 6-23　前置工具状态监视下的文件召唤界面

3. 终端参数管理

终端参数管理界面用于终端定值管理操作，可以读取终端定值、修改终端定值。一、二次融合设备具备该功能，其他设备基本不支持。固有参数管理用于读取终端设备的基本信息。终端参数管理 – 固有参数展示界面如图 6–24 所示。

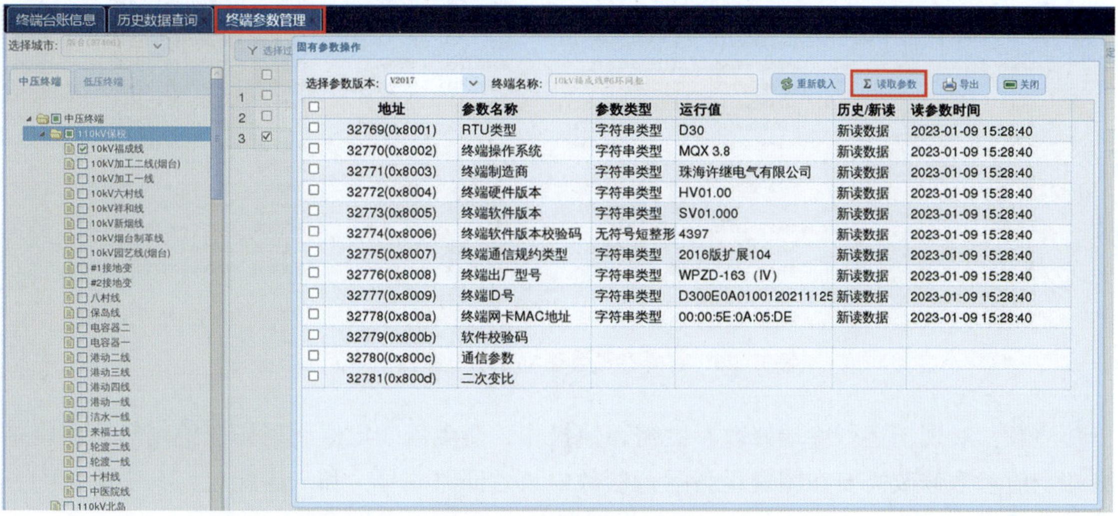

图 6–24　终端参数管理 – 固有参数展示界面

运行参数管理用于读取和修改终端运行配置信息，运行参数展示界面如图 6–25 所示。

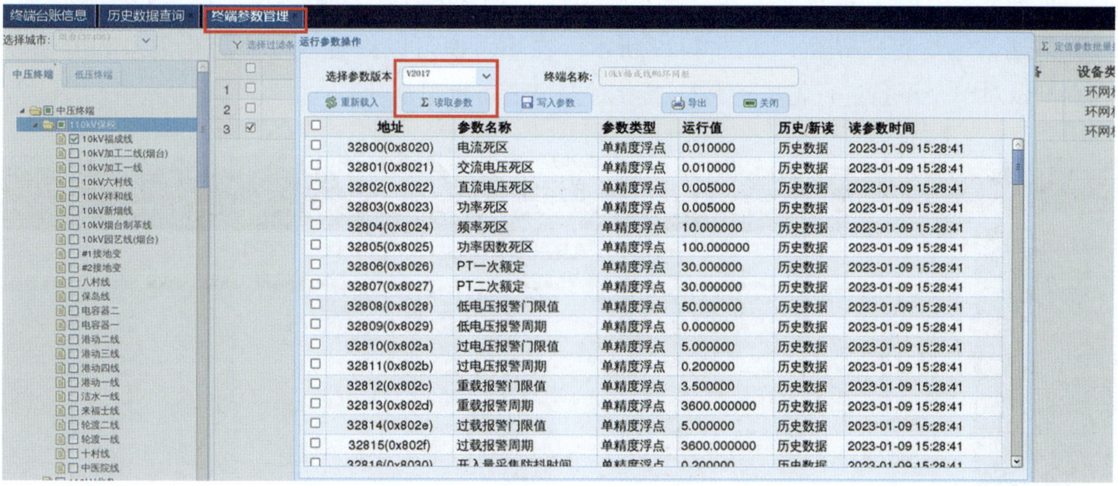

图 6–25　终端参数管理 – 运行参数展示界面

市供电公司环网柜选择参数版本为 V2021–jzDTU 版本，主站读取定时区号后，读取定值可以读取终端定值信息。终端参数管理 – 定值参数操作界面如图 6–26 所示。双击 "修改定值" 后写入参数输入用户名和密码修改定值参数，重新读取即可看到修改后的定值。

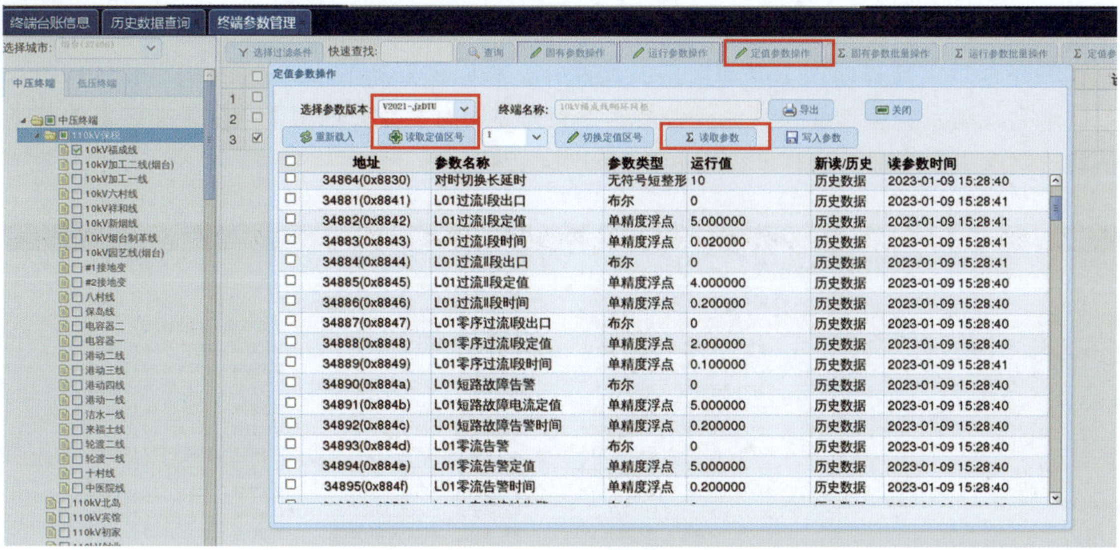

图 6-26 终端参数管理 – 定值参数操作界面

注意：对现场运行终端修改参数需谨慎操作，避免修改定值后现场误跳闸等。环网柜终端定值参数修改需要在图资设备运行参数中录入回路编号，和三遥配置工具中电量配置录入电量点号，点击"生成点号"即可，后期电量召唤使用该配置。

4. 蓄电池管理

同 6.6 节终端蓄电池管理作业指导介绍，在主页中点击"信息查询"→"终端运维管理"打开终端运维管理页面，在终端运维管理页面内点击"终端管理"→"蓄电池管理"打开终端蓄电池管理界面，如图 6-27 所示。在该页面可以查看蓄电池活化记录和电池性能，可以对单个设备进行蓄电池活化或者对多个设备批量活化。

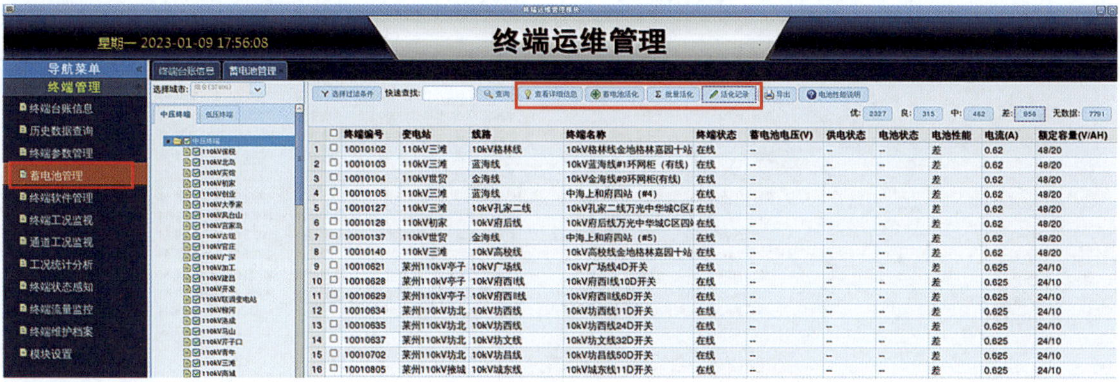

图 6-27 终端运维管理 – 终端蓄电池管理界面

5. 终端软件管理

终端软件管理主要用于终端软件版本、安装时间等台账的展示，并支持终端文件的下装及升级操作。终端运维管理－终端软件管理界面如图 6-28 所示。

图 6-28　终端运维管理－终端软件管理界面

将终端程序文件上传系统，选定终端、指定版本后，可对选定的终端进行程序下装及升级操作；支持单个、批量升级，结果查询及导出，现场终端需支持该功能，暂时未使用该功能模块对终端进行升级等操作。

6. 终端工况监视

终端工况监视可实时查看终端在线状态及所属通道信息，并可依据终端台账的厂家信息，对终端数量的在线情况按不同厂家进行分析展示；点击"过滤在线条件"可直接筛选清单，用于查看终端在线状态监视，终端厂家在线率用于按照厂家统计在线率详情。终端运维管理－终端工况监视界面如图 6-29 所示。

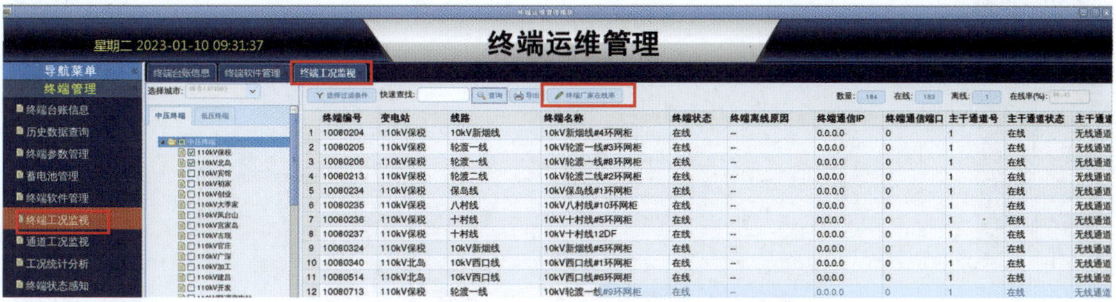

图 6-29　终端运维管理－终端工况监视界面

7. 通道工况监视

通道工况监视页面可查看通道的通信状态、通信方式、终端数量等各类信息，并可通过终端明细按钮查看通道内终端的清单及在线情况。终端运维管理－通道工况监视界面如图 6-30 所示。

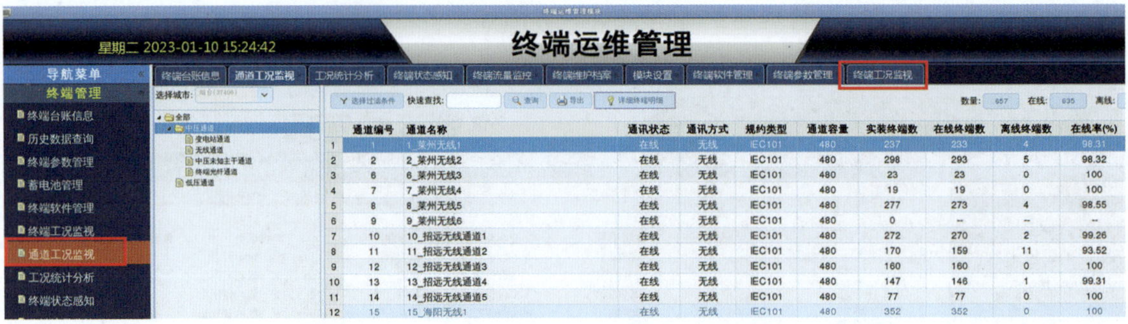

图 6-30 终端运维管理 – 通道工况监视界面

8. 工况统计分析

工况统计分析界面如图 6-31 所示，主要用于对终端的在线率状况进行分析，辅助终端消缺。

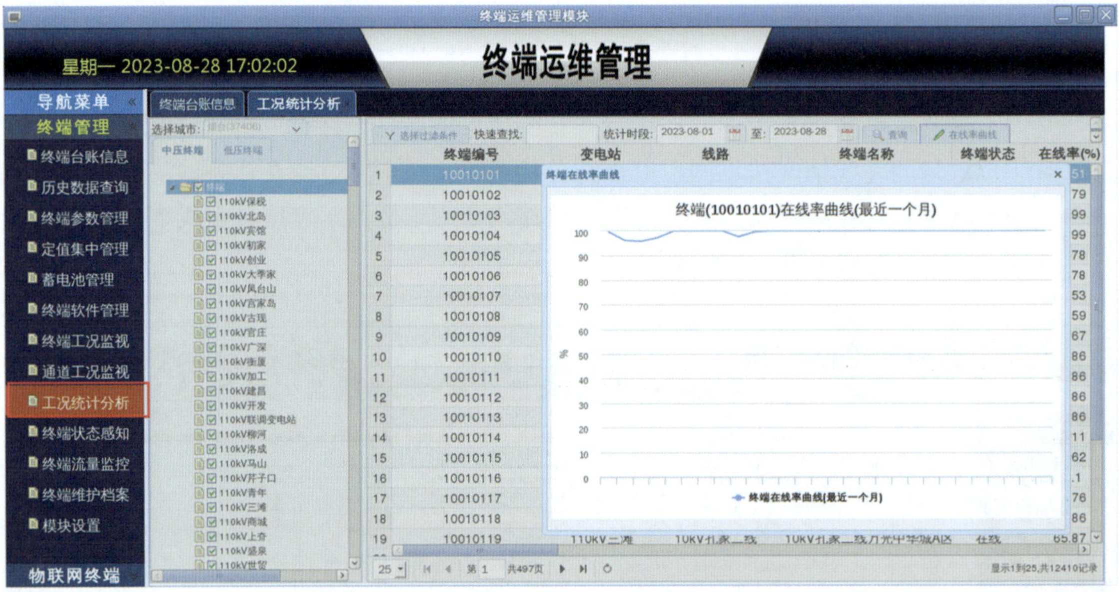

图 6-31 终端运维管理 – 工况统计分析界面

通过"在线率曲线"可查看终端近一个月的在线概况。

通过"详细通信记录"可查看终端上线、离线的时间记录。

通过"月停运时间和次数"可对终端当年每个月份的停运、在线情况进行统计展示。

9. 终端状态感知

终端状态感知界面用于展示终端日志信息，如图 6-32 所示，前提需要终端功能支持，终端日志文件由前置召唤后该界面展示。

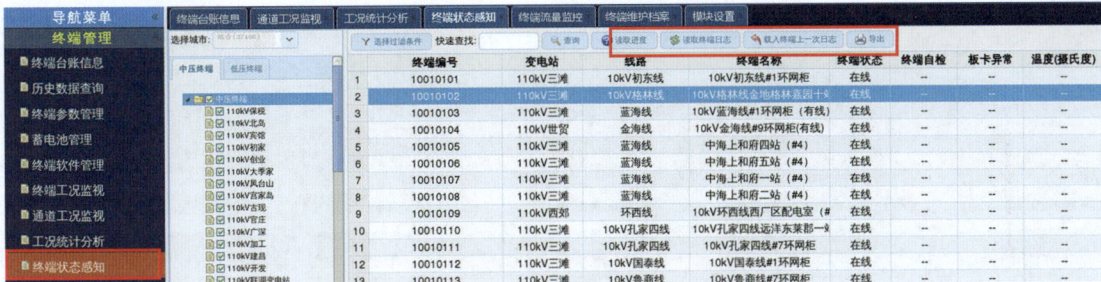

图 6-32 终端运维管理 – 终端状态感知界面

10. 终端流量监控

终端流量监控界面用于监控终端数据交互流量数据的统计和监视功能，因该功能需要无线服务器和前置服务器配合消耗资源较高，暂时未开启该功能。

11. 终端维护档案

终端维护档案界面如图 6-33 所示，用于查询监控主站对终端的操作，例如定值读取、定值修改以及结果反馈等信息。

图 6-33 终端运维管理 – 终端维护档案界面

6.8 应用指标分析作业指导

配电自动化应用指标用于辅助分析配电自动化指标数据，点击"系统应用"→"应用指标分析系统"，进入配电自动化应用指标分析系统界面。

应用指标分析系统为独立子功能模块，应用指标分析系统包含首页、在线监测、指标分析、设备概况、缺陷告警和参数设置六大子模块。首页用于 FA 成功率、终端在线率、遥控成功率、遥控使用率、遥信正确率等指标数据的统计分析。应用指标 – 首页展示界面如图 6-34 所示。

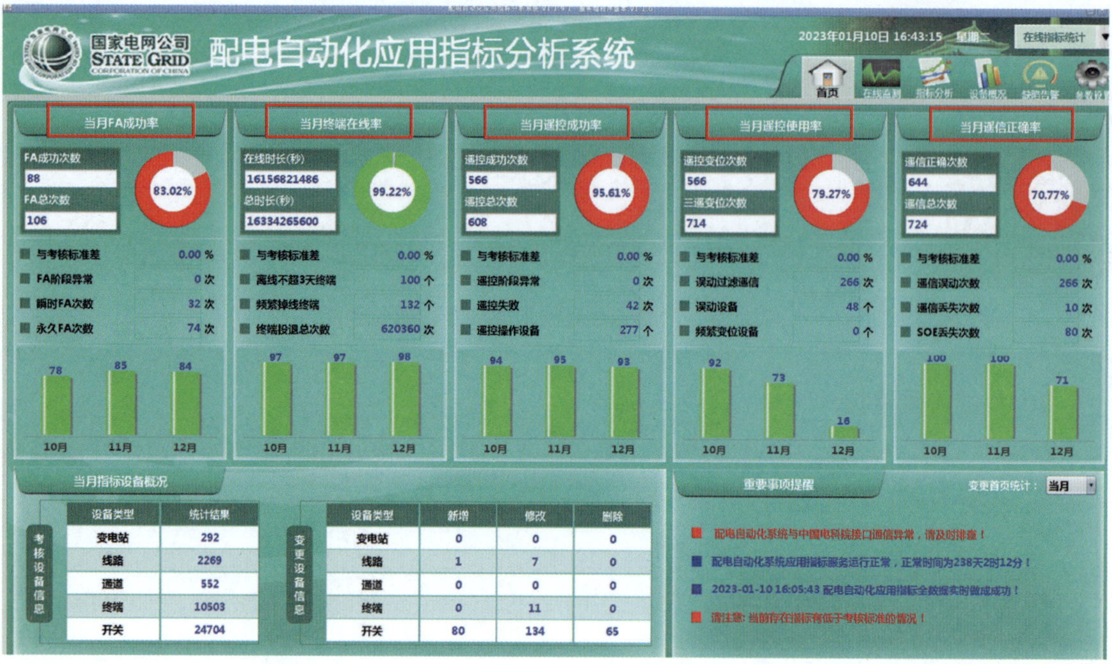

图 6-34　应用指标 – 首页展示界面

1. 配电自动化应用指标分析在线监视

打开应用指标 – 在线监测展示界面，如图 6-35 所示，该界面可以查询终端投退信息（该投退运是指终端离线退运，恢复在线投退，并非指自动化终端退运非自动化）。

图 6-35　应用指标 – 在线监测展示界面

（1）遥控操作信息。终端遥控成功或者遥控失败，遥控阶段结果等（查询时间必须在当月内，不能跨月查询）。

（2）遥信变位信息。用于统计配电自动化终端产生的遥信变位情况，变位原因（手动 / 遥控），是否遥信误动等信息。

（3）SOE 变位信息。用于统计系统接受到的 SOE 记录，并对合 / 分或者是否遥控进行标记。

（4）FA 启动信息。用于统计启动的 FA 故障，该页面统计数据来源于 DAS 系统电网故障监视一览表。

（5）抖动过滤信息。用户统计系统内频繁动作的终端信息，并对终端频繁动作次数做统计（频繁动作记录来源于 DAS 系统记录报警设定内的频繁动作设置，超限后记录次数）。

（6）遥测信息。用于统计系统每 15min 一次上送的遥测数据（应用指标遥测数据上送中国电科院遥测数据）。

2.配电自动化应用指标指标分析

打开应用指标－指标分析展示界面，如图 6-36 所示，可以查看和统计系统内终端的终端在线率、遥控成功率、遥控使用率、遥信正确率、FA 成功率等指标，可以按照月度或者日报查询，也可以按照各分区筛选统计。

图 6-36　应用指标－指标分析展示界面

3.配电自动化应用指标设备概况

打开应用指标－设备概况展示界面，如图 6-37 所示，该页面主要展示开关信息、终端信息、通道信息、配电线信息、变电站信息，可以查看终端的考核状态、配电线明细和变电站明细。

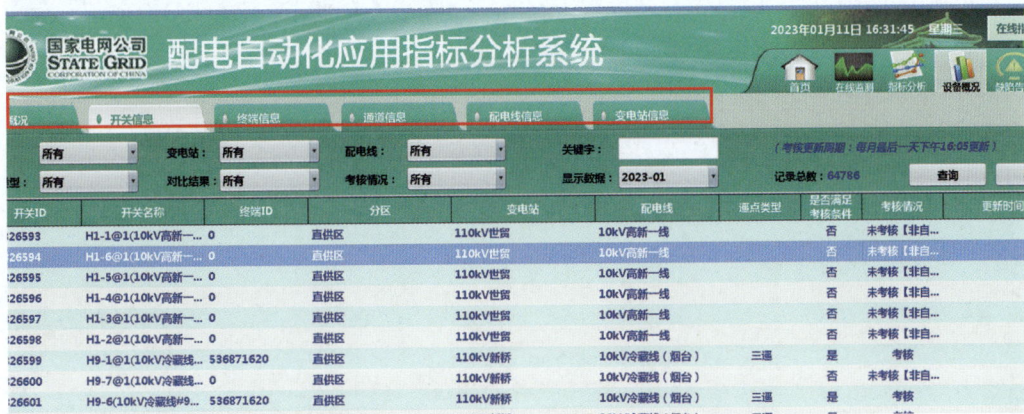

图 6-37　应用指标－设备概况展示界面

注意：部分设备考核状态是"否"时，及时查看该设备在 DAS 上的调试日期是否设置，为空或者日期大于查询时间不考核（该考核只影响应用指标数据，其他不影响），时间修改在 DAS 设备右键终端调试日期设定设置，该指标数据设备更新一月一更新，月末最后一天更新台账数据。终端调试日期设定界面如图 6–38 所示。

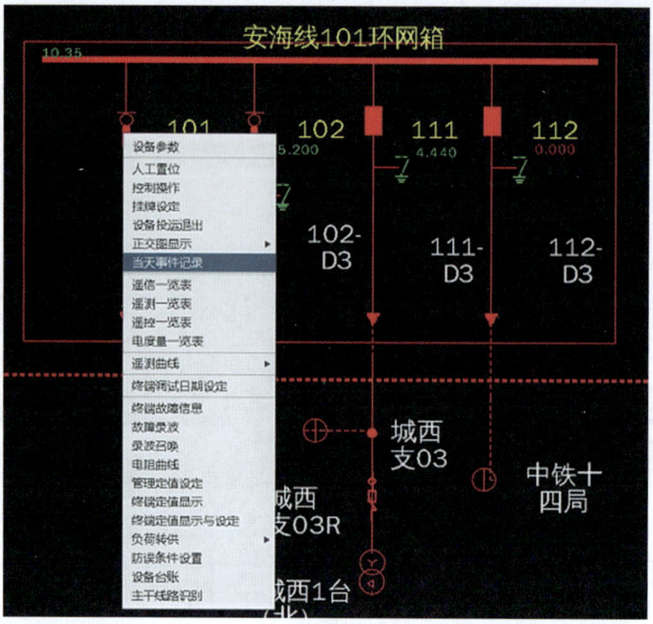

图 6–38　终端调试日期设定界面

4. 配电自动化应用指标缺陷告警

缺陷告警界面展示了指标相关的告警信息，还有开关缺陷分析、终端缺陷分、FA 缺陷分析、遥控覆盖率分析。应用指标 – 缺陷告警界面如图 6–39 所示。

图 6–39　应用指标 – 缺陷告警界面

5. 配电自动化应用指标参数设置

打开应用指标 – 参数设置界面，如图 6–40 所示，可以设置指标上送分区，考核指标指标数据，也可以设置考核标准和指标计算公式等。

图 6–40　应用指标 – 参数设置界面

注意：该界面设置针对整个系统生效，修改单台工作站后所有工作站会同步配置，请谨慎修改。

第7章 馈线自动化（FA）

馈线自动化（FA）指配电自动化系统依据现场自动化终端上送的信号，监视配电线路的运行状态，及时发现线路故障，迅速诊断出故障区域并将其隔离，恢复非故障区域的供电。馈线自动化主要采用就地、集中两种方式实现。

本章主要介绍配网区段跳闸自愈成功判定标准、FA规格、FA启动条件、FA动作策略、智能推断故障、故障处理设置等方面内容。通过本章的讲解，可对馈线自动化有一个全面的了解。

7.1 配网区段跳闸自愈成功判定标准

1. 总体原则

区段跳闸自愈成功包含以下两种定义。

定义1：线路发生区段故障后，配网三级保护未能配合，线路分段或分支开关跳闸，FA启动隔离故障区间，非故障区域部分或全部恢复供电。

定义2：线路发生区段故障后，配网三级保护能配合，线路分段或分支开关跳闸就地隔离故障，不影响其他区段正常供电。

2. 案例

某系统线路结构如图7-1所示，S1为站内开关，A1、A2为分段开关，A3、A4为大分支首端开关，B1~B4为分界开关，A5为联络开关，所有分段开关均投入跳闸功能。

（1）A1开关至A2开关间线路发生永久性故障。

1）符合定义1的自愈成功（三级保护未能配合）。S1、A1开关跳闸，S1开关重合成功，FA启动并判定故障区间，遥控分断A2开关，遥控合上A5开关，恢复A2至A5开关间线路供电，即可认定自愈成功。

2）符合定义2的自愈成功（三级保护配合）。S1开关未跳闸，A1开关跳闸隔离故障，FA启动并判定故障区间，遥控分断A2开关，遥控合上A5开关，恢复A2至A5开关间线路供电，即可认定自愈成功。

（2）A2开关至A5开关间线路发生永久性故障。

1）符合定义1的自愈成功（三级保护未能配合）。

a. S1、A1、A2开关跳闸，S1重合成功，FA启动并判定故障区间，遥控合上A1开关，恢复A1至A2开关间线路供电。

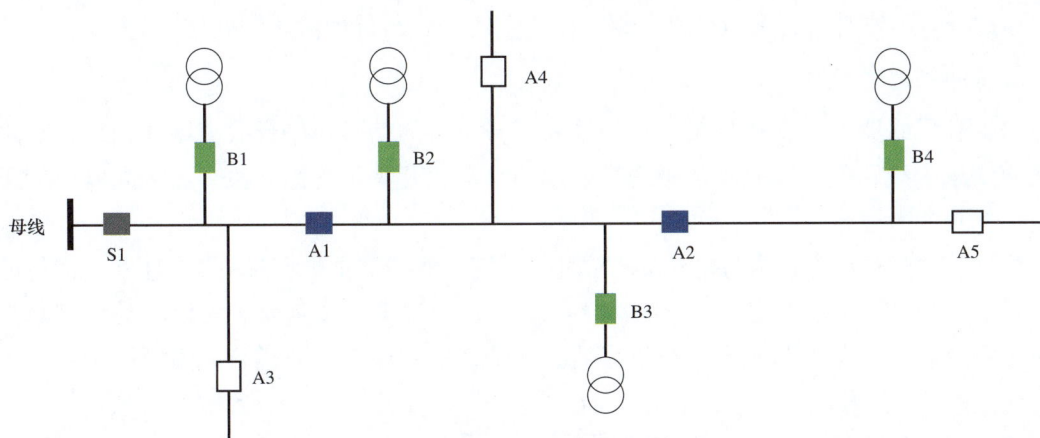

图 7-1　某系统线路结构示意图

b. A1、A2 开关跳闸，FA 启动并判定故障区间，遥控合上 A1 开关，恢复 A1 至 A2 开关间线路供电。

2）符合定义 2 的自愈成功（三级保护配合）。S1、A1 开关未跳闸，A2 开关跳闸隔离故障，FA 启动并判定故障区间，即可认定自愈成功。

（3）A3 或 A4 大分支首端开关以下线路发生永久性故障。S1 开关未跳闸，A3 或 A4 开关跳闸隔离故障，FA 启动并判定故障区间，即可认定自愈成功。

（4）用户分界 B*（B1、B2、B3、B4）开关以下线路发生永久性故障。

3. 主站 FA 配置

（1）若 A1、A2、A3、A4 开关投入跳闸功能，主站须配置为可启动 FA。

（2）用户分界开关（包括架空用户分界、环网箱用户出线）跳闸隔离故障，不要求 FA 必须启动，统计时记为自愈。

7.2　FA规格说明书

1. 故障启动

（1）变电站 10kV 出线断路器分闸且保护信号动作，或者站外带保护装置的断路器跳闸且保护信号动作（包括事故总、过电流信号、速断信号、零序保护等事故信号）。

注：若多个信号同时动作时，零序 + 过电流 / 速断同时动作时，故障类型判断为过电流 / 速断，零序 + 事故总同时动作时，故障类型判断为零序。

（2）信号配合。开关分闸和保护动作信号需要时间的配合：①先收到保护动作信号，后收到开关分闸信号时，二者时间差应在 30s（时间可设）之内；②当先收到开关分闸信号，后收到保护动作信号时，二者时间差应在 5s（时间可设）之内，超过这个时间限定将不启动事故处理程序。

（3）瞬时故障：当具备重合闸功能，重合成功时，为瞬时事故，进行事故区间的判定后，事故处理程序结束；无重合闸或重合闸失败时，进行下面阶段的处理。

2. 区间判定

（1）利用线路上自动化开关上送的故障信号（事故信号）进行故障区间判定；故障区间判定结果为线路上上送故障信号的最末端的自动化开关负荷侧区段，该区间以通信正常的自动化开关为边界。

注：若故障类型判断为过电流/速断时，系统收集线路上配有过电流/速断类信号的终端上送的过电流/速断类信号进行故障区间判定，无视零序类信号；若故障类型判断为零序时，系统收集线路上配有零序类信号的终端上送的零序类信号进行故障区间判定，无视过电流/速断类信号。

（2）区间判定时间30s（时间可设）。

3. 区间隔离

（1）区间判定结束后，根据线路是否自愈线路进行是否自愈判断，自愈需满足条件：

1）系统转供方式设置为自动转供。

2）线路属性图资侧设定为自愈线路，图资线路属性运行参数界面如图7-2所示。

3）线路故障处理模式为自动模式。

4）线路故障处理阶段设置为电源侧隔离阶段以上。

（2）自愈等待时间（时间可设）：设置该自愈等待时间t后，系统在启动自愈前，进行t时段延迟后再进行自愈；t时段内，调度员可干预是否进行自愈。

（3）自愈模式隔离操作票的编制原则是将事故区间边界所有的自动化开关都进行隔离（不包含当地状态、操作禁止、挂牌开关和用户分界开关）。

（4）隔离操作票执行时发生拒动后，进行扩大区间的隔离操作（是否扩大隔离可设）。

4. 电源侧隔离与恢复（阶段可设）

电源侧隔离与恢复阶段，设置该阶段只进行电源侧隔离与恢复。

5. 负荷侧隔离与恢复供电（阶段可设）

负荷侧隔离与恢复供电阶段，进入负荷转供流程进行负荷计算，生成操作策略进行负荷转供。

执行转供策略时，发生开关拒动，选择其他路径进行负荷转供（转供失败后是否选择其他路径继续转供可设）。

负荷转供计算中检查条件：考虑变压器预备力、配电线预备力、线路开关最大允许通过电流、线路最大允许电压降、区间最大允许通过电流、环网状态、变压器配电线实时电流采集是否正常，待操作开关在线状态（无应答、当地状态、挂牌、操作禁止）等。

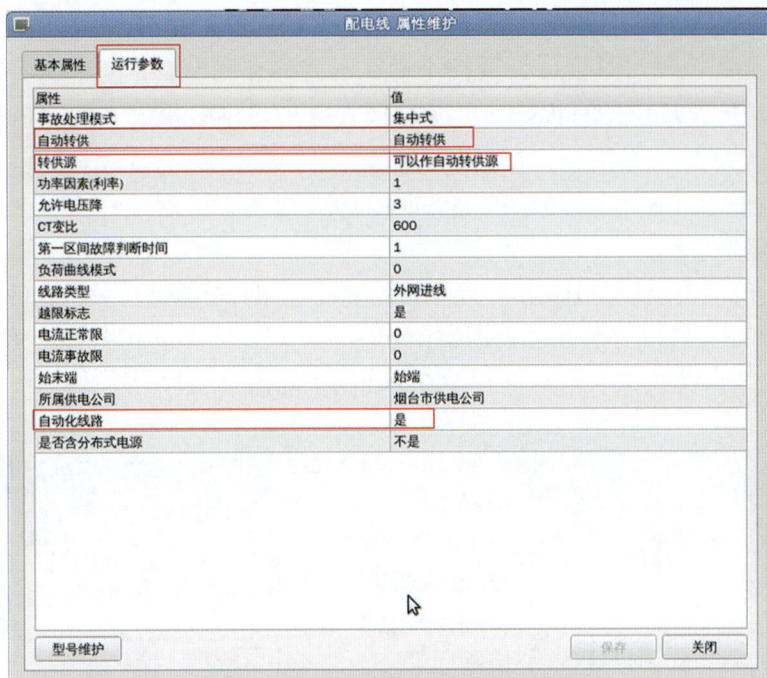

图 7-2　图资线路属性运行参数界面

6. 上下游隔离与恢复供电（阶段可设）

上下游隔离与恢复供电阶段：电源侧和负荷侧同时进行自愈，互相不干扰。

7.3　FA 启动条件作业指导

（1）变电站 10kV 出线开关分闸且事故信号动作，或者站外带保护装置的断路器开关跳闸且事故信号动作，同时两者的时间要在规定的范围内，超过这个时间限定将不启动事故处理程序。

（2）线路拓扑必须是带电状态，失电状态下即使满足条件 1 也不启动 FA。

（3）合环运行的情况下不启动 FA。

（4）开关挂检修牌、操作禁止牌、接地牌、保持分牌、保持合牌、故障牌、危险牌、警告牌、试验牌时，不启动 FA。

（5）母线挂试验牌，该母线所带开关无法启动 FA。

（6）带有小车的变电站出线开关，小车处于试验位置无法启动 FA。

7.4　FA 动作策略作业说明书

（1）FA 启动前已经失电的区间，FA 不会进行该区间的恢复送电。可通过 COS/SOE 报表，结合线路图查看分析跳闸时刻线路的带电状态。

（2）FA隔离和恢复时只会遥控遥控手柄在远方的在线设备，如果没有按理想状态隔离转供，需要检查当时开关的状态，可通过报表中COS/SOE报表查询分析跳闸时终端的状态。

（3）设备挂牌会影响FA的区间判断和隔离恢复过程，可通过COS/SOE报表查询分析跳闸时终端的挂牌情况。

（4）FA分析时，可借鉴故障分析报告和转供策略分析功能进行分析。故障分析报告会显示跳闸时线路所有智能开关的关键遥信的状态、跳闸时线路的状态等重要信息。故障分析报告在故障列表故障件名右键可打开查看，如图7-3所示。

743	2023/01/10(二) 14:57:10	龙口110kV徐福 10kV港崃线	过流	10kV港崃线98ZD	[永久故障][集中型]	分段 10kV港崃线98ZD
744	2023/01/10(二) 15:49:32	招远110kV珑 10kV珑河线		珑河线小李 1-24F开关	[永久故障][集中型]	分支 10kV珑河线小李家支21-01F开关
745	2023/01/11(三) 07:20:29	龙口110kV 10kV下丁线		下丁线32-	[瞬时故障][集中型]	分支 10kV下丁线32-16ZF开关
746	2023/01/11(三) 07:23:05	牟平35kV姜 10kV上庄线		(智能)	[永久故障][集中型]	分支 10kV上庄线68-42DF（智能）

右键菜单：故障定位 / 故障处理程序 / 故障关联信息 / 故障详细记录 / 删除记录 / 故障分析报告（打开、同步）/ 故障上游定位 / 故障下游定位 / 故障区间定位

图7-3　打开故障分析报告菜单

（5）FA转供恢复时，若所需遥控的间隔接地开关在合位，FA将不会遥控此开关。接地开关状态界面如图7-4所示。

（6）FA进行故障隔离恢复时，不遥控看门狗类型的开关。

（7）图实不一致会影响FA对于故障区间的判断和故障恢复。

（8）终端缺陷会影响FA的处理，例如漏送遥信会影响故障区间的判断。

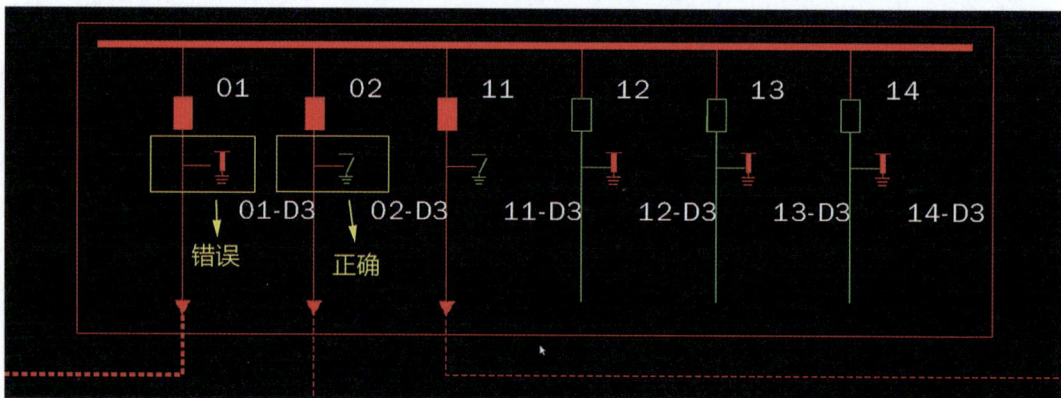

图7-4　接地开关状态界面

164

7.5　FA 未启动问题排查作业指导（智能推断故障）

（1）线路环网运行时不启动 FA，会在智能推断故障列表中显示，可在配网监视菜单下的合环监视查看当前处于合环运行的线路。打开合环监视菜单如图 7-5 所示。

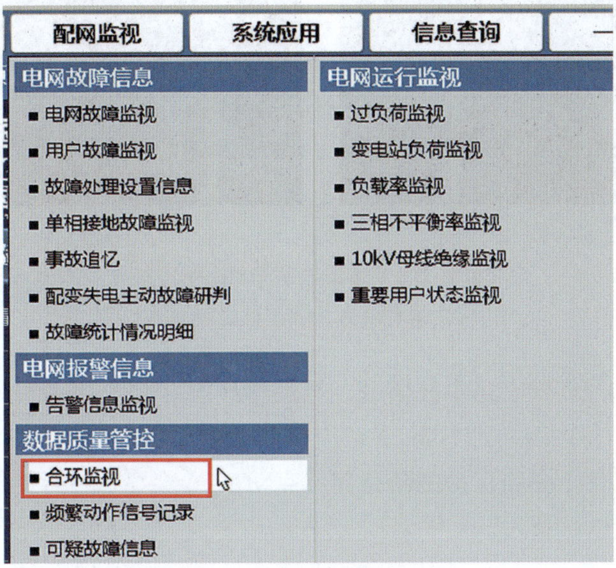

图 7-5　打开合环监视菜单

（2）终端挂牌时不启动 FA，会在智能推断故障列表中显示，可在系统应用菜单下的挂牌信息中查看当前挂牌的设备明细。打开挂牌信息菜单如图 7-6 所示。

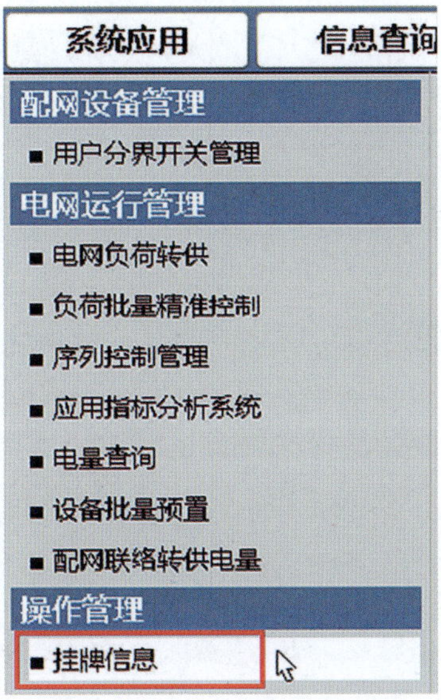

图 7-6　打开挂牌信息菜单

（3）出线开关小车不是运行状态时跳闸不启动FA，会显示在智能推断故障列表中。变电站内手车状态如图7-7所示。

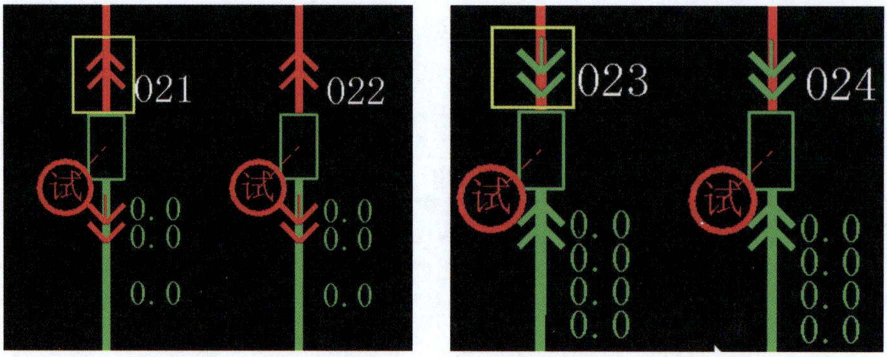

图7-7 变电站内手车状态示意图

（a）运行状态；（b）非运行状态

（4）线路上有多个终端上送事故信号，但是没有开关跳闸，不启动FA，会显示在智能推断故障列表中。

（5）跳闸开关属性不是带保护的断路器不启动FA，会显示在智能推断故障列表中。开关属性配置界面如图7-8所示。

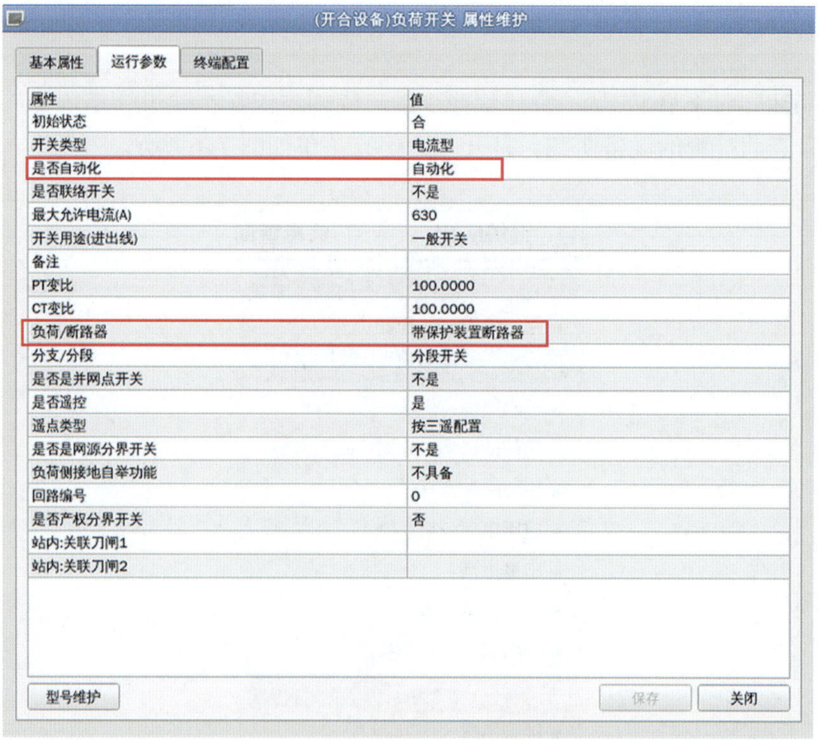

图7-8 开关属性配置界面

（6）设备的跳闸时间和事故信号时间的差值大于设定值，不启动 FA，会显示在智能推断故障列表中。故障判定时间设置界面如图 7-9 所示。

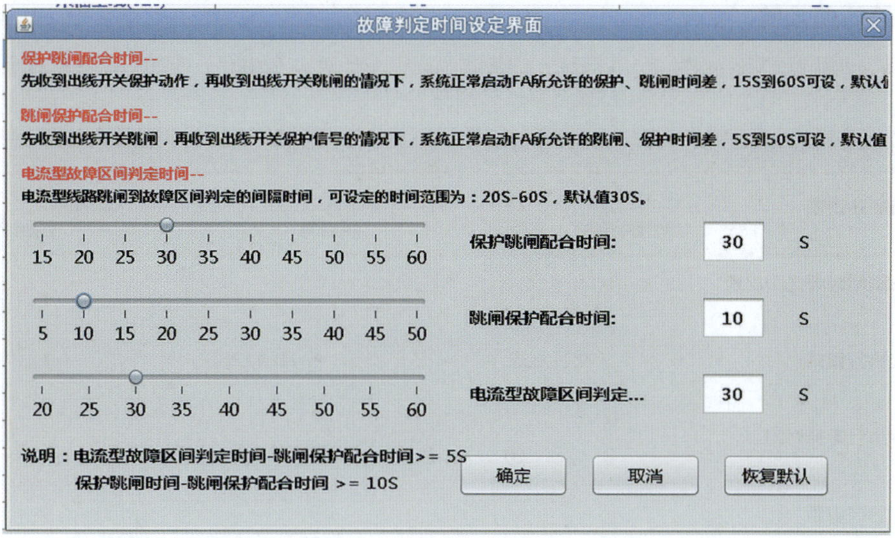

图 7-9　故障判定时间设置界面

7.6　故障处理设置作业指导

故障设置的打开查看方式：点击"配网监视"→"故障处理设置信息"。打开故障处理设置信息菜单如图 7-10 所示。

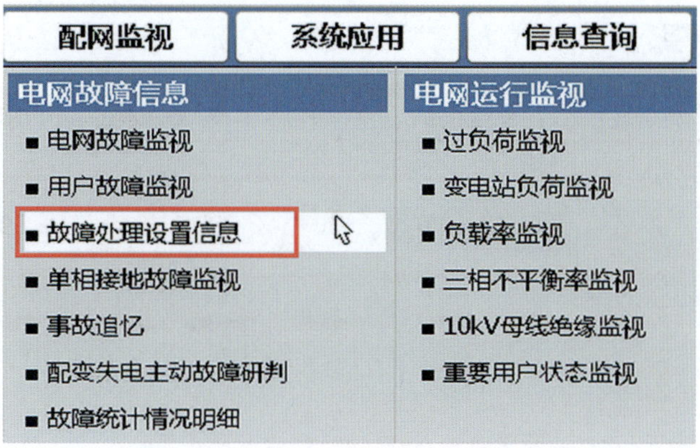

图 7-10　打开故障处理设置信息菜单

目前，县级供电公司只具备查看权限不具备修改权限，如有修改需要联系市级供电公司。

7.6.1 故障处理方式设定

1. 线路启动设置

线路启动设置界面如图 7-11 所示,默认选择"跳闸 + 保护",其他选项不适用于烟台。

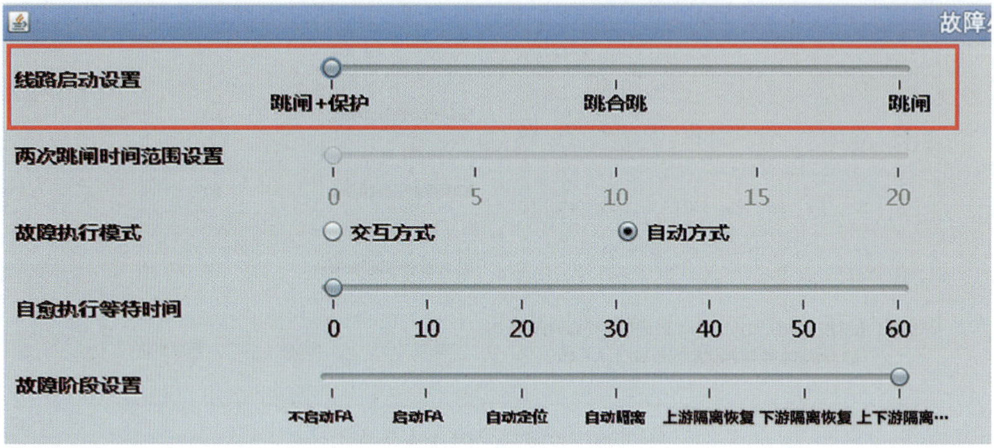

图 7-11 线路启动设置界面

2. 故障执行模式

故障执行模式设置界面如图 7-12 所示,默认选择自动方式,交互方式为手动模式。

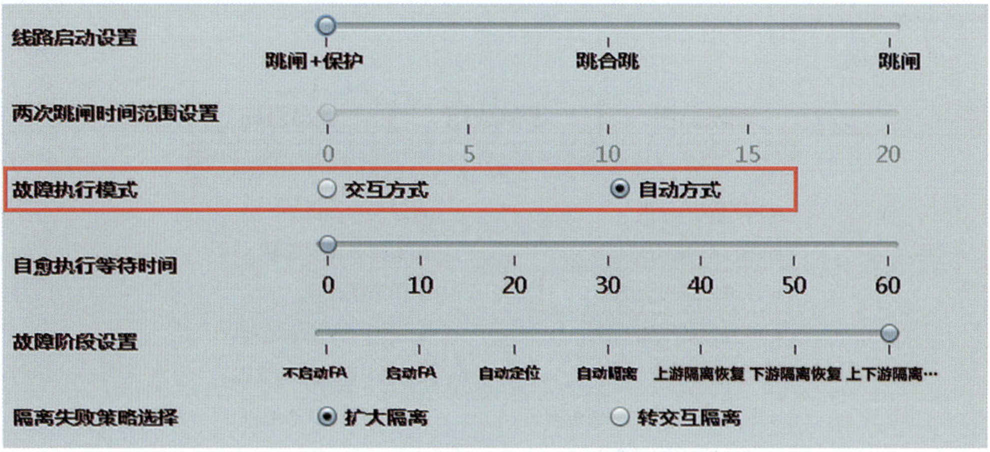

图 7-12 故障执行模式设置界面

3. 自愈执行等待时间

自愈执行等待时间设置界面如图 7-13 所示,该项为判断故障区间后执行自愈的等待时间,默认设置 0s。

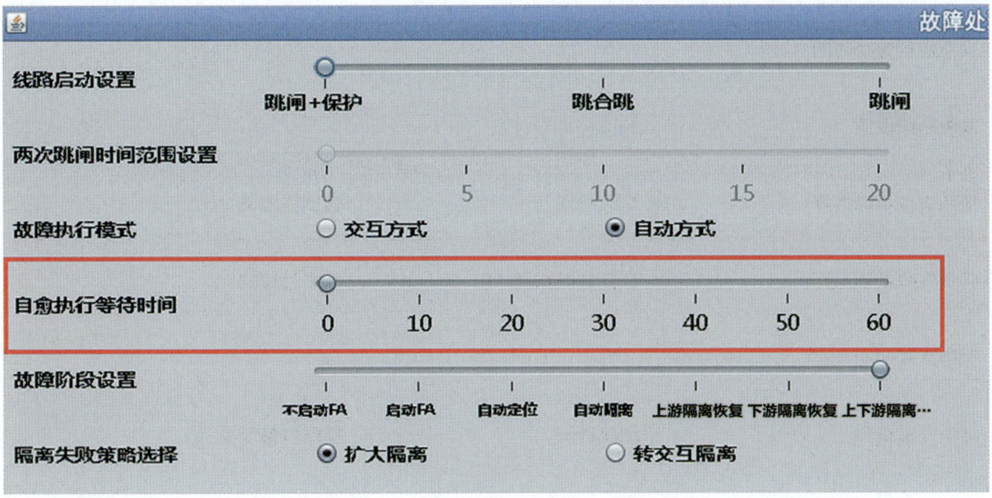

图 7-13　自愈执行等待时间设置界面

4. 故障阶段设置

故障阶段设置界面如图 7-14 所示。默认设置为"上下游隔离恢复",配置为其他选项时电科院定义线路自愈模式为半自动模式。现场有工作需要停自愈时可挂"自愈退出"牌,FA 回到自动定位阶段。

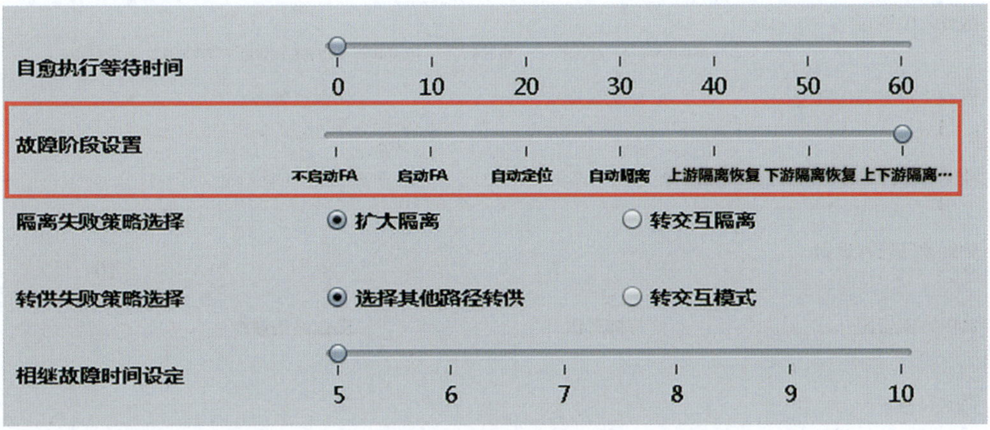

图 7-14　故障阶段设置界面

5. 隔离失败策略选择

隔离失败策略选择设置界面如图 7-15 所示。"扩大隔离"是指在第一次隔离失败后,若存在可扩大隔离范围的情况,系统扩大隔离范围;"转交互隔离"是指人工介入操作。默认选择"扩大隔离"。

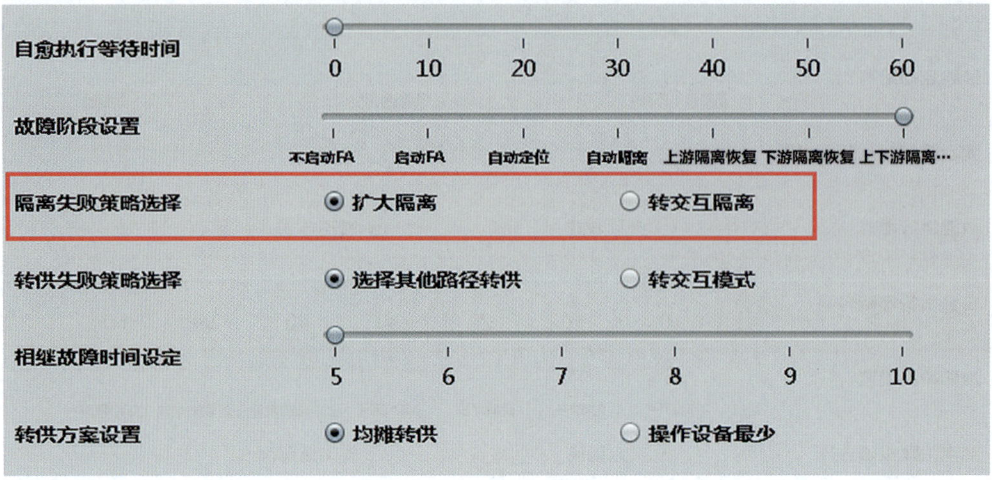

图 7-15　隔离失败策略选择设置界面

6. 转供失败策略选择

转供失败策略选择设置界面如图 7-16 所示。"选择其他路径转供"是指第一次转供失败后，如果存在其他可用转供路径的情况，再次进行转供；"转交互隔离"是指人工介入操作。默认选择"选择其他路径转供"。

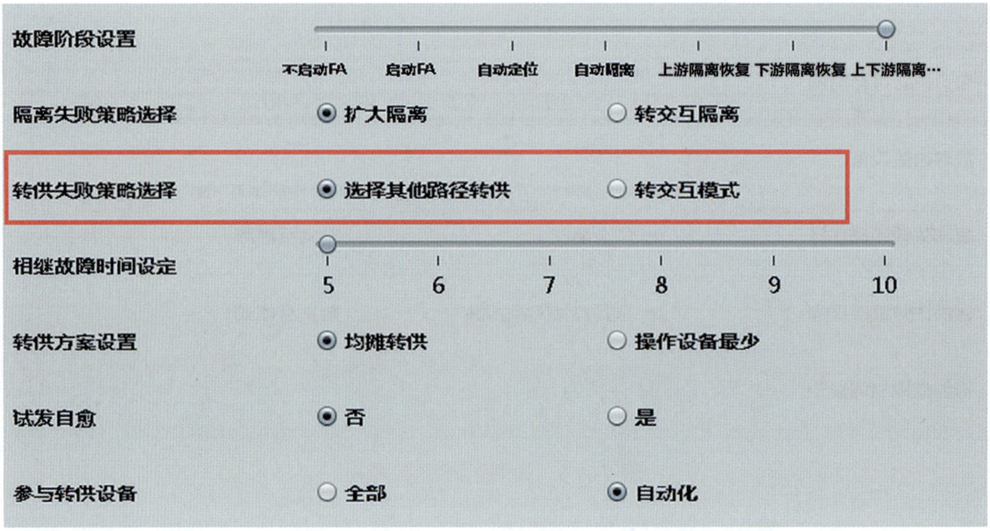

图 7-16　转供失败策略选择设置界面

7. 相继故障时间设定

相继故障时间设定界面如图 7-17 所示。相继故障时间若设置为 5，则表示同一条线路在故障区间已解除且故障件名未结束的情况下，5min 内发生的故障判为相继故障。故障区间未解除且故障件名未结束时，无论间隔多久再次跳闸仍是相继故障。故障件名结束后，即使 5min 内再次跳闸也不是相继故障。

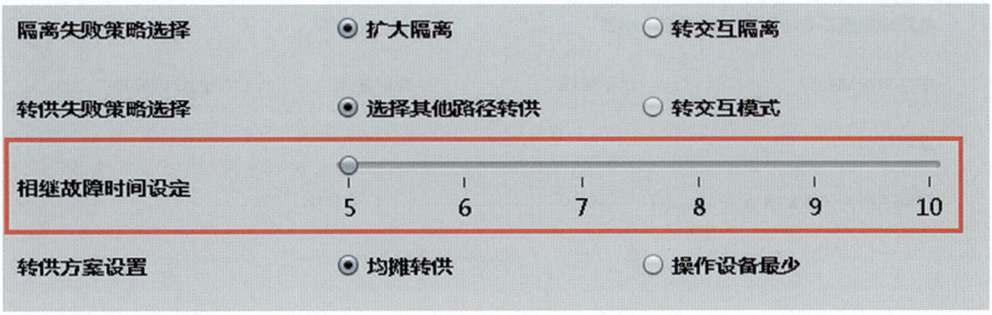

图 7-17　相继故障时间设定界面

8. 转供方案设置

转供方案设置界面如图 7-18 所示。"均摊转供"是指在存在多个联络线路的情况下，系统会将非故障区间转供至多个联络线路；"操作设备最少"是指系统会选择操作最少数量的设备即可恢复非故障区间的联络线路进行故障恢复。

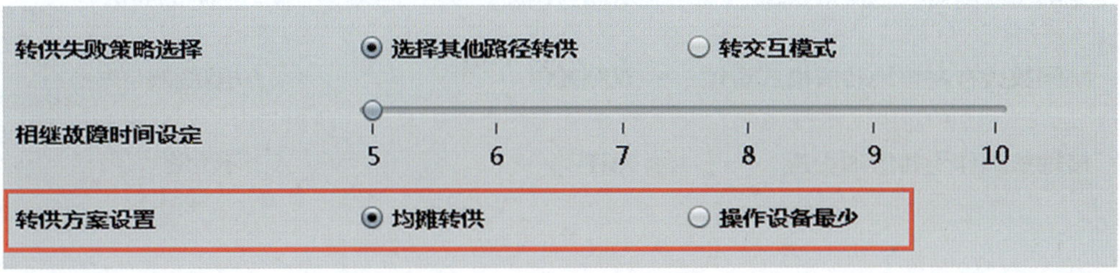

图 7-18　转供方案设置界面

9. 参与转供设备

参与转供设备设置界面如图 7-19 所示。"全部"是指需要人为现场操作非智能开关，主站进行人工置位的方式进行故障隔离恢复；"自动化"是指系统遥控智能设备，无须人工操作。默认选择"自动化"。

图 7-19　参与转供设备设置界面

10. 转供负荷设置

转供负荷设置界面如图 7-20 所示。"实时负荷"是指故障发生时刻线路负荷；"趋势负荷"是指系统根据线路前几日负荷计算预测未来一段时间的负荷。默认选择"实时负荷"。

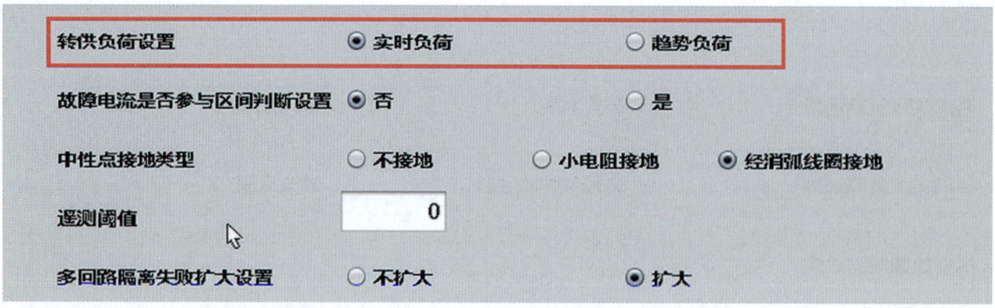

图 7-20 转供负荷设置界面

11. 多回路隔离失败扩大设置

多回路隔离失败扩大设置界面如图 7-21 所示。"扩大"是指一个环网柜在隔离遥控失败后，扩大隔离时跳过该环网柜的其他开关设备，寻找上级设备进行扩大隔离。

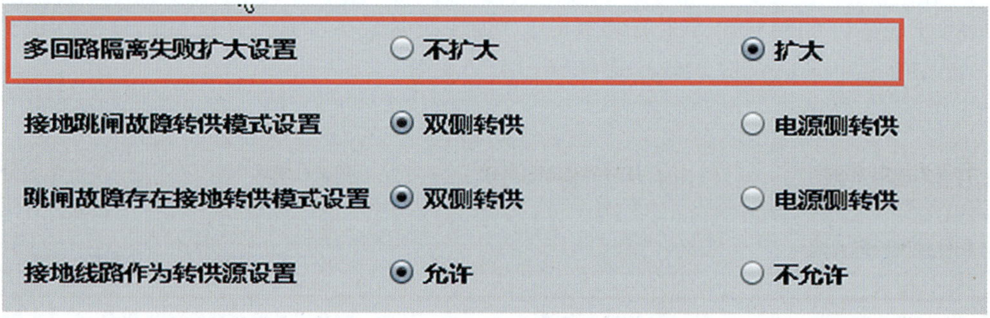

图 7-21 多回路隔离失败扩大设置界面

12. 接地跳闸故障转供模式设置

接地跳闸故障转供模式设置界面如图 7-22 所示。发生接地跳闸故障时，非故障区间恢复模式。"双侧转供"是指电源侧和负荷侧均恢复；"电源侧转供"是指只恢复电源侧。默认选择"双侧转供"。

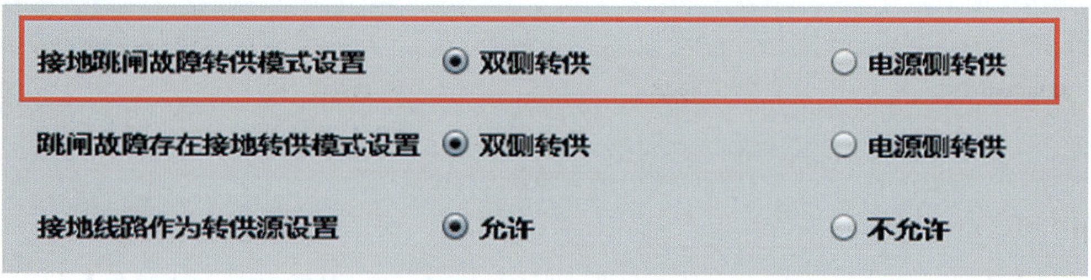

图 7-22 接地跳闸故障转供模式设置界面

13. 跳闸故障存在接地转供模式设置

跳闸故障存在接地转供模式设置界面如图 7-23 所示。发生跳闸故障时，同时本线路存在单相接地时，非故障区间恢复模式。"双侧转供"是指电源侧和负荷侧均恢复；"电源侧转供"是指只恢复电源侧。默认选择"双侧转供"。

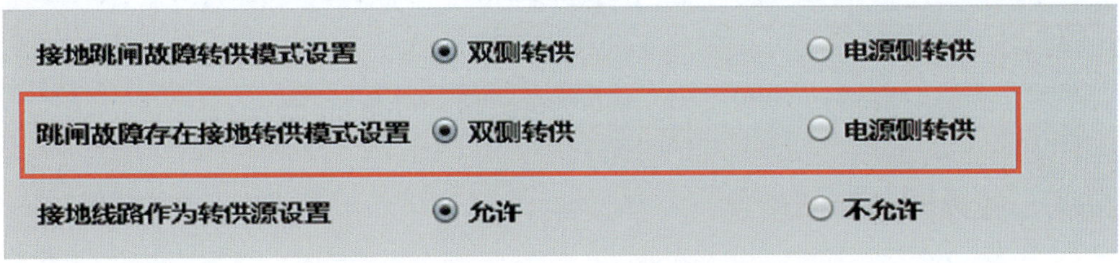

图 7-23　跳闸故障存在接地转供模式设置界面

14. 接地线路作为转供源设置

接地线路作为转供源设置是在线路跳闸时，若联络线路侧发生单相接地故障，设置是否允许该接地线路作为跳闸线路的转供源，默认为"允许"。接地线路作为转供源设置界面如图 7-24 所示。

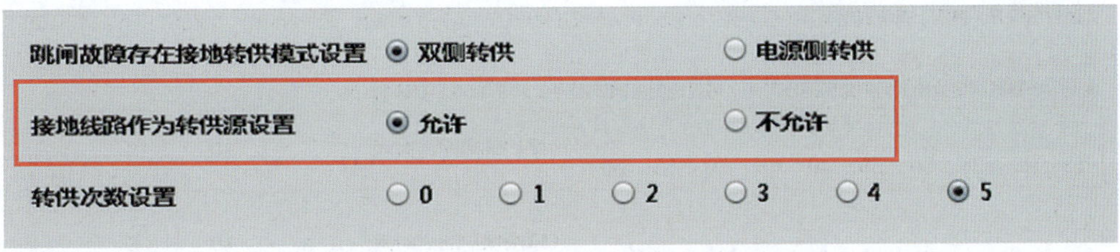

图 7-24　接地线路作为转供源设置界面

15. 转供次数设置

转供次数设置是指在存在多个联络线路时，设置系统进行隔离恢复的最大次数，默认选择"5"。转供次数设置界面如图 7-25 所示。

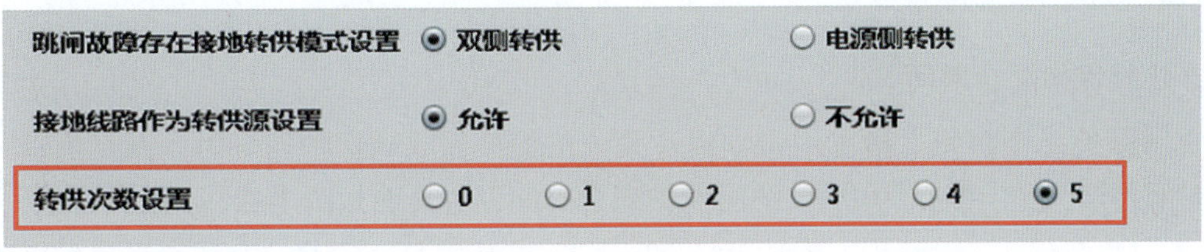

图 7-25　转供次数设置界面

16. 优先调图类型

优先调图类型是指 FA 推图时调用的单线图类型，默认选择"PMS 原图"。优先调图类型设置界面如图 7-26 所示。

图 7-26　优先调图类型设置界面

7.6.2　故障判断时间设定

1. 保护跳闸配合时间

保护跳闸配合时间是指主站先收到保护信号后收到开关分位信号时，满足启动 FA 的两者时间差最大值，默认为 30s。保护跳闸配合时间设置界面如图 7-27 所示。

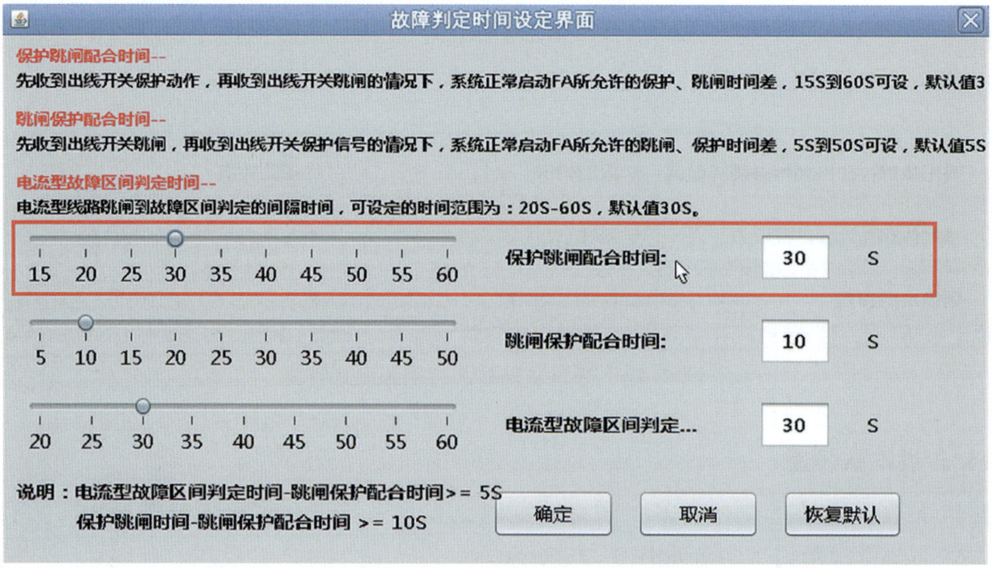

图 7-27　保护跳闸配合时间设置界面

2. 跳闸保护配合时间

跳闸保护配合时间是指主站先收到开关分位信号后收到保护信号时，满足启动 FA 的两者时间差最大值，默认为 10s。跳闸保护配合时间设置界面如图 7-28 所示。

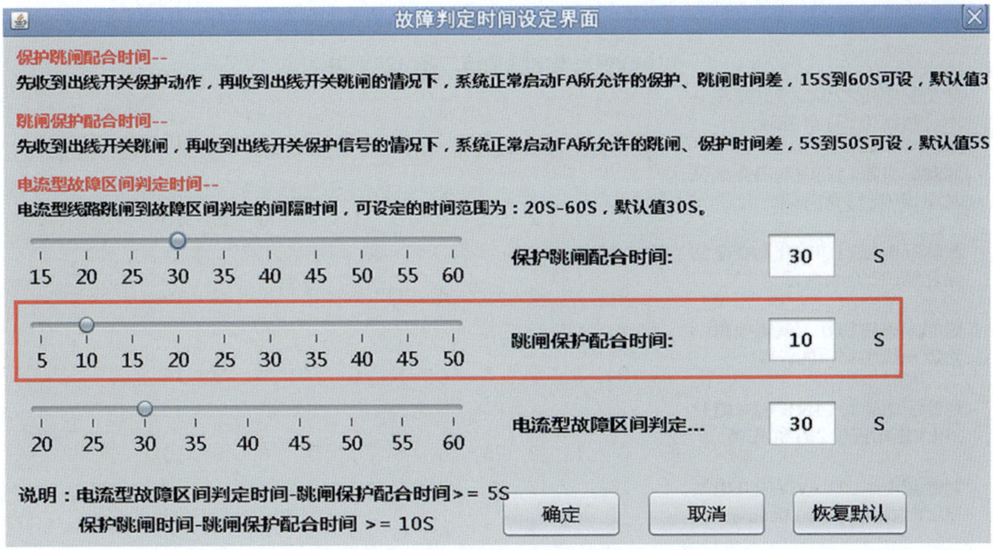

图 7-28　跳闸保护配合时间设置界面

3. 电流型故障区间判断时间

电流型故障区间判断时间是指电流型线路故障跳闸到故障区间判定的间隔时间，默认为 30s。电流型故障区间判断时间设置界面如图 7-29 所示。

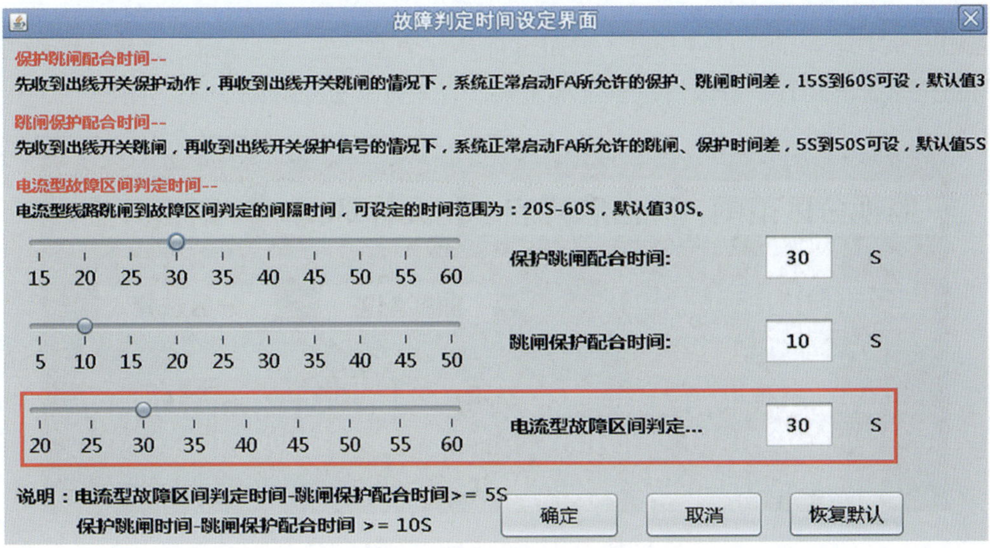

图 7-29　电流型故障区间判断时间设置界面

7.6.3　故障线路优先级设定

故障线路优先级设定是对线路存在的所有联络线路设置转供优先级，数值越大优先级越高，设置为"0"表示不使用此线路进行转供。故障线路优先级设定界面如图 7-30 所示。

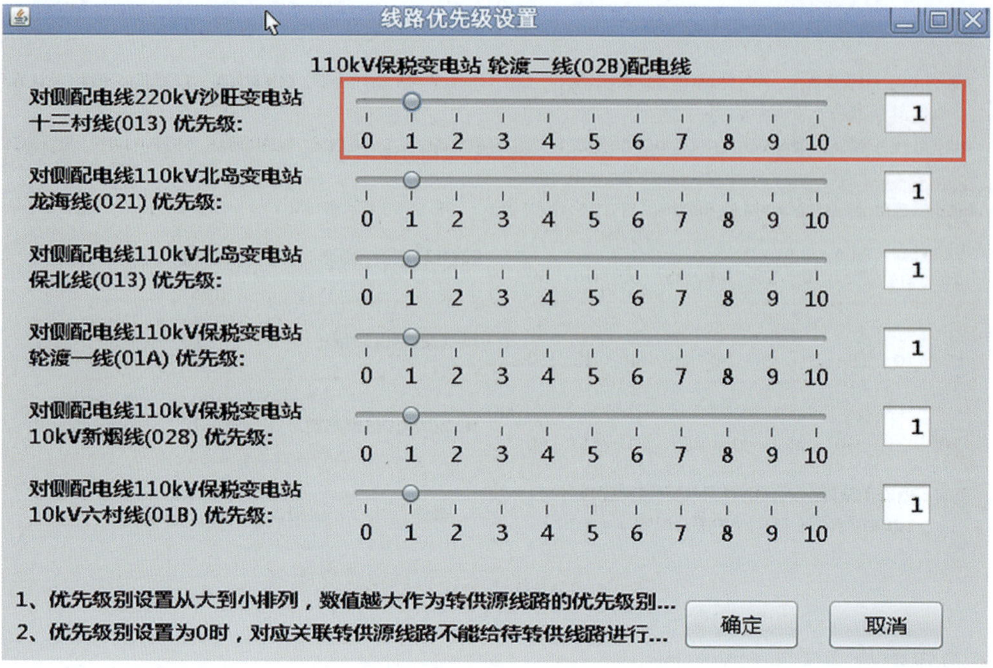

图 7-30　故障线路优先级设定界面

7.6.4　其他 FA 相关配置

点击首页右上角的"自愈开启"按钮可打开一个独立的设置界面。该界面的设置全部都是针对全系统的配置，修改后市县全部生效。设置打开方式如图 7-31 所示。

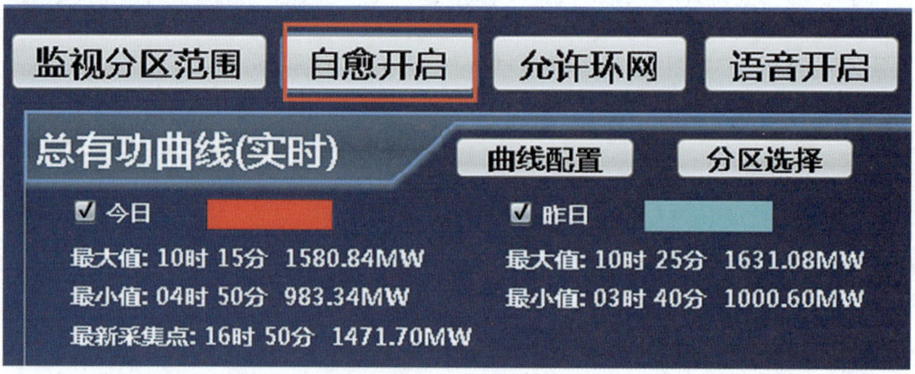

图 7-31　设置打开方式

1. 转供方式

转供方式是系统总的转供方式，修改后全系统的转供方式都将改变。系统转供方式设置界面如图 7-32 所示。

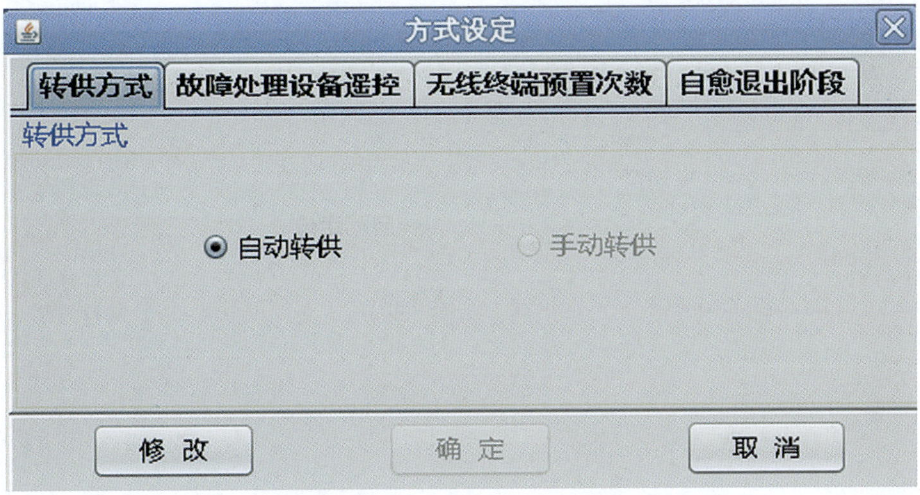

图 7-32　系统转供方式设置界面

2. 故障处理设备遥控重试次数设置

故障处理设备遥控重试次数设置是对故障处理时遥控失败后重试次数的设定。故障处理设备遥控重试次数设置界面如图 7-33 所示。

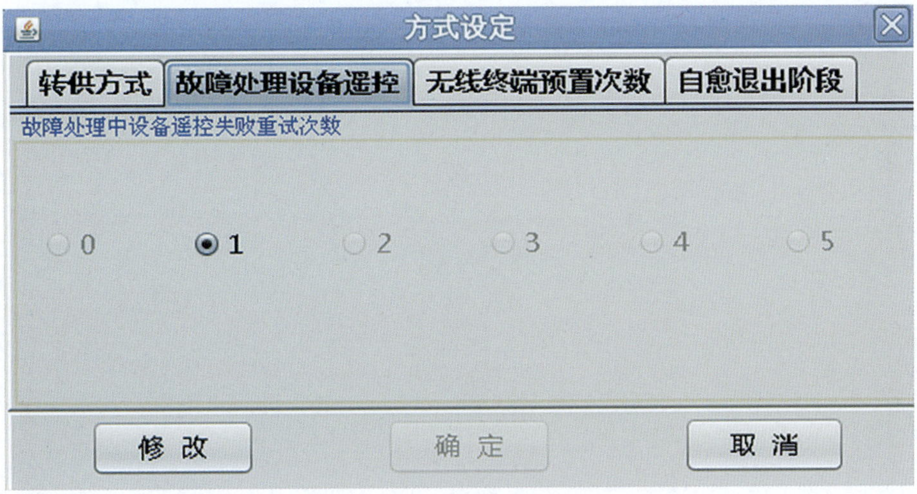

图 7-33　故障处理设备遥控重试次数设置界面

3. 自愈退出阶段设置

自愈退出阶段设置是对挂"自愈退出"牌的线路 FA 的执行阶段的设定。自愈退出阶段设置界面如图 7-34 所示。

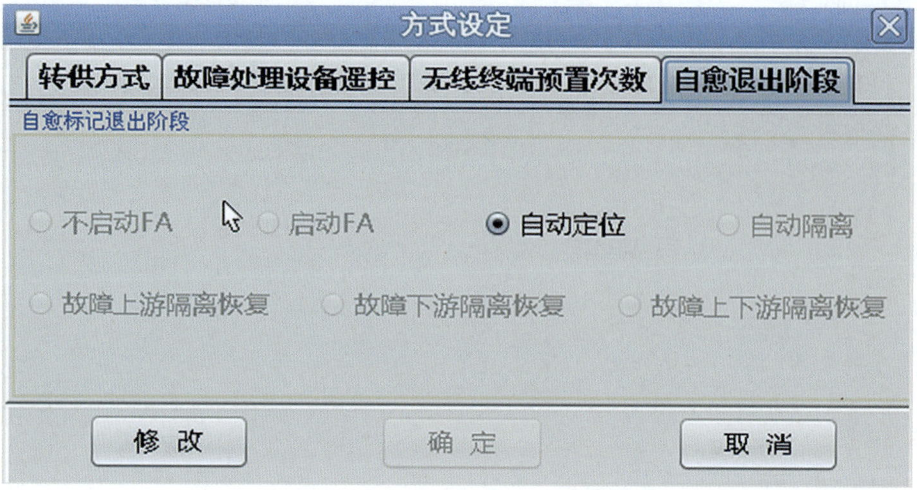

图 7-34　自愈退出阶段设置界面

第8章 配电自动化大Ⅳ区功能应用

配电自动化大Ⅳ区应用同配电自动化系统有明显区别，现有的配电自动化系统部署于Ⅰ区用于调控操作，配电自动化大Ⅳ区业务部署于OA办公Ⅳ区网络。

配电自动化系统Ⅳ区功能主要面对经常使用配电自动化系统功能但无Ⅰ区网络的运检类和各班组办公场所，方便对配电自动化系统进行线路图形查看、设备规模台账查看导出、指标数据考核、故障分析等。

各班组成员根据需求登录各班组账号，可以选择记住密码和自动登录，方便下次登录使用。系统登录后可查看各账号权限下的设备和线路。

8.1 配电自动化系统Ⅳ区首页介绍

8.1.1 首页介绍

配电自动化系统Ⅳ区首页全貌如图8-1所示，图中从左到右、从上而下分别为设备规模、故障监视、实用化指标、网架指标、运行监视、终端监视、故障统计、异常与缺陷。中间位置有地图，支持按地图分区展示首页各项统计数据。

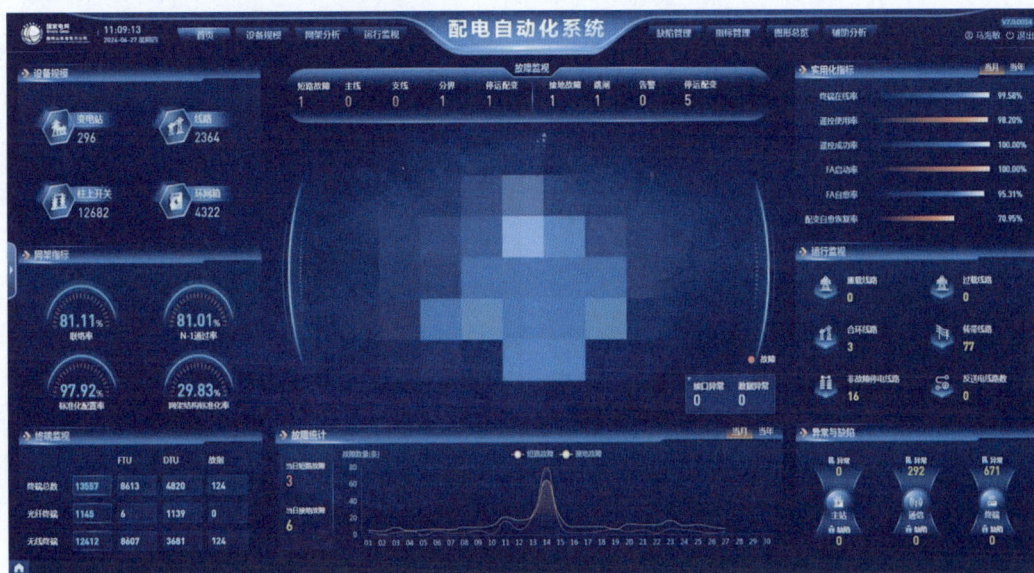

图8-1 配电自动化系统Ⅳ区首页全貌

179

1. 设备规模

该部分展示所选单位变电站、线路、柱上开关、环网箱数量，单击数字可查看明细。

2. 故障监视

该部分展示所选单位当日短路故障和接地故障的数量以及分类统计主线、支线、分界、停运配变、接地跳闸、告警和接地停运配变数量，单击数字可查看明细。

3. 实用化指标

该部分展示所选单位当月和当年的终端在线率、遥控使用率、遥控成功率、FA 启动率、FA 自愈率、配变自愈恢复率情况，单击数字可查看明细。实用化指标展示界面如图 8-2 所示。

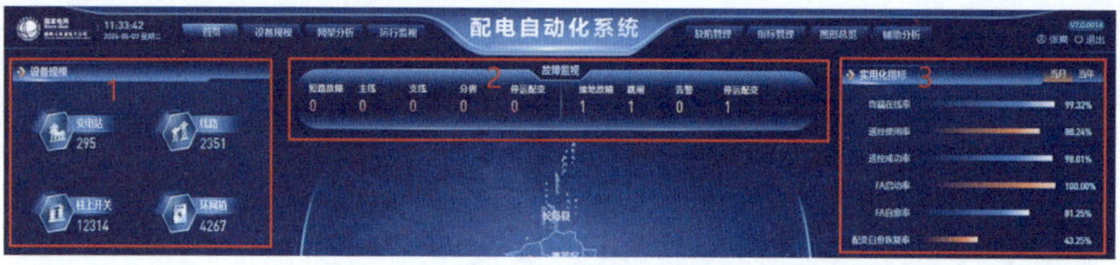

图 8-2　实用化指标展示界面

4. 网架指标

该部分展示所选单位的联络率、"N-1"通过率、标准化配置率、网架结构标准化率情况，单击数字可查看明细。

5. 运行监视

该部分展示所选单位的重载线路、过载线路、合环线路、转带线路、非故障停电线路、反送电线路数量，单击数字可查看明细。网架指标及运行监视展示界面如图 8-3 所示。

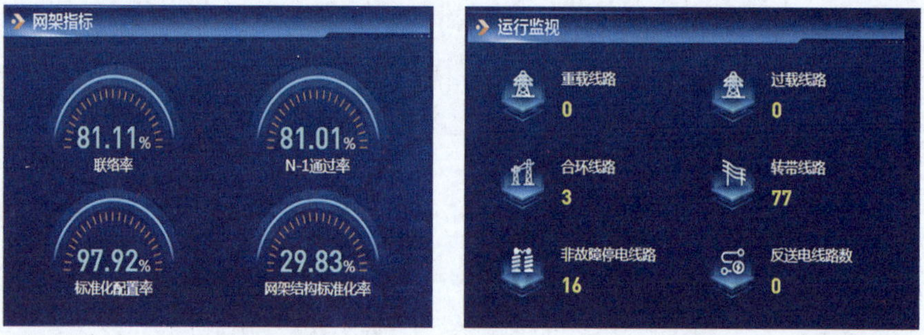

（a）网架指标　　　　　　　　（b）运行监视

图 8-3　网架指标及运行监视展示界面

6. 终端监视

该部分展示所选单位终端数量情况。分别展示终端总数、光纤终端数量、无线终端数量，同时按 FTU、DTU、故指分类统计数量，单击数字可查看明细。

7. 故障统计

该部分分别按当月和当年统计展示所选单位的故障情况。选择当月时展示当日故障情况和月内每日跳闸数量曲线图，选择当年时展示当月故障情况和年度内每月跳闸数量曲线图，单击数字可查看明细。

8. 异常与缺陷

该部分分别从主站、通信、终端三个角度统计所选单位的异常和缺陷的数量情况，单击数字可查看明细。异常与缺陷展示界面如图 8-4 所示。

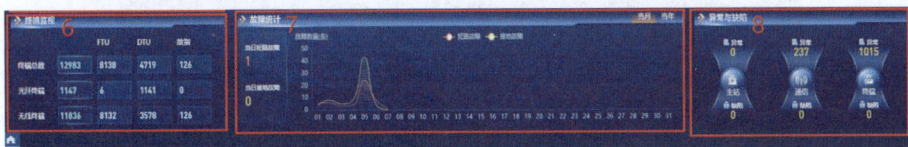

图 8-4 异常与缺陷展示界面

8.1.2 设备规模介绍

设备规模页主要为首页的设备规模模块做了更详细的分类统计，主要分设备规模、柱上开关、环网箱三个维度分类统计。设备规模页面全貌如图 8-5 所示。

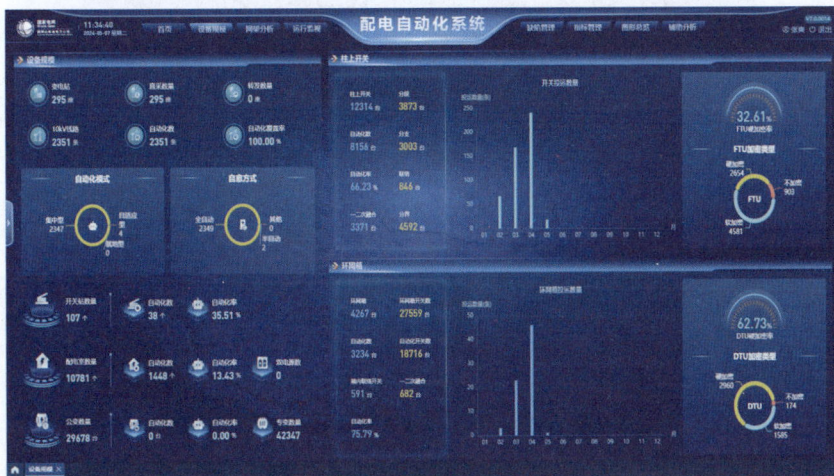

图 8-5 设备规模页面全貌

1. 设备规模

该部分详细分类统计各类设备的数量。

（1）变电站统计：变电站总数量、直采变电站数量、转发变电站数量。

（2）线路统计：线路总数、自动化线路数量、自动化覆盖率。

（3）FA 统计：FA 模式统计、FA 自愈方式统计。

（4）开关站统计：开关站总数、自动化开关站数量、开关站自动化率。

（5）配电室统计：配电室总数、自动化配电室数量、配电室自动化率、双电源配电室数量。

（6）配变统计：公变总数、自动化公变数量、公变自动化率、专变数量。

总体设备规模展示界面如图 8-6 所示。

图 8-6　总体设备规模展示界面

2. 柱上开关

该部分从多个维度分类统计柱上开关数据：柱上开关总数，自动化柱上开关数量，柱上开关自动化率，一、二次融合柱上开关数量；柱上开关中分段、分支、联络、分界各自的数量；每个月柱上开关的投运柱状图；FTU 硬加密率和硬加密、软加密以及不加密的数量。柱上开关统计展示界面如图 8-7 所示。

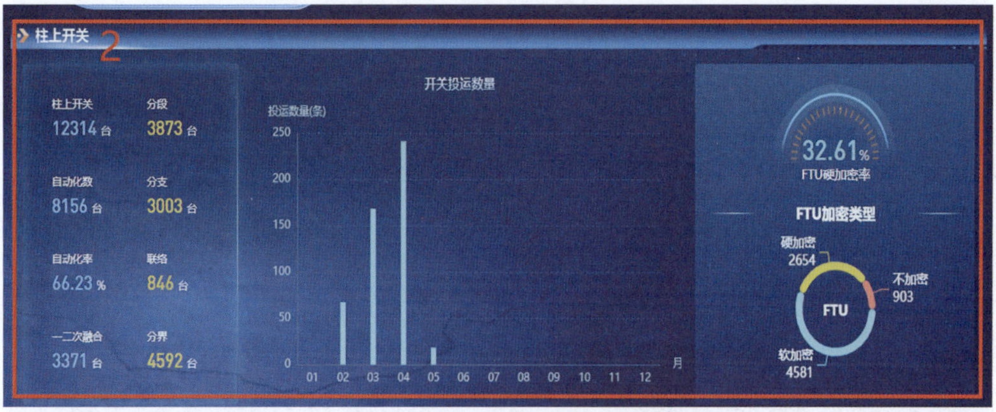

图 8-7　柱上开关统计展示界面

3. 环网箱

该部分从多个维度分类统计环网箱数据。环网箱总数、自动化环网箱数量、箱内联络开关数量、环网箱自动化率；环网箱内开关总数，环网箱内自动化开关数量，一、二次融合环网箱数量；统计每个月环网箱的投运柱状图；DTU 硬加密率和硬加密、软加密以及不加密的数量，如图 8-8 所示。

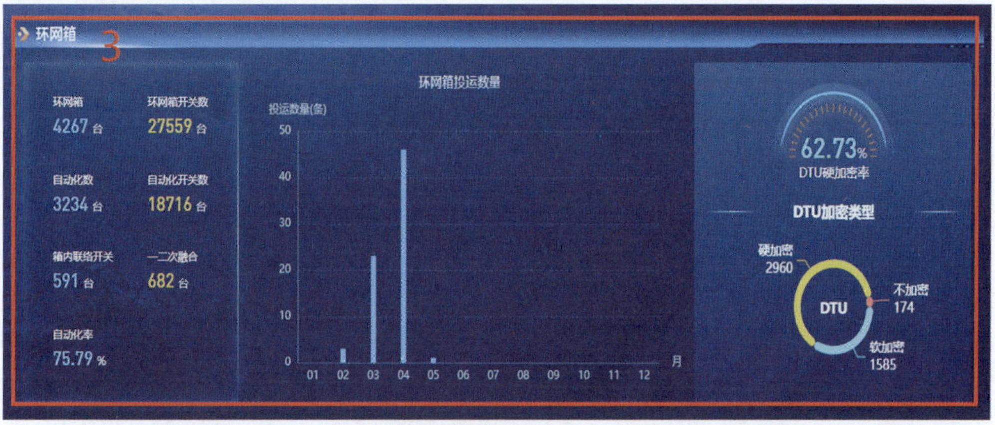

图 8-8　环网箱统计展示界面

8.1.3　网架分析

配电自动化Ⅳ区网架分析主要展示 7 个功能：网架结构标准化率、标准化配置率、联络率 "N-1" 通过率、线路分段情况、短路多级保护、接地多级保护、多级保护覆盖率。配电自动化系统网架分析展示界面如图 8-9 所示。

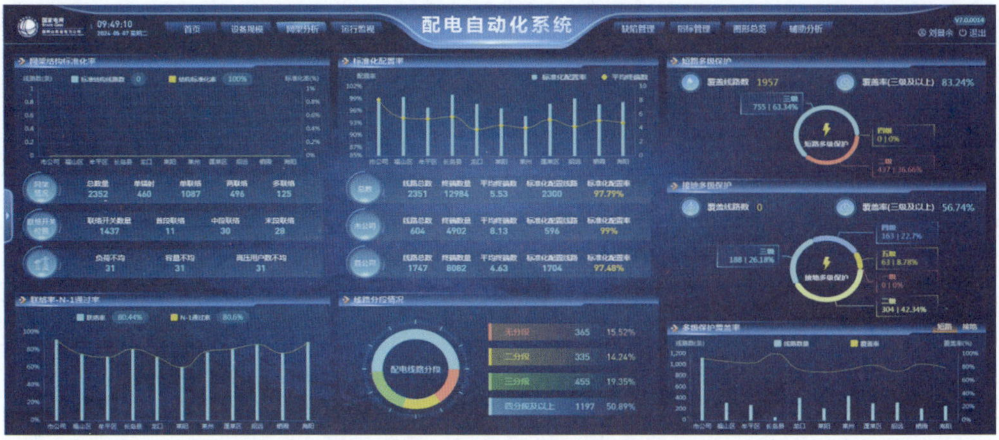

图 8-9　配电自动化系统网架分析展示界面

1. 网架结构标准化率

该部分统计展示配电自动系统在运分区内所有标准化结构线路数（柱状图）和结构标准化率（曲线），并按照配电单位展示各配电单位标准化结构线路数和结构标准化率。网架结构标准化率展示界面如图 8-10 所示，下方分别展示网架情况、联络开关位置数量统计情况；以网架情况为例，包含总数量、单辐射、单联络、两联络、多联络，点击"总数量"下方数字可以展示各单位数量。

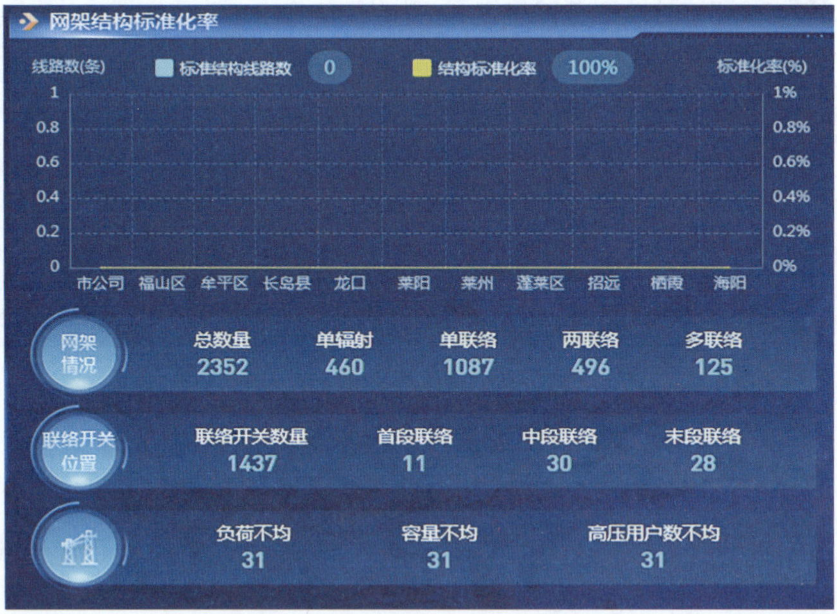

图 8-10　网架结构标准化率展示界面

网架情况 – 总数量展示界面如图 8-11 所示，图中上方展示总数，下方按照柱状图展示各单位网架情况 – 总数量。

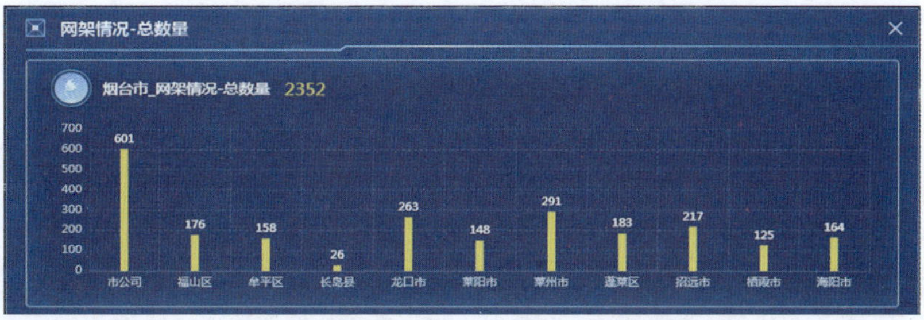

图 8-11　网架情况 – 总数量展示界面

点击各单位柱状图上方数字可以展示详细数据，详细数据展示界面如图 8-12 所示。

图 8-12　网架情况 – 总数量 – 详细数据展示界面

2. 标准化配置率

该部分统计展示配电自动系统在运分区内所有标准化配置（柱状图）和平均终端数（曲线）。下方为数量统计情况，分别展示总数、市公司、县公司的线路总数、终端数量、平均终端数、标准化配置线路、标准化配置率。以终端数量为例，统计数量为地区总和，点击下方数字可以展示各单位数量。标准化配置率展示界面如图 8-13 所示。

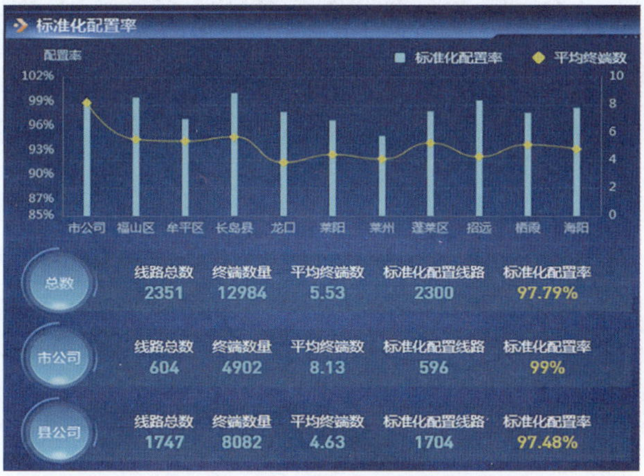

图 8-13　标准化配置率展示界面

总数 – 终端数量展示界面如图 8-14 所示，图中上方展示总数，下方按照柱状图展示各单位总数 – 终端数量。

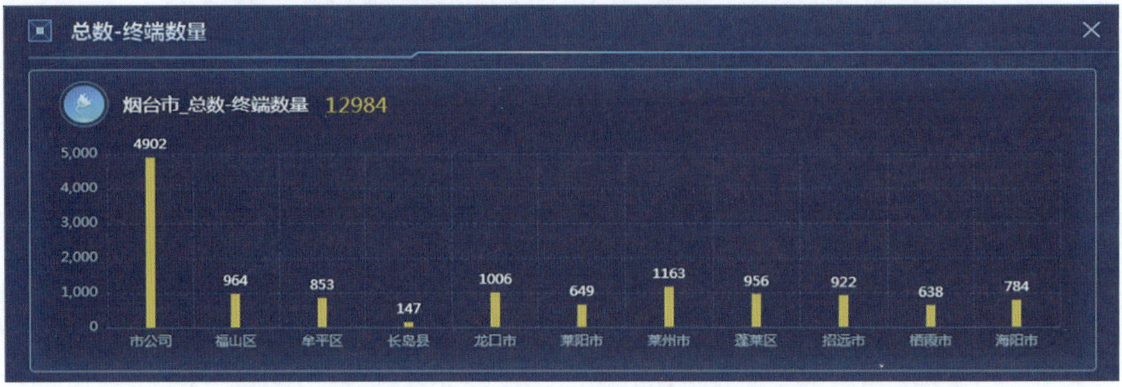

图 8-14　总数 – 终端数量展示界面

3. 联络率 –"N-1"通过率

联络率 –"N-1"通过率展示界面如图 8-15 所示，分别展示各单位线路联络率（柱状图）和"N-1"通过率（曲线）的详细情况。

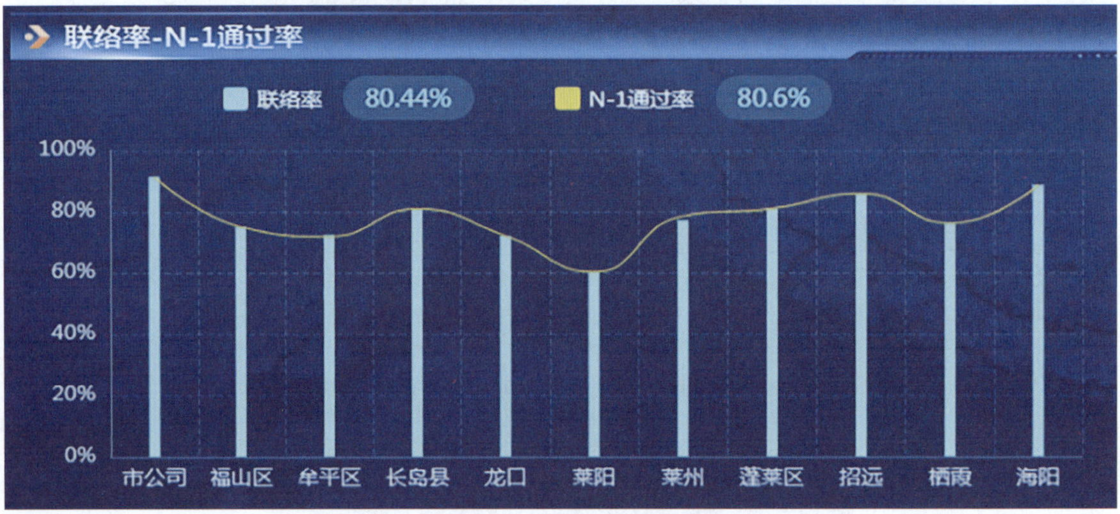

图 8-15　联络率 –"N-1"通过率展示界面

4. 线路分段情况

该部分展示无分段、二分段、三分段、四分段及以上的线路条数和所占线路总数百分比，展示界面如图 8-16 所示。以无分段情况为例，点击"无分段"后方数字可展示无分段情况下各单位配电线路无分段详细情况，展示界面如图 8-17 所示。

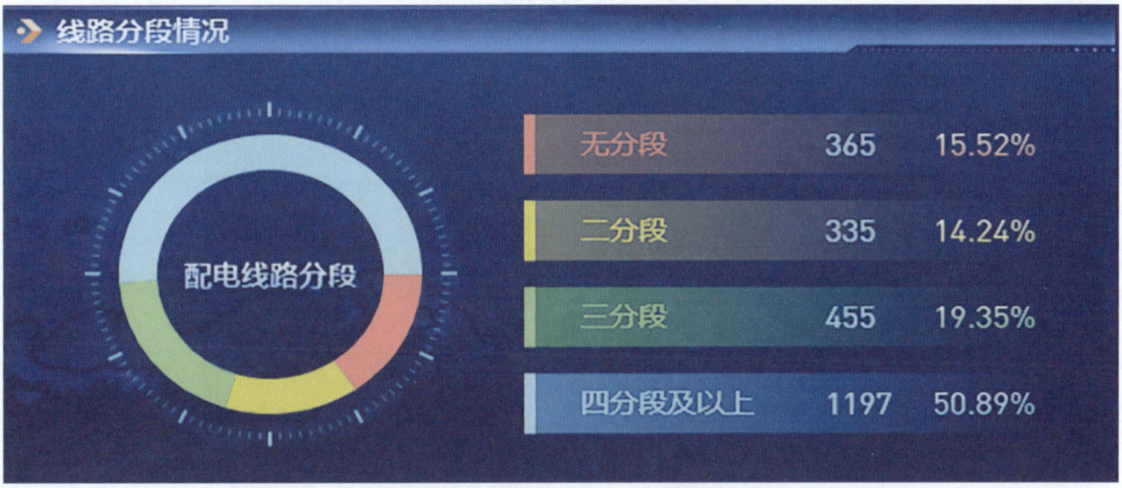

图 8-16 线路分段情况展示界面

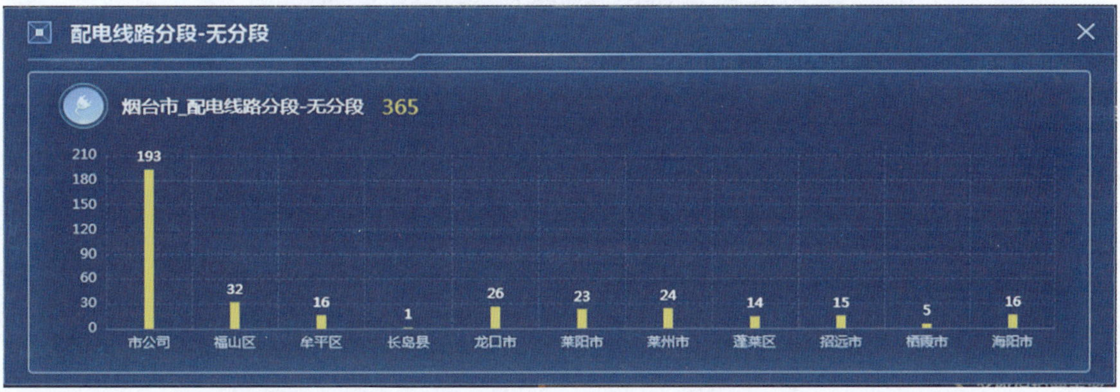

图 8-17 配电线路分段 - 无分段展示界面

5. 短路多级保护

该部分展示短路多级保护覆盖线路数和覆盖情况。

6. 接地多级保护

该部分展示接地多级保护覆盖线路数和覆盖情况。

7. 多级保护覆盖率

该部分展示多级保护覆盖率，可以选择"短路"或"接地"。

短路多级保护、接地多级保护、多级保护覆盖率展示界面如图 8-18 所示。

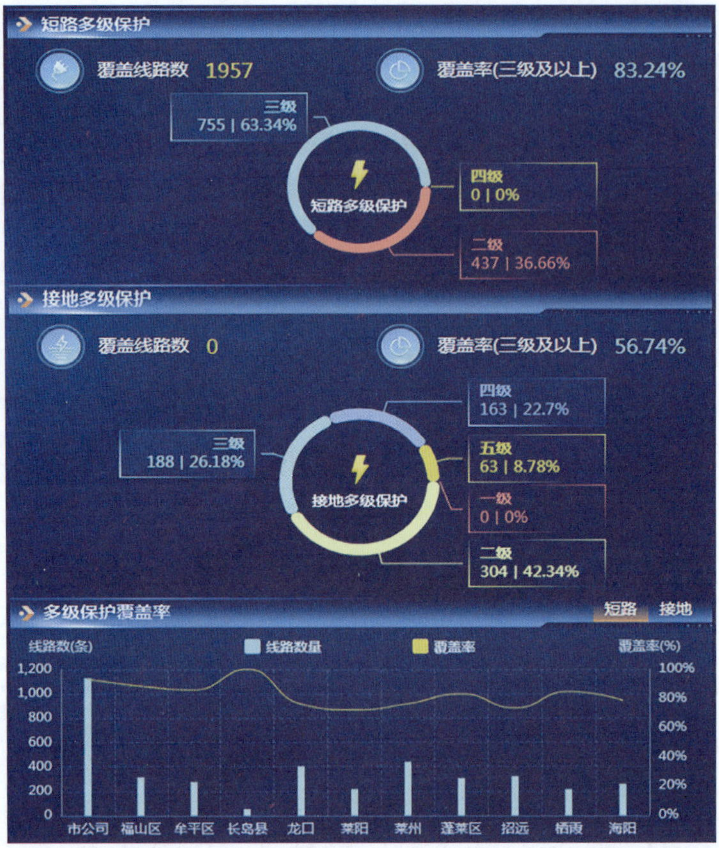

图 8-18 短路多级保护、接地多级保护、多级保护覆盖率展示界面

8.1.4 运行监视

该部分主要实时展示目前配电自动化系统内的跳闸开关情况、短路故障、接地故障、故障自愈情况、配变恢复情况、非故障停电。点击数字可以进入对应数据明细，在线路明细内可以按照需要筛选查看明细。配电自动化系统运行监视展示界面如图 8-19 所示。

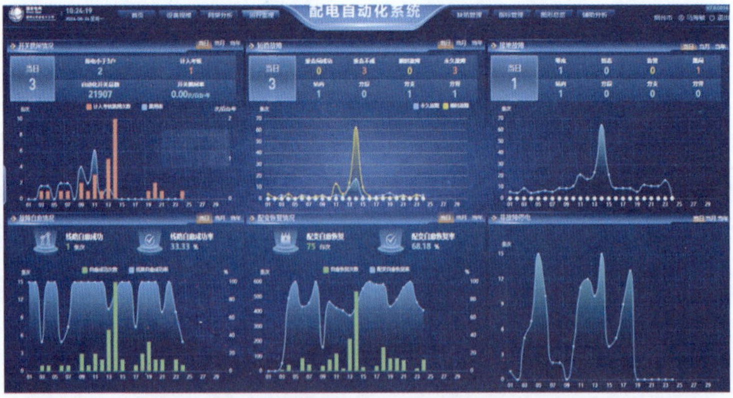

图 8-19 配电自动化系统运行监视展示界面

1. 跳闸开关情况

该部分展示自动化开关跳闸次数（柱状图）和跳闸率（曲线），选择右上角"当日""当月""当年"，可以对比查看当日、当月、当年自动化开关跳闸次数和跳闸率，点击"自动化开关跳闸"后数字可展示详情。当日跳闸情况明细展示界面如图 8-20 所示，当月跳闸情况明细展示界面如图 8-21 所示，当年跳闸情况明细展示界面如图 8-22 所示。

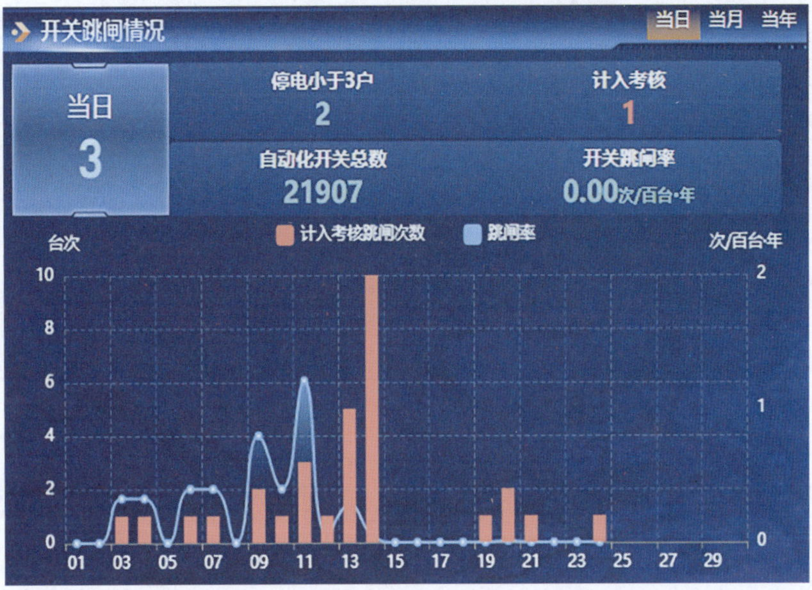

图 8-20　当日跳闸情况明细展示界面

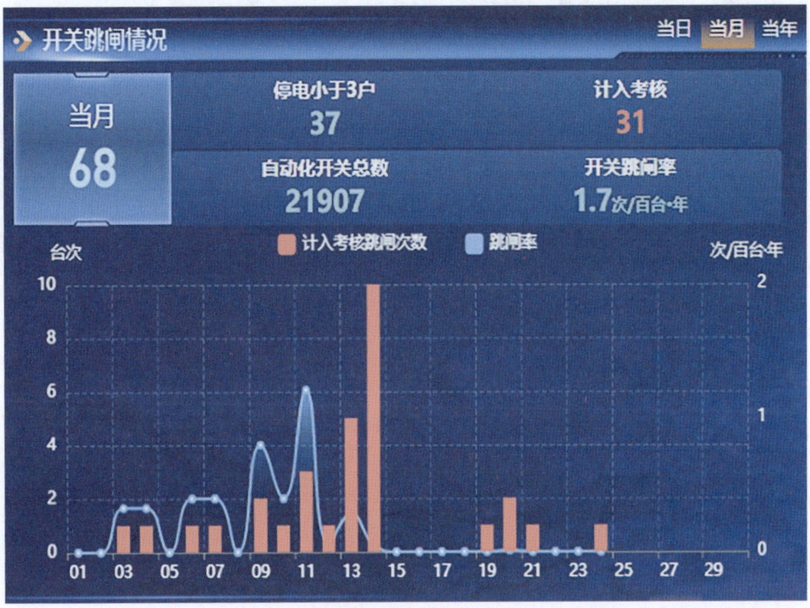

图 8-21　当月跳闸情况明细展示界面

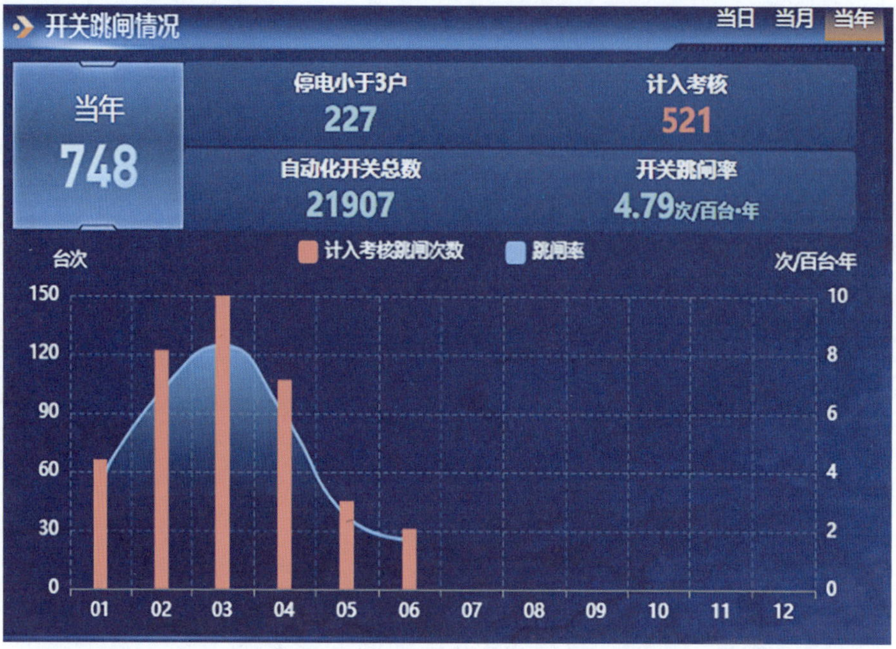

图 8-22　当年跳闸情况明细展示界面

在打开的柱状图中，选择对应日期，可以打开计入考核的跳闸次数和单位对应明细，计入考核的跳闸次数明细展示界面如图 8-23 所示。

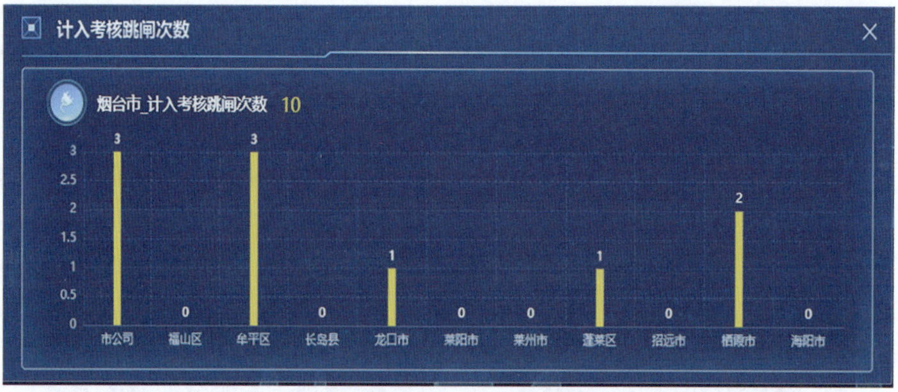

图 8-23　计入考核的跳闸次数明细展示界面

2. 短路故障

该部分展示自动化开关短路故障次数统计，按照故障类型分重合闸成功、重合不成功、瞬时故障、永久故障，按照开关属性分站内、分段、分支、分界，选择右上角"当日""当月""当年"，可以对比查看当日、当月、当年短路故障。短路故障明细展示界面如图 8-24 所示。

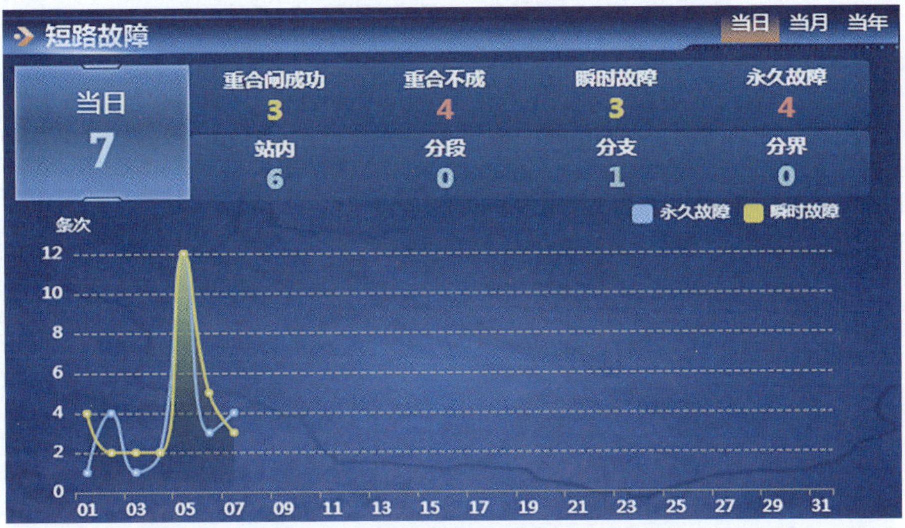

图 8-24　短路故障明细展示界面

点击各项目下方数字可展示详情，以重合闸成功为例，点击下方数字"3"即可展示各单位短路重合闸成功情况。短路重合闸成功展示界面如图 8-25 所示。

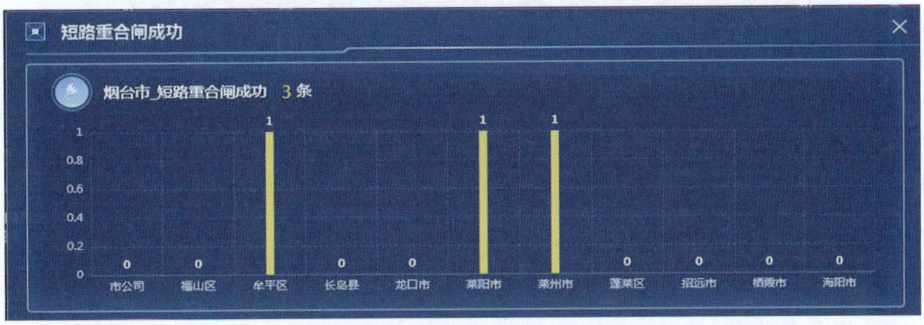

图 8-25　短路重合闸成功展示界面

3. 接地故障

该部分展示自动化开关接地故障次数统计，如图 8-26 所示，按照故障类型分零序、暂态、告警、跳闸，按照开关属性分站内、分段、分支、分界，选择右上角"当日""当月""当年"，可以对比查看当日、当月、当年接地故障。点击各项目下方数字可展示详情，以暂态为例，点击下方数字"7"即可展示各单位接地暂态故障情况，如图 8-27 所示。

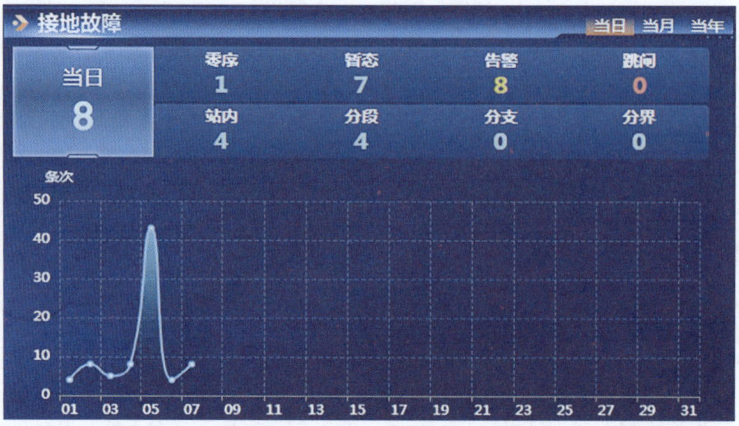

图 8-26　接地故障展示界面

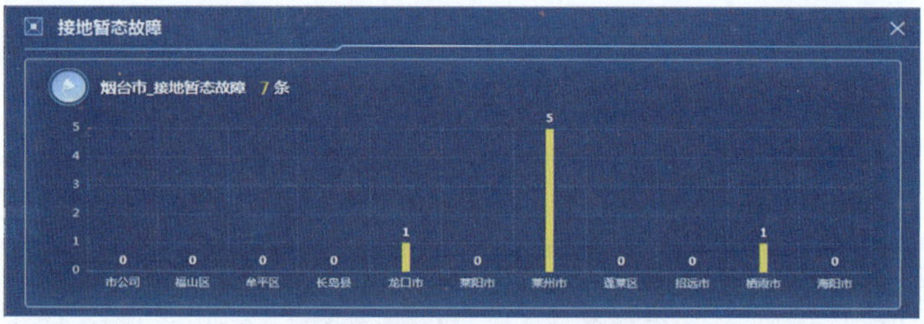

图 8-27　接地暂态故障展示界面

4. 故障自愈情况

　　该部分展示线路自愈恢复和线路自愈成功率，线路故障自愈情况如图 8-28 所示，选择右上角"当月""当年"，可以对比查看当月、当年故障自愈情况。点击各项目下方数字可展示详情，以线路自愈恢复为例，点击下方数字"48"即可展示各单位线路自愈恢复情况，如图 8-29 所示。点击柱状图上方数字"13"即可展示莱州故障自愈线路详情，如图 8-30 所示。

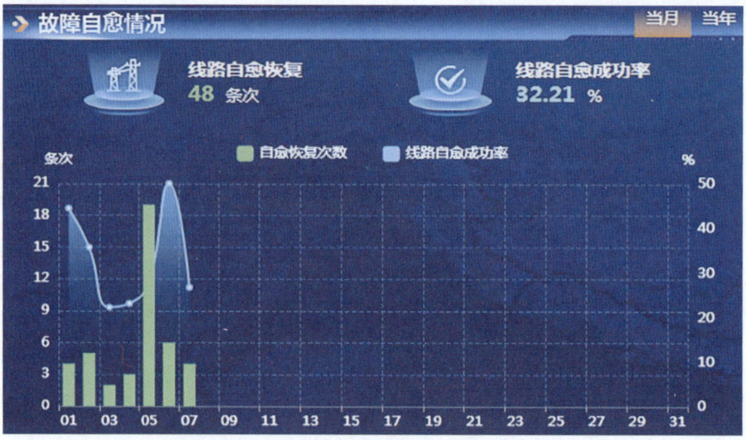

图 8-28　线路故障自愈情况展示界面

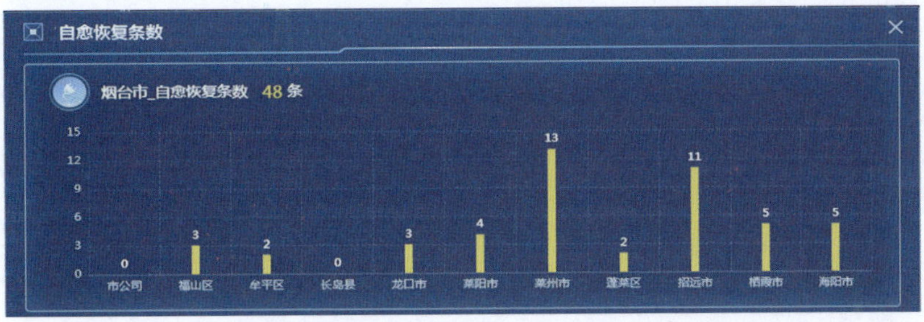

图 8-29　线路自愈恢复情况详细展示界面

图 8-30　莱州故障自愈线路详情展示界面

5. 配变恢复情况

该部分展示配变自愈恢复和配变恢复成功率，如图 8-31 所示，选择右上角"当月""当年"，可以对比查看当月、当年配变恢复情况。点击各项目下方数字可展示详情，以配变自愈恢复为例，点击下方数字"234"即可展示各单位配变自愈恢复情况，如图 8-32 所示。

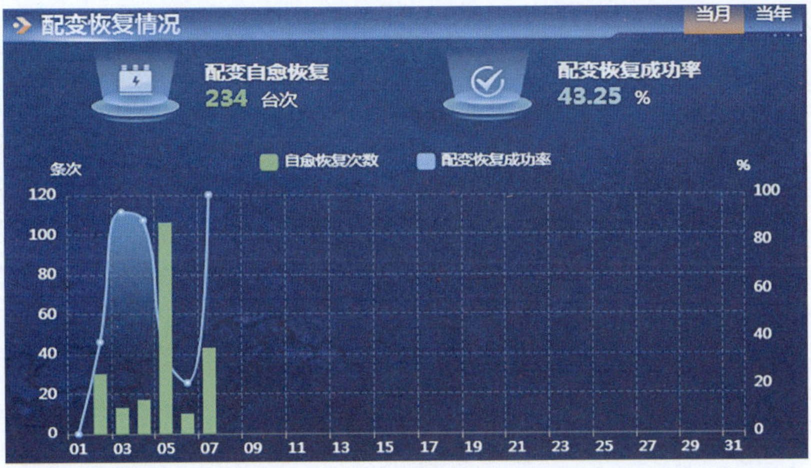

图 8-31　配变恢复情况展示界面

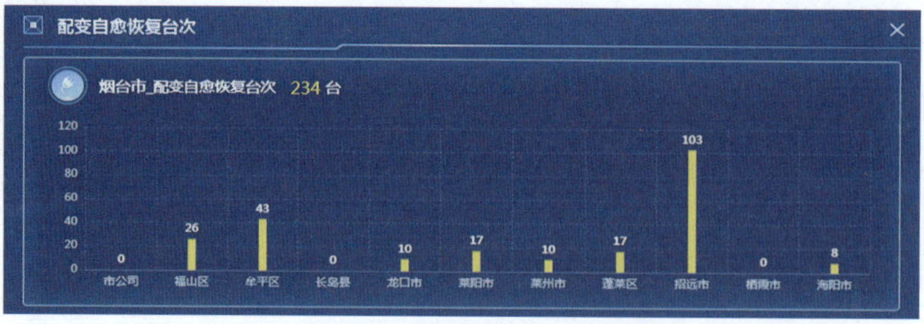

图 8-32　配变自愈恢复台次展示界面

6. 非故障停电

该部分展示重载和过载线路条数，如图 8-33 所示，选择右上角"当月""当年"，可以对比查看当月、当年非故障停电情况。点击"重载""过载"可展示详情，如图 8-34 所示。

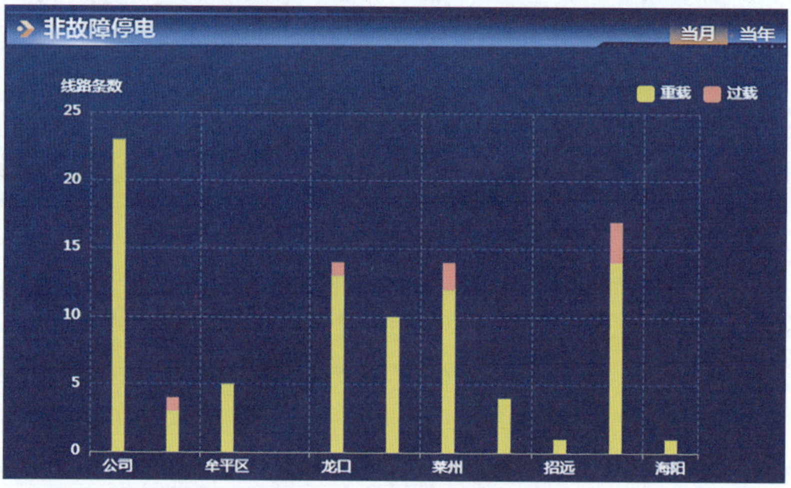

图 8-33　非故障停电展示界面

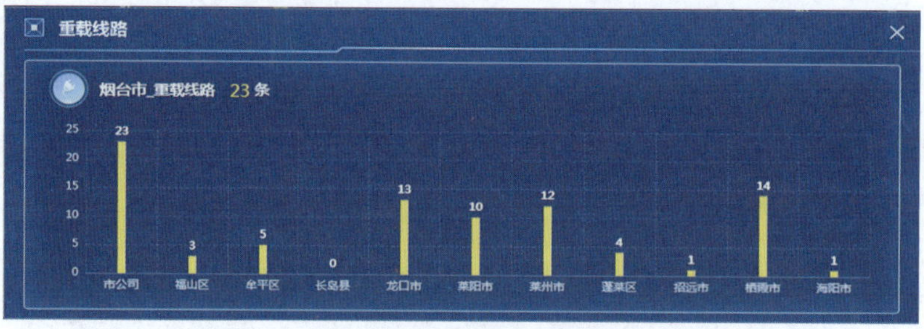

图 8-34　重载线路详情展示界面

8.1.5　配电自动化系统Ⅳ区缺陷管理

配电自动化Ⅳ区缺陷管理用于展示配电自动化终端的遥信、遥测、遥控、终端离线等终端缺陷信息，并对缺陷数据进行统计和趋势展示。

1. 缺陷消息

缺陷消息展示最新收集的缺陷数据，如图 8-35 所示，异常总数和待确认数据用于统计和分区展示各单位异常统计数据。

图 8-35　配电自动化系统Ⅳ区缺陷管理－缺陷消息展示界面

点击数字打开缺陷数据的明细，可以明确查看各缺陷数据流程状态。缺陷明细展示界面如图 8-36 所示。

图 8-36　配电自动化系统Ⅳ区缺陷管理－缺陷明细展示界面

2. 遥信、遥测、遥控、终端离线缺陷

遥信、遥测、遥控、终端离线缺陷数据展示，分类统计和展示配电自动化终端常见类型缺陷数据。遥信展示配电自动化终端遥信误报、遥信抖动、保护信号异常数据统计和汇总，点击数字可以打开缺陷明细；遥测展示配电自动化终端分位有电流、进出线电流不平衡、采集值异常等常见遥测异常数据，点击数字可以打开缺陷明细；遥控展示配电自动化终端遥控时终端遥控预置失败和遥控失败两种遥控缺陷，点击数字可以打开缺陷明细；离线展示配电自动化终端长期离线终端和频繁离线上下线终端缺陷数据统计，点击数字可以打开缺陷明细。

遥信、遥测、遥控、终端离线缺陷统计展示界面如图 8-37 所示，缺陷明细展示界面如图 8-38 所示。

图 8-37 配电自动化系统Ⅳ区缺陷管理 – 遥信、遥测、遥控、终端离线缺陷统计展示界面

图 8-38 配电自动化系统Ⅳ区缺陷管理 – 遥信、遥测、遥控、终端离线缺陷明细展示界面

3. 缺陷协同

缺陷协同数据来源于供电服务指挥系统录入的终端缺陷数据，缺陷数据在配电自动化周报配电终端管理情况指标数据中同样展示，点击"当月"和"当年"可以查看当月和当年数据，缺陷系统数据暂时接口未贯通，后期贯通后即可查看明细。缺陷协同展示界面如图 8-39 所示。

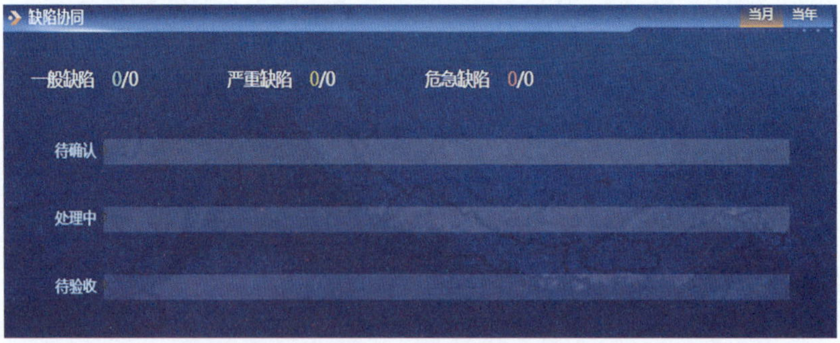

图 8-39 配电自动化系统Ⅳ区缺陷管理 – 缺陷协同展示界面

8.1.6　配电自动化系统Ⅳ区指标管理

配电自动化Ⅳ区指标管理主要展示配电自动化系统的三大指标数据，即终端在线率、FA 自愈指标（FA 启动率和 FA 自愈率）和遥控指标（遥控成功率和遥控使用率），并有影响指标因素、业务管理、指标反馈三个指标数据分析管理模块。

1. 终端在线率

该部分统计展示配电自动化系统在运分区内所有配电自动化终端的终端在线率，并按照配电单位展示各配电单位终端在线率数据和全市终端在线率，如图 8-40 所示。选择右上角"当月"和"当年"，可以对比查看当月和当年终端在线率数据。

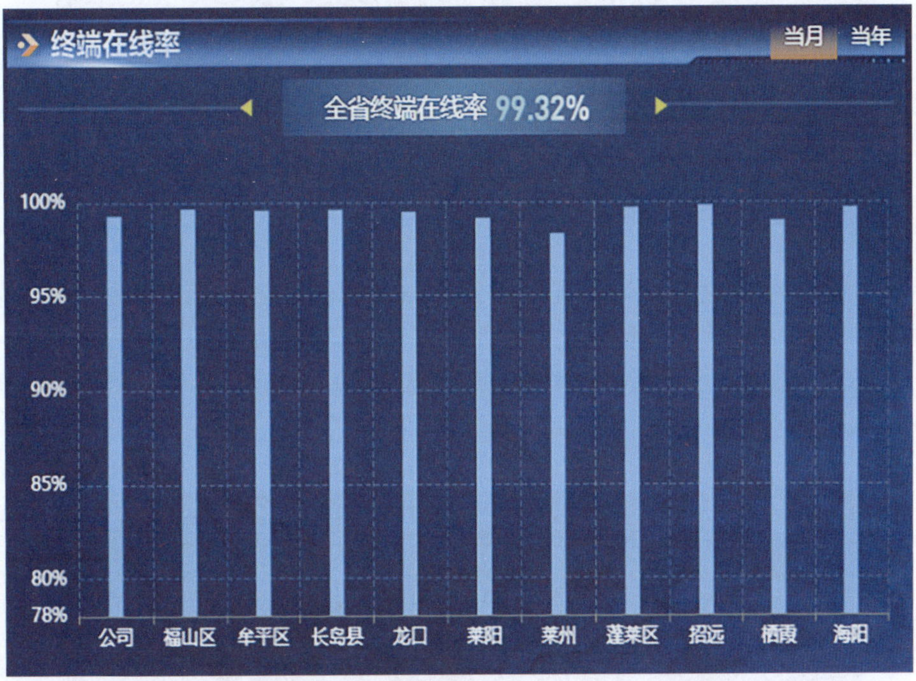

图 8-40　配电自动化系统Ⅳ区指标管理 – 终端在线率展示界面

2. FA 自愈指标

该部分统计展示配电自动化系统在运分区内公用线路 FA 启动率（柱状图）和 FA 自愈率（曲线）指标数据，并按照配电单位展示各配电单位 FA 启动率和自愈率指标数据如图 8-41 所示。选择右上角"当月"和"当年"，可以对比查看当月和当年 FA 启动率和 FA 自愈率。

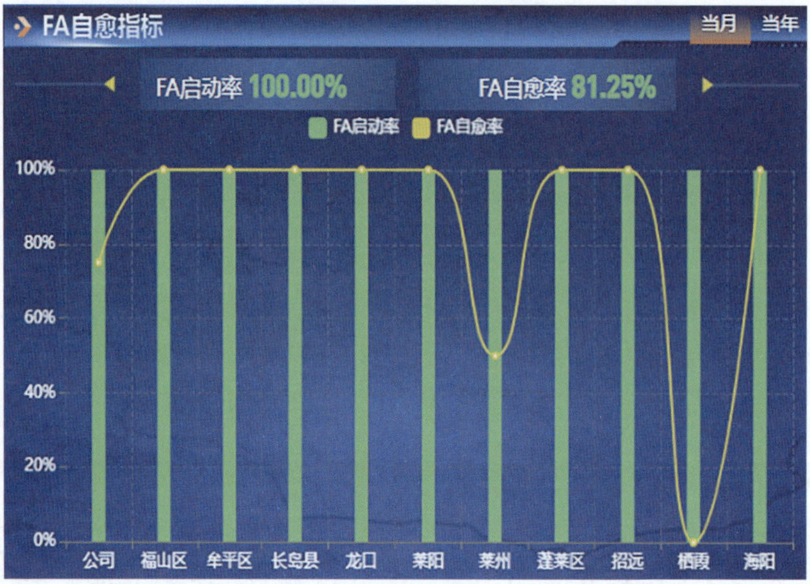

图 8-41　配电自动化系统Ⅳ区指标管理 –FA 自愈指标展示界面

3. 遥控指标

该部分统计展示配电自动化系统在运分区内配电自动化终端设备遥控成功率（柱状图）、遥控使用率（曲线）指标数据，并按照配电单位展示各配电单位遥控成功率和遥控使用率指标数据，如图 8-42 所示。选择右上角"当月"和"当年"，可以对比查看当月和当年遥控成功率和遥控使用率。

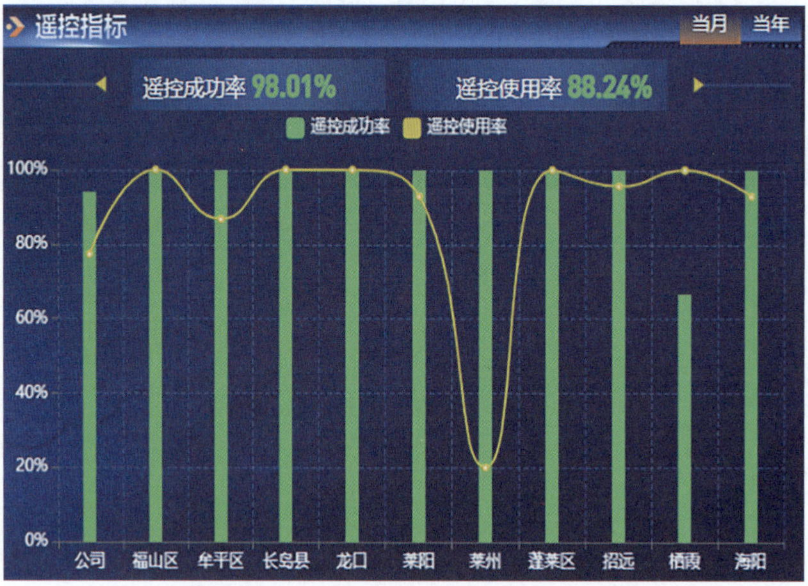

图 8-42　配电自动化系统Ⅳ区指标管理 – 遥控指标展示界面

4. 影响指标因素

该部分用于辅助分析影响配电自动化系统指标数据的因素，展示自愈失败次数、FA 未启动次数、遥控失败次数、长期离线设备台数、现场操作未遥控设备台数，如图 8-43 所示。选择右上角"当月"和"当年"，可以对比查看当月和当年影响配电自动化设备的指标数据和明细。

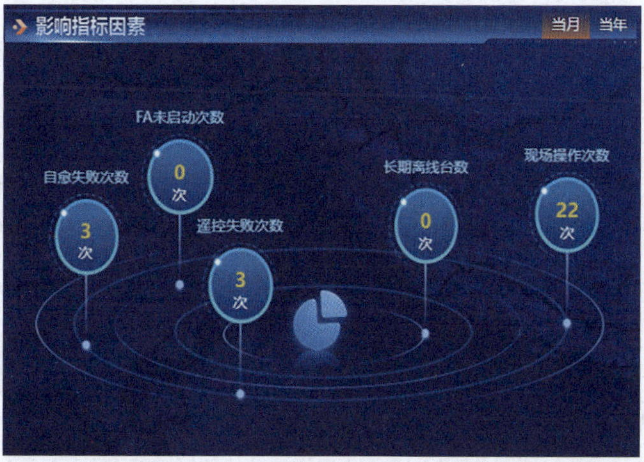

图 8-43　配电自动化系统Ⅳ区指标管理 – 影响指标因素展示界面

5. 业务管理

该模块包含终端投运、终端退运、缺陷管理三个管理模块：终端投运用于录入和展示投运终端的流程管理，终端退运用于录入和展示退运终端的流程管理，缺陷管理用于录入和展示配电自动化终端缺陷录入的和展示管理。该指标同配电自动化周报指标对应，需及时完成终端投退运和终端缺陷的录入和流程审核，流程下发至归档流程标志流程完成。业务管理展示界面如图 8-44 所示。

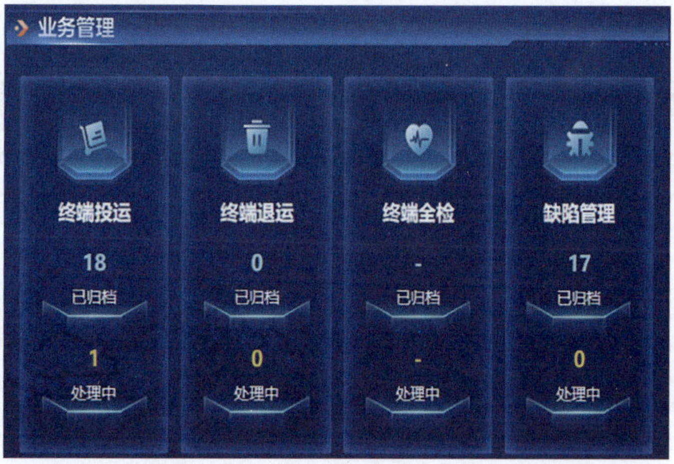

图 8-44　配电自动化系统Ⅳ区指标管理 – 业务管理展示界面

6. 指标反馈

该部分用于展示和统计各配电单位故障反馈数据和遥控反馈数据,方便及时核查已反馈数据和未反馈数据,该指标反馈用于电科院指标数据反馈,对展示未反馈数据应及时完成反馈,避免电科院指标考核。指标反馈展示界面如图 8-45 所示。

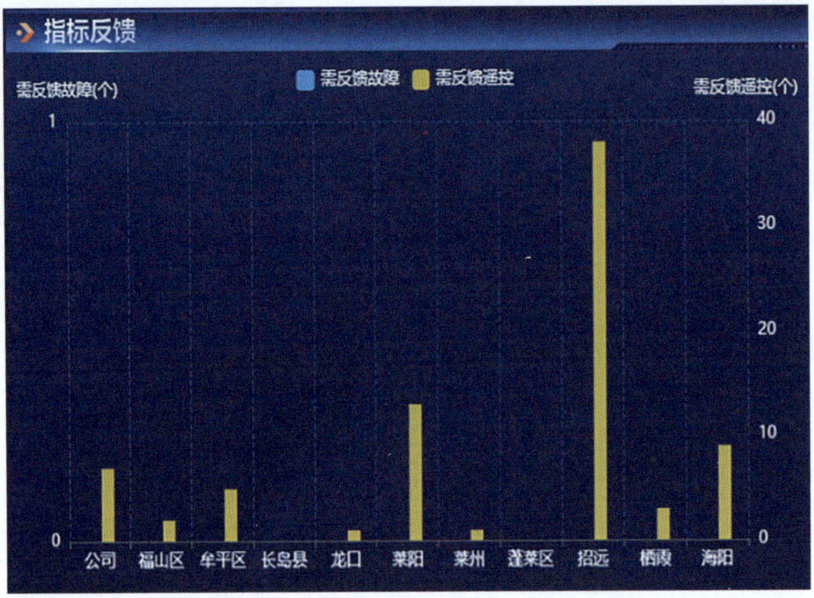

图 8-45　配电自动化系统Ⅳ区指标管理 – 指标反馈展示界面

8.1.7　配电自动化系统Ⅳ区图形总览

配电自动化Ⅳ区图形总览主要展示配电自动化系统的单线图、环网图、PMS 接线图三种图形:单线图包含人工手绘图形和中台推送并导入的接线图,环网柜为中台推送的环网图和人工生成的环网图,PMS 接线图只展示中台推送并导入的接线图。图形总览界面如图 8-46 所示,在图中上方线路名称查询框内可以输入线路名称模糊查询并展示线路列表。

图 8-46　配电自动化系统Ⅳ区图形总览展示界面

8.1.8　配电自动化系统Ⅳ区辅助分析

配电自动化Ⅳ区辅助分析主要用于辅助配网系统常用指标数据的统计和分析使用，方便数据查看和导出。

1. 配电网辅助分析－线路自动化状况辅助分析

该部分用于展示和统计现有配电自动化系统线路指标数据，展示联络线路、单辐射线路、重载线路、过载线路、线路环网率、"N-1"通过率并给出每条线路的自动化评分，方便及时分析现有配网网架结构。可以根据单位筛选统计，导出网架不合理线路明细，后期制定整改计划。线路自动化状况辅助分析展示界面如图 8-47 所示。

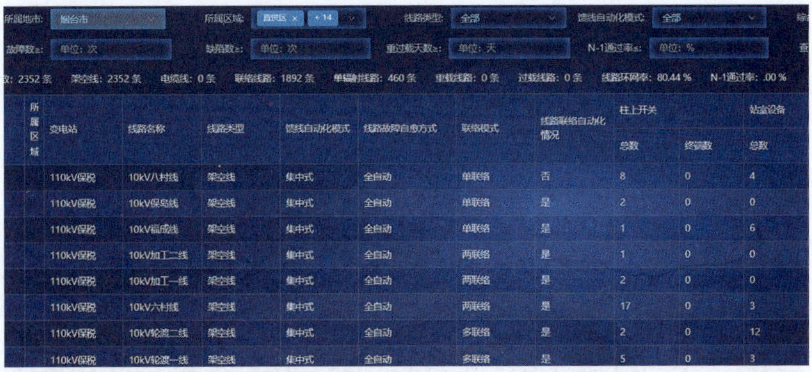

图 8-47　配电自动化系统Ⅳ区辅助分析－线路自动化状况辅助分析展示界面

2. 配电网辅助分析－设备健康状况辅助分析

该部分用于展示和统计现有配电自动化系统设备指标数据，按照单位－变电站－线路展示配电设备属性、缺陷总数，故障处理缺陷数、遥控缺陷数、遥信缺陷数、遥测缺陷数、通信缺陷数等设备缺陷指标并给出评分，方便及时了解和分析现有系统内每个线路的设备缺陷数据；可以根据单位筛选统计，导出缺陷数量较多的线路明细，后期制定整改计划。设备健康状况辅助分析展示界面如图 8-48 所示。

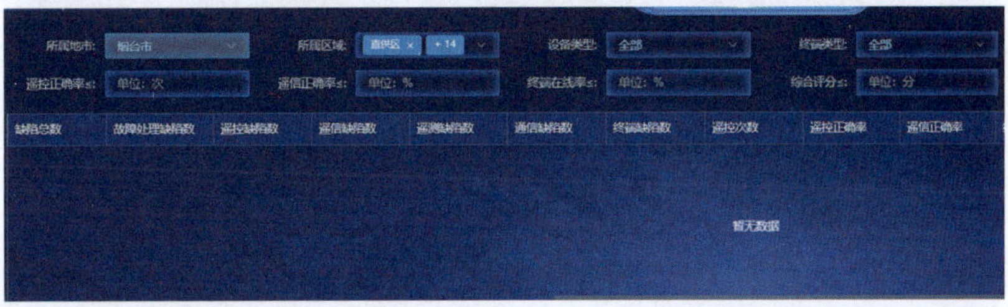

图 8-48　配电自动化系统Ⅳ区辅助分析－设备健康状况辅助分析展示界面

8.2 配电自动化系统Ⅳ区故障短信设置

配电自动化系统线路故障跳闸后，系统具有发送故障短信的功能，该功能依赖于Ⅳ区设置短信的发送，需要在Ⅳ区创建用户、设备绑定、短信订阅即可完成短信的发送和接收。

1. 用户创建

配电自动化系统Ⅳ区首页菜单→"系统管理"→"用户管理"→"系统用户"，选择"新增"，按照配置说明录入分区、角色、用户账号、身份证号、账号密码、手机号等基础配置。故障短信–用户创建界面如图 8-49 所示。

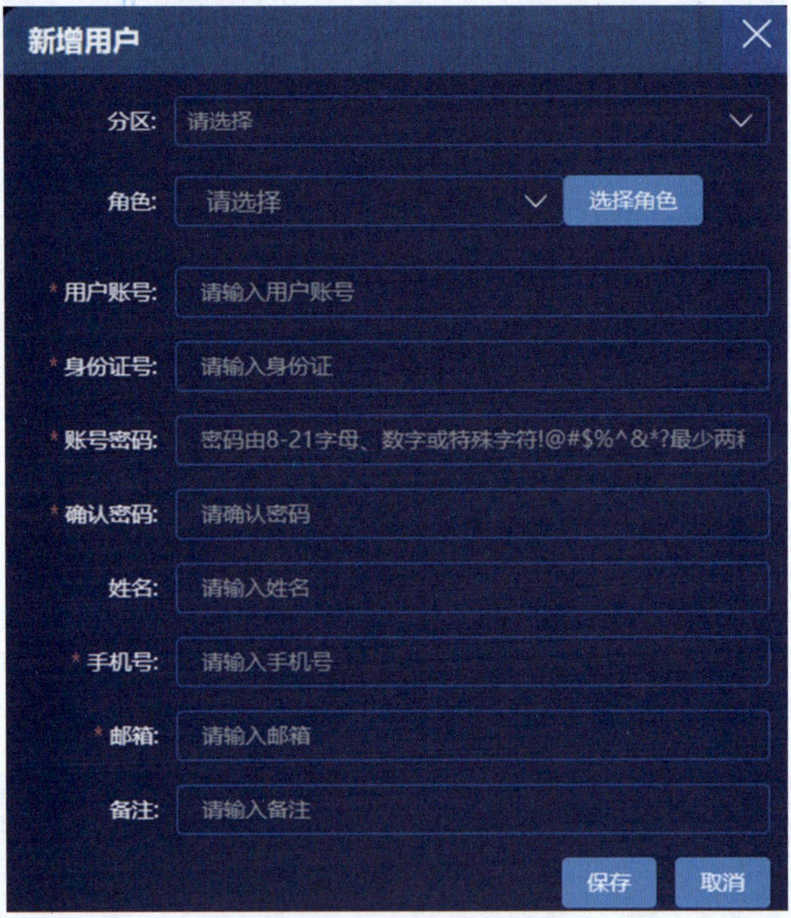

图 8-49　故障短信–用户创建界面

注意：该界面内的 * 标注必须填写，身份证号码必须录入，后期同 i 国网登录时引用该身份证号码，手机号码用于故障短信的发送使用，角色名称使用英文和数字，角色名称存在和其他地市重名概率可在后面加数字区分。

2. 设备主人绑定

配电自动化系统Ⅳ区首页菜单→"设备主人权责管理"→"设备主人绑定",按照各分区归属单位绑定设备资产(角色已全部创建完成,设备除新增线路和新增设备已完成绑定一次)。选择"新增"→"选择变电站"→"配电线"(原版本需要绑定至开关,系统更新后只需要绑定至线路即可),未绑定线路同已绑定线路颜色有明显区分,参考图 8-50 中10kV 蓝光线。

图 8-50　故障短信 – 设备主人绑定界面

3. 设备主人权责信息定制

配电自动化系统Ⅳ区首页菜单→"设备主人权责管理"→"设备主人权责信息定制,选择"中压故障"保存,对新建用户赋予短信发送权责。故障短信 – 设备主人权责信息定制界面如图 8-51 所示。

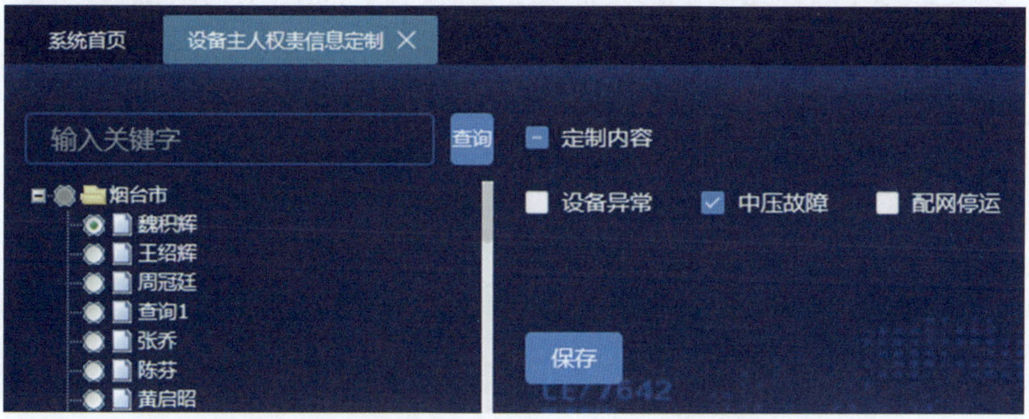

图 8-51　故障短信 – 设备主人权责信息定制界面

4. 短信订阅

配电自动化系统Ⅳ区首页菜单→"信息发布及交互"→"短信订阅"，在弹出页面左侧选择订阅短信人员，右侧订阅类型选择"告警信息"→"中压设备故障告警"→"跳闸故障"。对新建用户订阅故障跳闸短信。故障短信 – 短信订阅界面如图 8-52 所示。

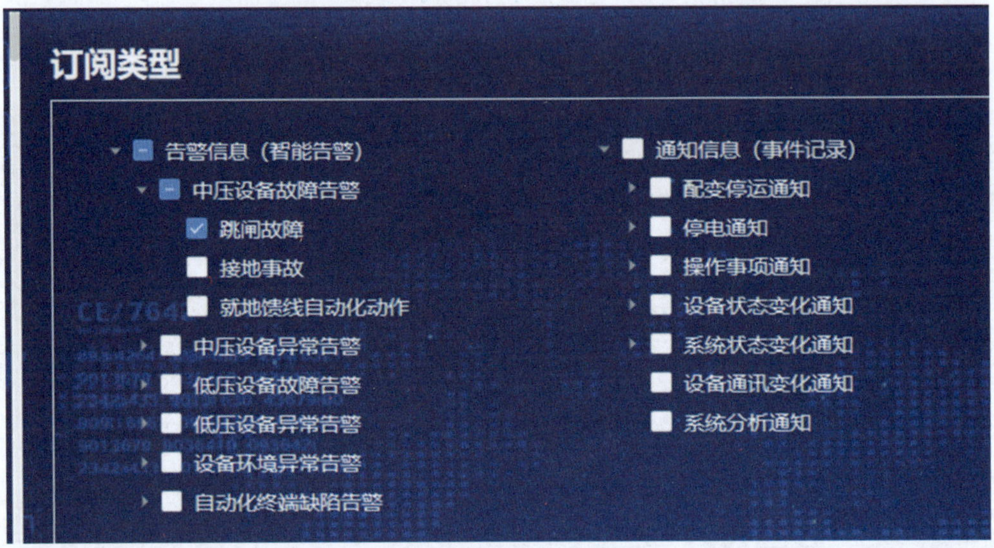

（a）

（b）

图 8-52 故障短信 – 短信订阅界面

（a）局部界面；（b）全部界面

8.3　配电自动化系统Ⅳ区指标反馈分析

配电自动化系统Ⅳ区合并原有的配网运行数据监控分析系统，电科院下发的短路故障 FA 分析、接地故障分析、遥控反馈分析、配电自动化标准化配置率分析、现场操作反馈分析等指标反馈数据在该功能菜单完成数据下发和反馈。

登录配电自动化系统Ⅳ区页面后，点击左侧功能菜单→"指标反馈分析"，五个二级菜单依次为短路故障 FA 分析、接地故障分析、遥控反馈分析、配电自动化标准化配置率分析、现场操作反馈分析。配电自动化系统Ⅳ区指标反馈分析界面如图 8-53 所示。

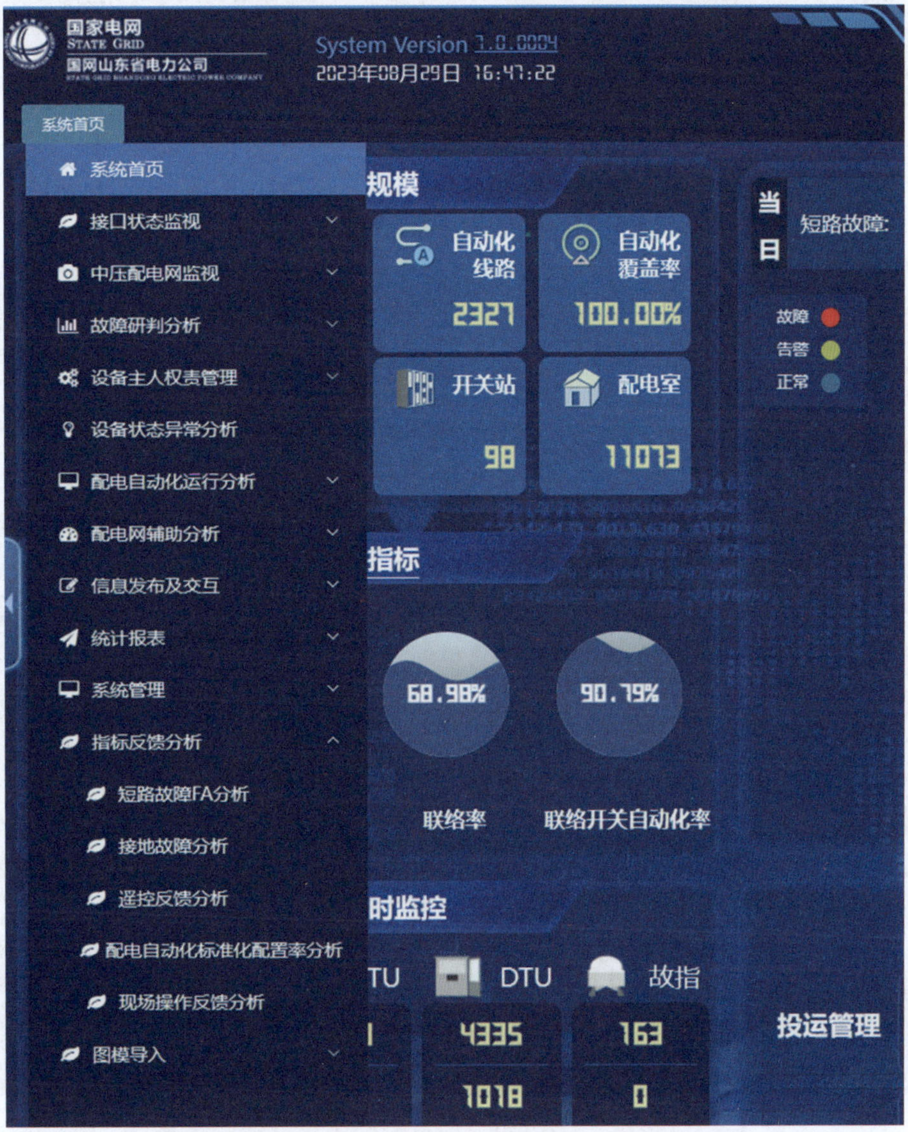

图 8-53　配电自动化系统Ⅳ区指标反馈分析界面

1. 短路故障 FA 分析

（1）打开路径：点击左侧功能菜单→"指标反馈分析"→"短路故障 FA 分析"。

（2）地市端仅显示待反馈明细，点击"编辑"按钮进行反馈。配电自动化系统Ⅳ区短路故障 FA 分析界面如图 8-54 所示。

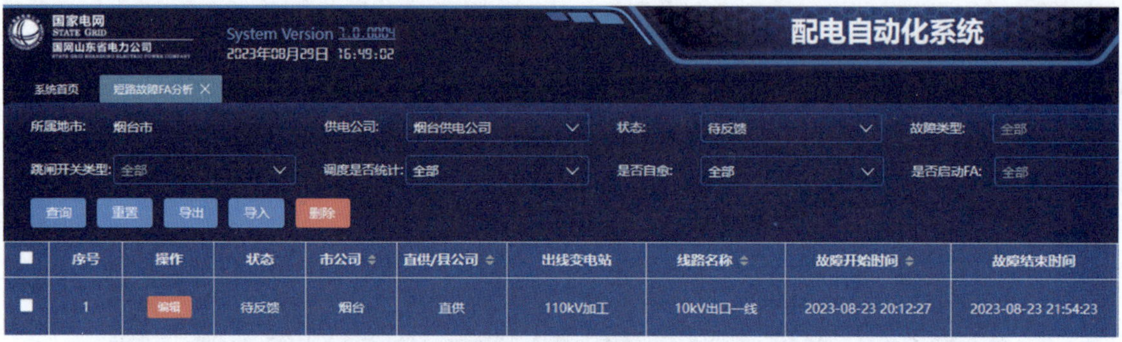

图 8-54　配电自动化系统Ⅳ区短路故障 FA 分析界面

（3）地市反馈内容根据问题描述进行反馈，若无问题描述，地市反馈内容可为空。配电自动化系统Ⅳ区短路故障 FA 反馈分析编辑界面如图 8-55 所示。

图 8-55　配电自动化系统Ⅳ区短路故障 FA 反馈分析编辑界面

（4）故障原因及故障点描述、一级故障原因、二级故障原因需逐条进行反馈。

（5）反馈完成后点击"提交"按钮即可。

2. 接地故障分析

（1）打开路径：点击左侧功能菜单→"指标反馈分析"→"接地故障分析"。

（2）地市端点击"编辑"按钮反馈，仅反馈状态为"待反馈"项（当日反馈前一日接地故障）。配电自动化系统Ⅳ区接地故障分析界面如图 8-56 所示。

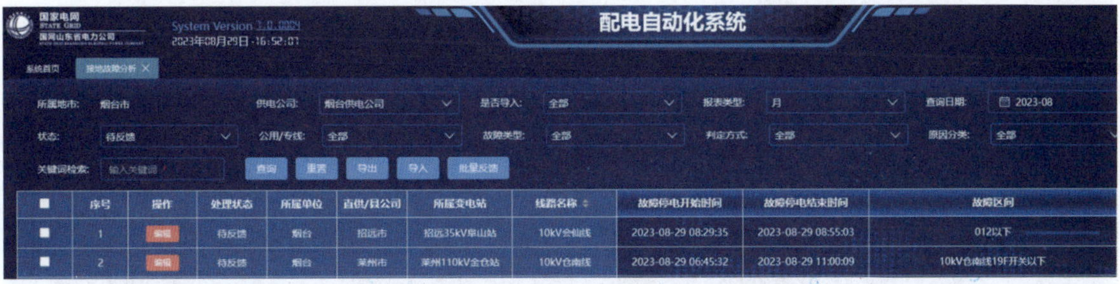

图 8-56　配电自动化系统Ⅳ区接地故障分析界面

（3）接地故障中的永久故障需反馈实际接地线路、变电站、选线装置是否正确选线以及一、二次融合开关判断情况。配电自动化系统Ⅳ区接地故障分析编辑界面如图 8-57 所示。

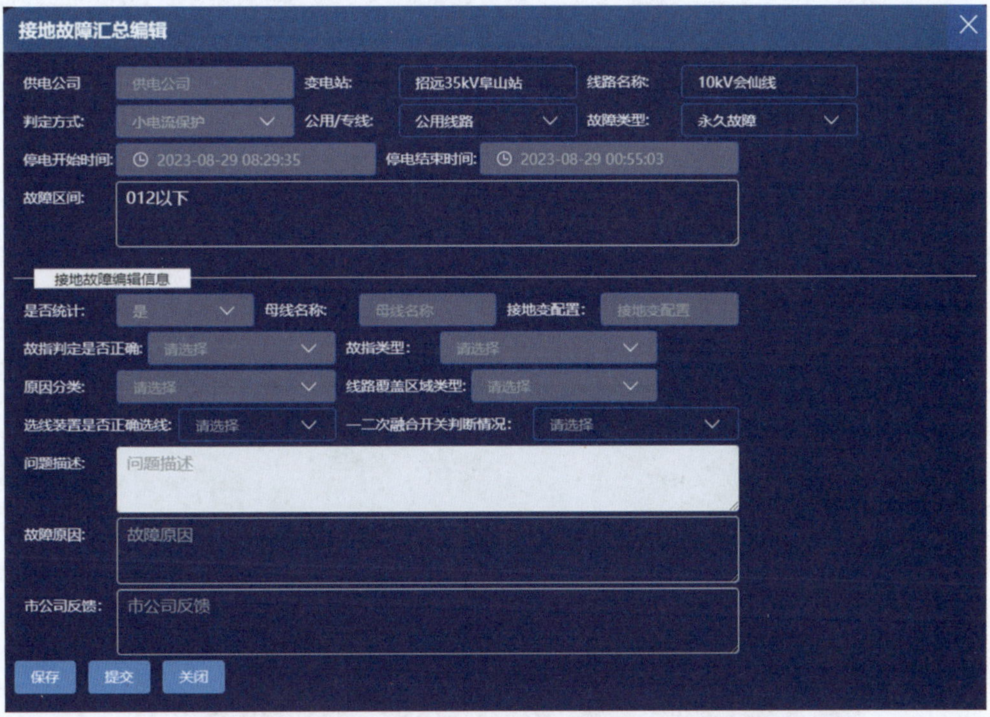

图 8-57　配电自动化系统Ⅳ区接地故障分析编辑界面

（4）故障原因需明确填写至详细故障点及接地原因，如有需补充项填写至"市公司反馈"栏；一、二次融合开关判定情况仅填写故障点前一、二次融合开关判定情况，如故障点前无一、二次融合开关，下拉框中选择"未安装"。

（5）如本条接地故障实际为瞬时故障，在故障类型下拉框中选择"瞬时故障"并在"市公司反馈"栏中附加相关证明说明。

3. 遥控反馈分析

（1）打开路径：点击左侧功能菜单→"指标反馈分析"→"遥控反馈分析"。

（2）地市端可根据最终检查结果（全部、遥控成功且匹配 SOE、遥控失败、遥控失败但执行成功）以及状态（待反馈、已反馈、完成）查询并点击左侧"反馈"按钮进行反馈，仅状态为"待反馈"项可操作（当日反馈前一日遥控操作）。配电自动化系统Ⅳ区遥控反馈分析界面如图 8-58 所示。

图 8-58　配电自动化系统Ⅳ区遥控反馈分析界面

（3）地市需反馈该条遥控操作明细的动作结果与实际遥控情况是否相符、遥控操作类型（均为下拉框选项且必填），以及附加说明（编辑输入，无特殊情况附加说明可为空）。点击"确定"按钮可保存并提交反馈，点击"取消"按钮放弃本次操作。配电自动化系统Ⅳ区遥控反馈分析编辑界面如图 8-59 所示。

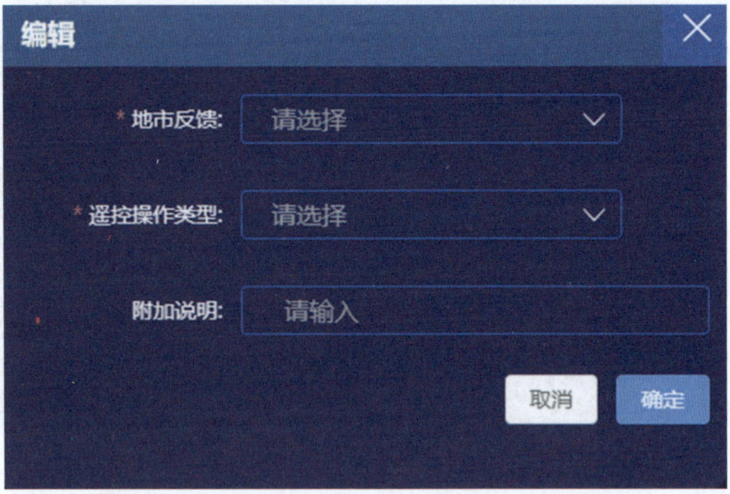

图 8-59　配电自动化系统Ⅳ区遥控反馈分析编辑界面

4. 配电自动化标准化配置率分析

（1）打开路径：点击左侧功能菜单→"指标反馈分析"→"配电自动化标准化配置率分析"。

（2）显示的线路为该单位全部线路明细。在状态列搜索"待反馈"，如为新增的线路明细，需反馈线路信息（一般周一上午下班前导入新增线路明细，各单位周二下班前完成该部分反馈）。存量需要更新线路信息的，点击操作列的"反馈"。配电自动化系统Ⅳ区标准化配置率分析界面如图 8-60 所示。

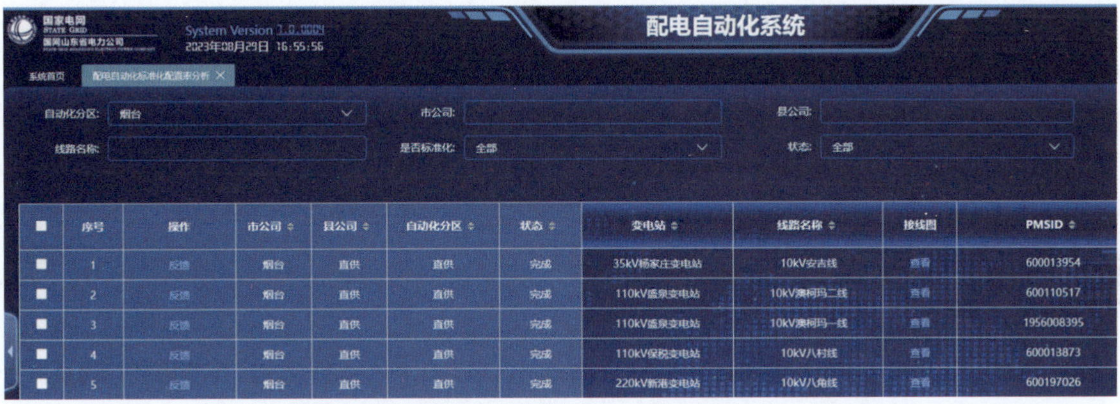

图 8-60　配电自动化系统Ⅳ区标准化配置率分析界面

（3）在反馈页面根据线路实际情况输入数量，如有需特殊说明的问题，在备注列填上信息。配电自动化系统Ⅳ区标准化配置率分析编辑界面如图 8-61 所示。

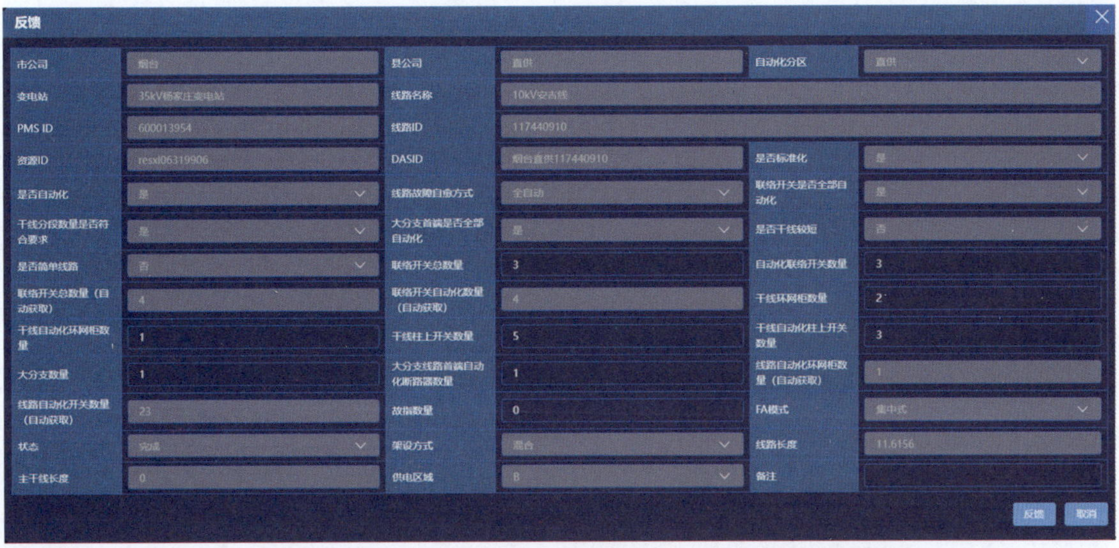

图 8-61　配电自动化系统Ⅳ区标准化配置率分析编辑界面

（4）信息填好后点"反馈"，该线路的状态变成"已反馈"。项目组根据Ⅳ区线路图核查完成后编辑保存线路信息，线路状态改成"完成"。

5.现场操作反馈分析

（1）打开路径：点击左侧功能菜单→"指标反馈分析"→"现场操作反馈分析"。

（2）地市端可根据最终检查结果（全部、现场操作、遥信误报）以及状态（待反馈、已反馈、完成）查询并点击左侧"反馈"按钮进行反馈，仅状态为"待反馈"项可操作（当日反馈前一日变位情况）。配电自动化系统Ⅳ区现场操作反馈分析界面如图8-62所示。

图8-62 配电自动化系统Ⅳ区现场操作反馈分析界面

（3）地市需反馈该条变位明细是否与现场开关动作情况相符（为下拉框选项且必填），以及附加说明（编辑输入，说明该变位产生的原因，必填）。点击"保存"按钮弹窗提示"确认反馈？"再点击"确认"可保存并提交反馈，点击"取消"按钮放弃本次操作。配电自动化系统Ⅳ区现场操作反馈分析编辑界面如图8-63所示。

图8-63 配电自动化系统Ⅳ区现场操作反馈分析编辑界面

第 9 章　常见问题排查及处理

本章主要介绍图模导入失败、工作站异常、终端三遥异常、终端遥控失败、可疑遥信等常见问题的排查思路、排查方法及处置措施，以提高异常处置效率。

9.1　图模导入问题作业指导

（1）图模导入前需要确认存量设备录入的资源 ID 和 XML 文件中的是否一致，若不一致系统将会删除旧设备并新画设备，会造成点表需要重新配置。

（2）XML 文件采用共享的方式共享到每台图资工作站的 /backup/NeedSaveFile 目录下。XML 文件每天 7~19 时的每个小时的 39 分同步一次，其他时间不同步。XML 存放位置如图 9-1 所示。

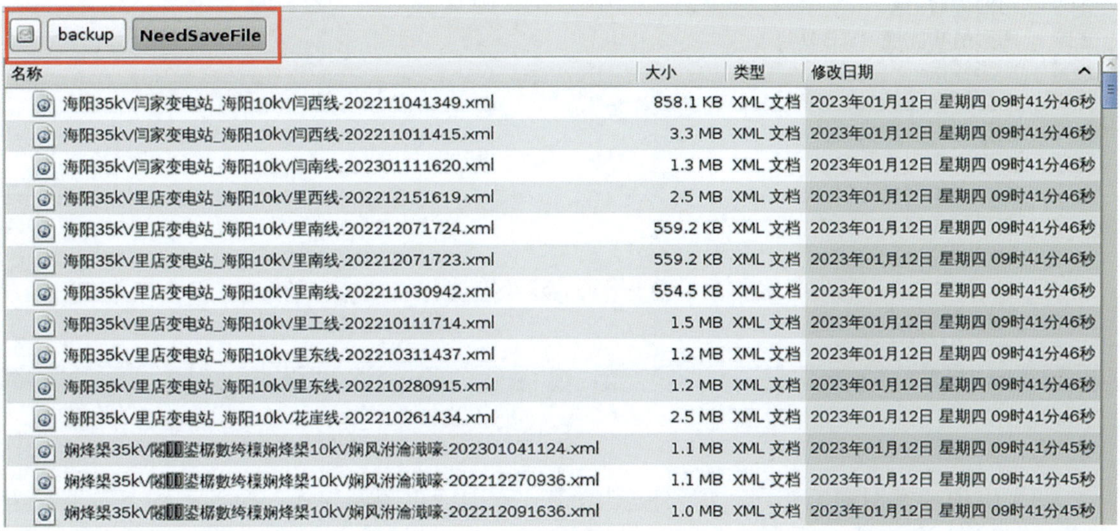

图 9-1　XML 存放位置

（3）由于 Linux 系统和 Windows 系统文字编码不通，导致部分 XML 文件名称显示乱码，无法按线路名称查找搜索，可按名称后的时间进行查找搜索。XML 文件搜索方式如图 9-2 所示。

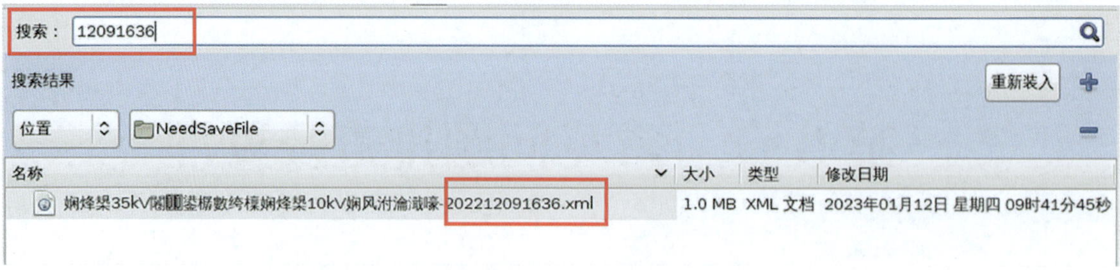

图 9-2　XML 文件搜索方式

9.2　图模导入失败问题排查作业指导

（1）出现"错误""致命错误"均需要中台重新推图。

（2）出现"模型入库异常、计划冲突、改建计划范围确定：××"，需排除图资系统中是否有该线路的计划或者该线路联络开关对侧线路是否列入计划，如果有，则需删除对应计划或者计划登录黑图后再图模导入。失败实例截图如图 9-3 所示。

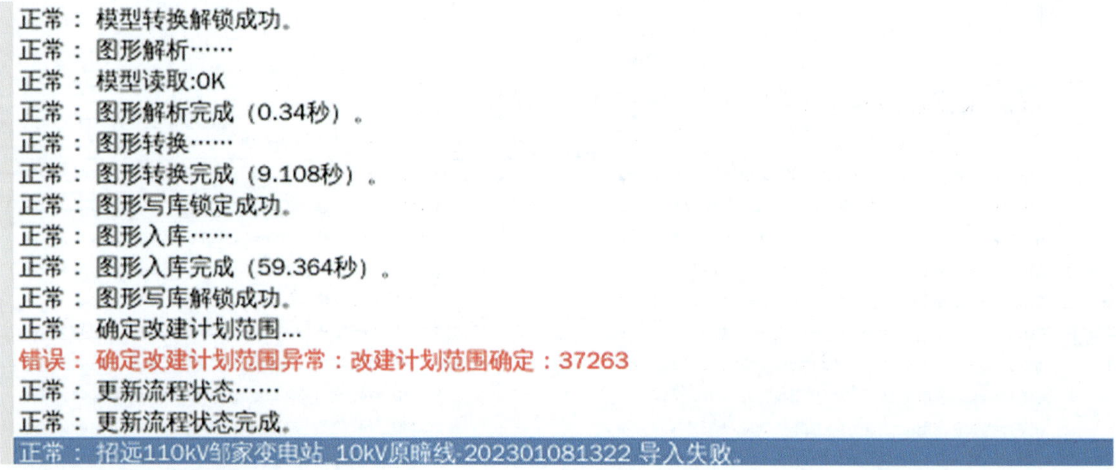

图 9-3　失败实例截图

（3）出现"模型锁定错误"需要模型解锁，解锁后再图模导入。模型解锁工具路径为 home/pms/pmsimport/bin/pmsimptool.sh，打开工具后点击"导入解锁"图标。模型锁定失败如图 9-4 所示，解锁按钮位置如图 9-5 所示。

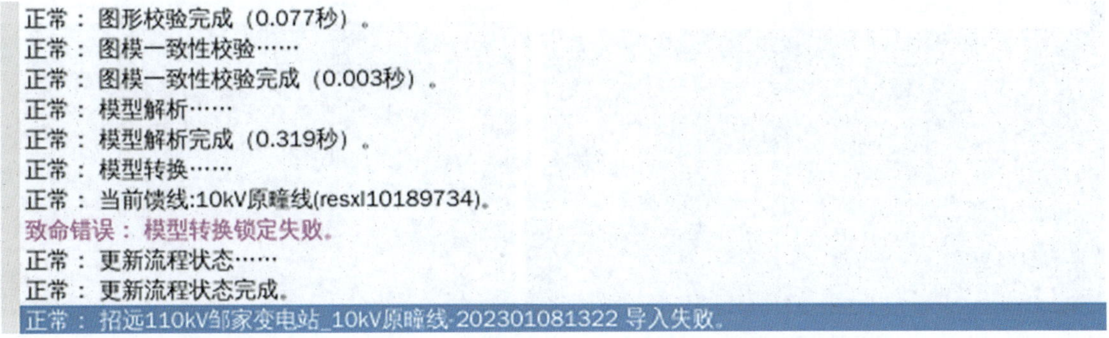
正常：图形校验完成（0.077秒）。
正常：图模一致性校验……
正常：图模一致性校验完成（0.003秒）。
正常：模型解析……
正常：模型解析完成（0.319秒）。
正常：模型转换……
正常：当前馈线:10kV原疃线(resxl10189734)。
致命错误：模型转换锁定失败。
正常：更新流程状态……
正常：更新流程状态完成。
正常：招远110kV邹家变电站_10kV原疃线-202301081322 导入失败。

图 9-4　模型锁定失败

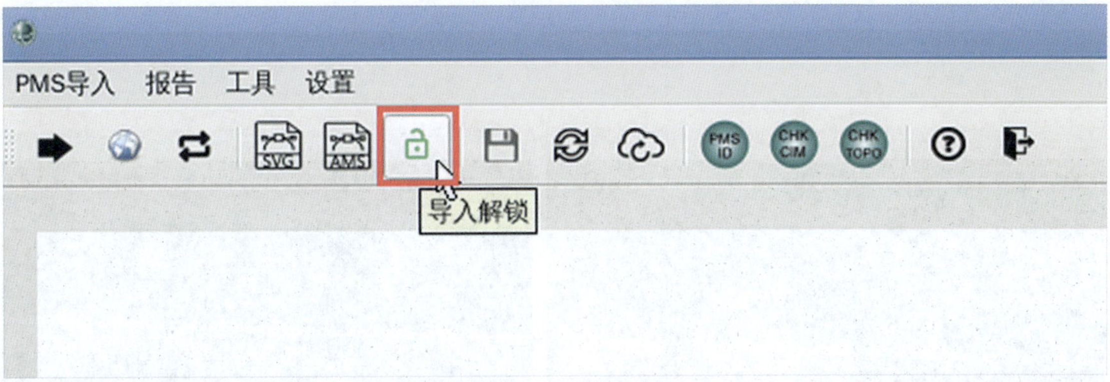
PMS导入
报告
工具
设置
SVG
AMS
PMS ID
CHK CIM
CHK TOPO
导入解锁

图 9-5　解锁按钮位置

9.3　地理图连接断开维护

（1）图模导入后，SVG 图中联络环网柜、柱上联络开关在图资地理图中看起来是断开状态。修改模式下，点击联络设备，连接即可恢复，如图 9-6 所示。

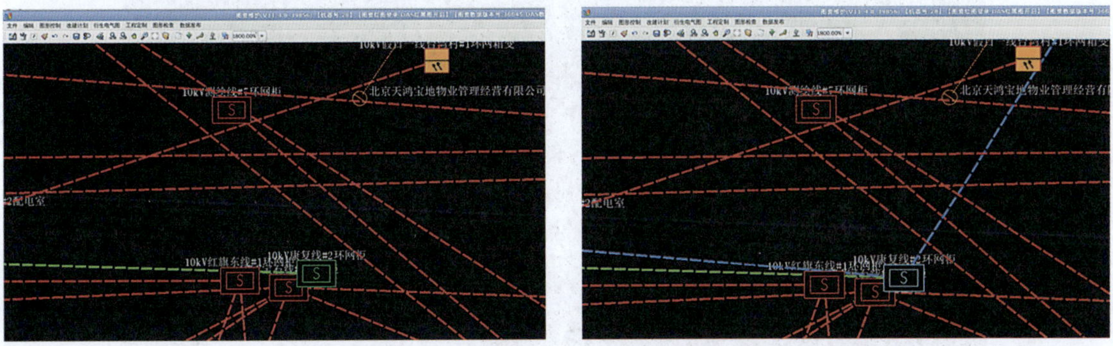

（a）　　　　　　　　　　　　（b）

图 9-6　导入后图资系统断线恢复 1（一）

（a）站房设备连接断开；（b）站房设备连接恢复

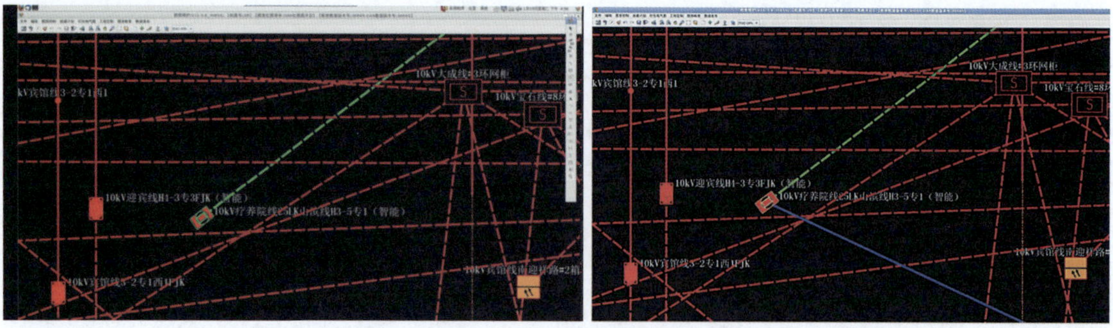

（c）　　　　　　　　　　　　　　　　（d）

图 9-6　导入后图资系统断线恢复 1（二）

（c）开关设备连接断开；（d）开关设备连接恢复

（2）除联络设备外，导入后也会出现如图 9-7 所示的断线，修改模式下点击线段即可恢复。

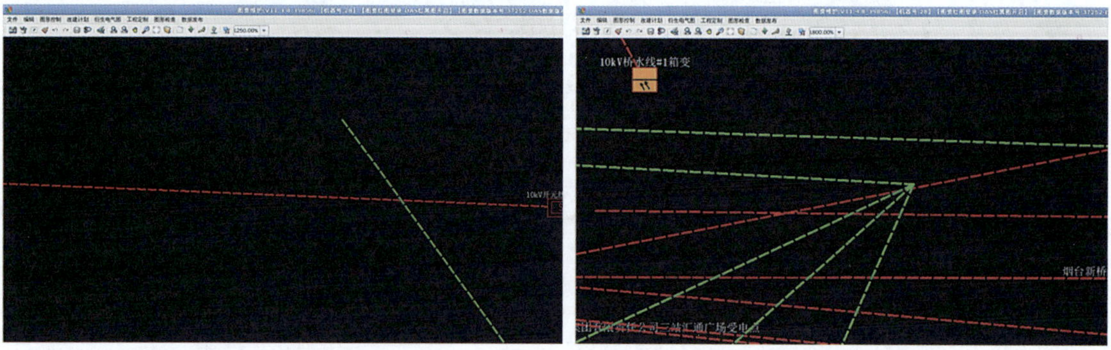

图 9-7　导入后图资系统断线恢复 2

（3）点击断线时，提示"当前设备与关联线路的坐标不一致，程序已经强制矫正成功"。点击一次只能矫正一条断线，如图 9-8 所示情况需点击矫正多次。

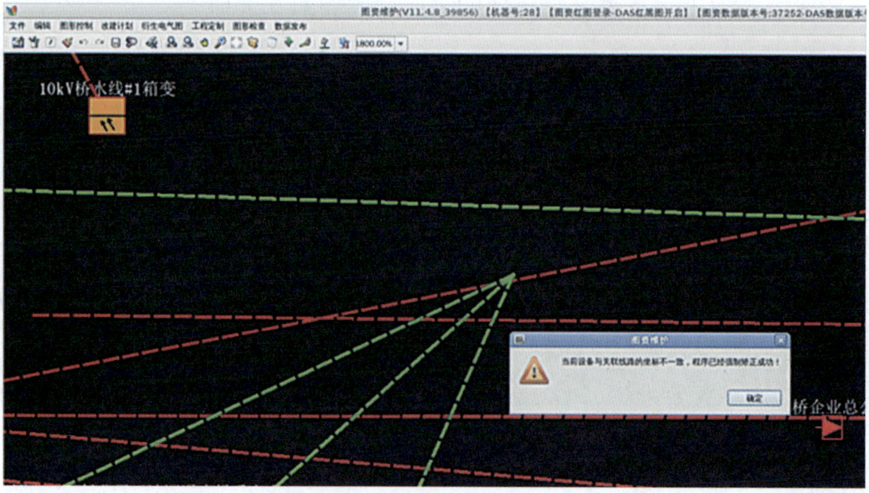

图 9-8　图资系统强制矫正

9.4　工作站异常问题排查作业指导

DAS 工作站启动进度条停在中途长时间不动，DAS 程序无法启动时，检查网络是否畅通，在工作站打开终端 ping 服务器或其他运行正常的工作站 IP。启动错误示例如图 9-9 所示，ping 地址如图 9-10 所示。

图 9-9　启动错误示例

```
yt1-cr01{ha2}[1]: ping 210.10.1.201
PING 210.10.1.201 (210.10.1.201) 56(84) bytes of data.
64 bytes from 210.10.1.201: icmp_req=1 ttl=64 time=2.08 ms
64 bytes from 210.10.1.201: icmp_req=2 ttl=64 time=0.427 ms
```

图 9-10　ping 地址

（1）在终端输入"ip a"可查看本机 IP，查看 IP 地址如图 9-11 所示。

```
yt1-cr16{ha2}[1]: ip a
1: lo: <LOOPBACK,UP,LOWER_UP> mtu 65536 qdisc noqueue state UNKNOWN
    link/loopback 00:00:00:00:00:00 brd 00:00:00:00:00:00
    inet 127.0.0.1/8 scope host lo
2: eth4: <BROADCAST,MULTICAST> mtu 1500 qdisc noop state DOWN qlen 1000
    link/ether a4:ae:11:1b:dd:2f brd ff:ff:ff:ff:ff:ff
3: eth3: <BROADCAST,MULTICAST> mtu 1500 qdisc noop state DOWN qlen 1000
    link/ether b4:96:91:b8:e6:ae brd ff:ff:ff:ff:ff:ff
4: eth2: <NO-CARRIER,BROADCAST,MULTICAST,SLAVE,UP> mtu 1500 qdisc mq master bond0 state DOWN qlen 1000
    link/ether b4:96:91:b8:e6:b5 brd ff:ff:ff:ff:ff:ff
5: eth5: <BROADCAST,MULTICAST> mtu 1500 qdisc noop state DOWN qlen 1000
    link/ether a4:ae:11:1b:dd:2e brd ff:ff:ff:ff:ff:ff
6: eth1: <BROADCAST,MULTICAST> mtu 1500 qdisc noop state DOWN qlen 1000
    link/ether b4:96:91:b8:e6:b4 brd ff:ff:ff:ff:ff:ff
7: eth0: <BROADCAST,MULTICAST,SLAVE,UP,LOWER_UP> mtu 1500 qdisc mq master bond0 state UP qlen 1000
    link/ether b4:96:91:b8:e6:b5 brd ff:ff:ff:ff:ff:ff
8: bond0: <BROADCAST,MULTICAST,MASTER,UP,LOWER_UP> mtu 1500 qdisc noqueue state UP
    link/ether b4:96:91:b8:e6:b5 brd ff:ff:ff:ff:ff:ff
    inet 210.10.1.126/24 brd 210.10.1.255 scope global bond0
yt1-cr16{ha2}[2]:
```

图 9-11　查看 IP 地址

（2）DAS 工作站前置程序卡死无法关闭时，打开终端输入 ps-ef |grep QZF，查找到进程的 ID，通过 kill -9 命令强制后台关闭。查找前置程序 ID 并关闭如图 9-12 所示。

```
yt1-cr01{ha2}[6]:
yt1-cr01{ha2}[6]: ps -ef | grep QZF
ha2        16361        1 28 10:32 ?          00:00:06 java -jar -Xms128M -Xmx256M QZF-3300.jar
ha2        16442    15925  0 10:33 pts/3      00:00:00 grep QZF
yt1-cr01{ha2}[7]: kill -9 16361
yt1-cr01{ha2}[8]:
```

图 9-12　查找前置程序 ID 并关闭

（3）图资程序重启时提示程序已运行，但是实际并无登录界面时，可打开终端通过 ps-ef |grep AMG 命令，查找到程序 ID，通过 kill 命令后台关闭。查找图资程序 ID 并关闭如图 9-13 所示。

```
yt1-cr01{ha2}[1]: ps -ef |grep AMG
ha2        15295    15162  0 10:27 pts/2      00:00:00 grep AMG
ha2       293754        1  0 Jan09 ?          00:00:00 /bin/sh /home/h-a2/vl/home/ams/bin/AMGraphAsset.sh
ha2       293763   293754  1 Jan09 ?          00:18:01 /home/h-a2/vl/home/ams/bin/AMGraphAsset
yt1-cr01{ha2}[2]: kill 293754 293763
```

图 9-13　查找图资程序 ID 并关闭

9.5　终端异常问题排查作业指导（三遥问题）

（1）遥信和遥测数目是否配置太小，站外设备遥信数目最大 500，遥测数目最大 300。变电站遥信数目最大 2000，遥测数目最大 800。超过最大值会发布失败。配置太小会导致现场的变位在界面不显示。终端配置遥信数目和遥测数目如图 9-14 所示。

（2）遥测标签显示为白色且不刷新时，图资重新建计划圈该线路发布到 DAS 并数据登录。

（3）事故信号和一般信号区分清楚，一般信号无法启动 FA。配置事故信号的遥信名称只能以一种保护命名，不可一个遥信名称体现多种保护，例如"过电流/零序/速断"。遥信列表中逻辑种别如图 9-15 所示。

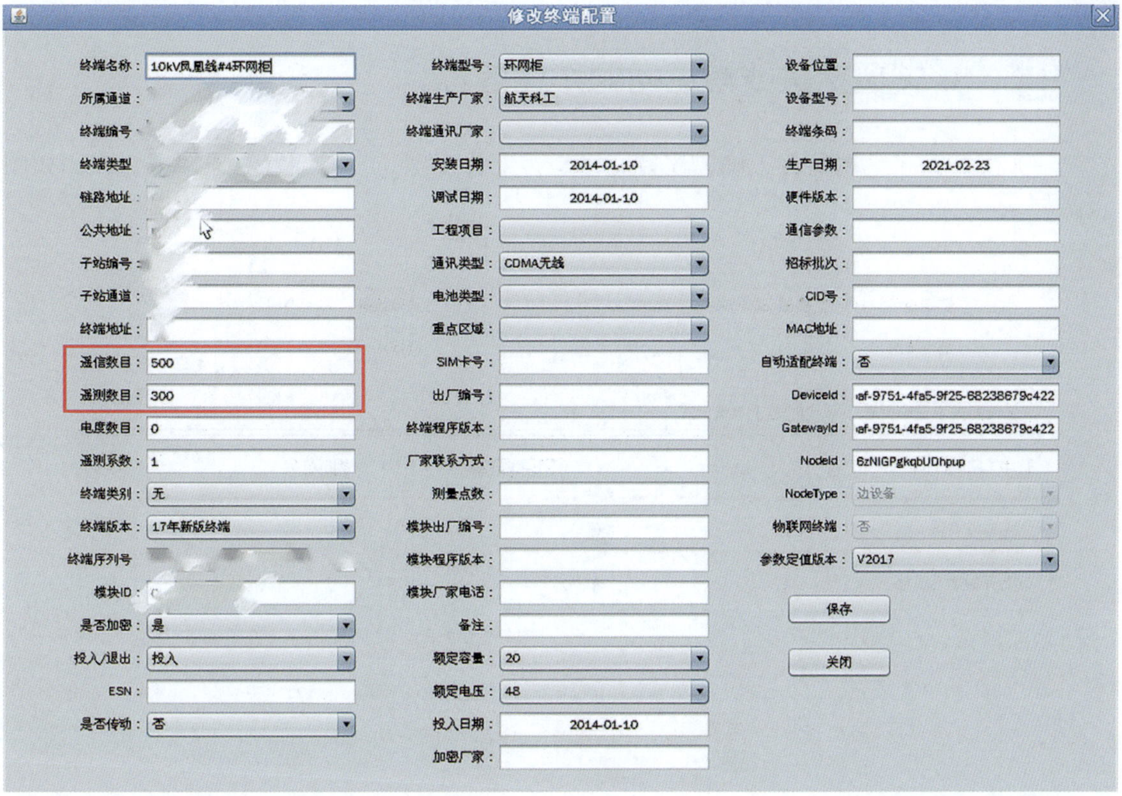

图 9-14　终端配置遥信数目和遥测数目

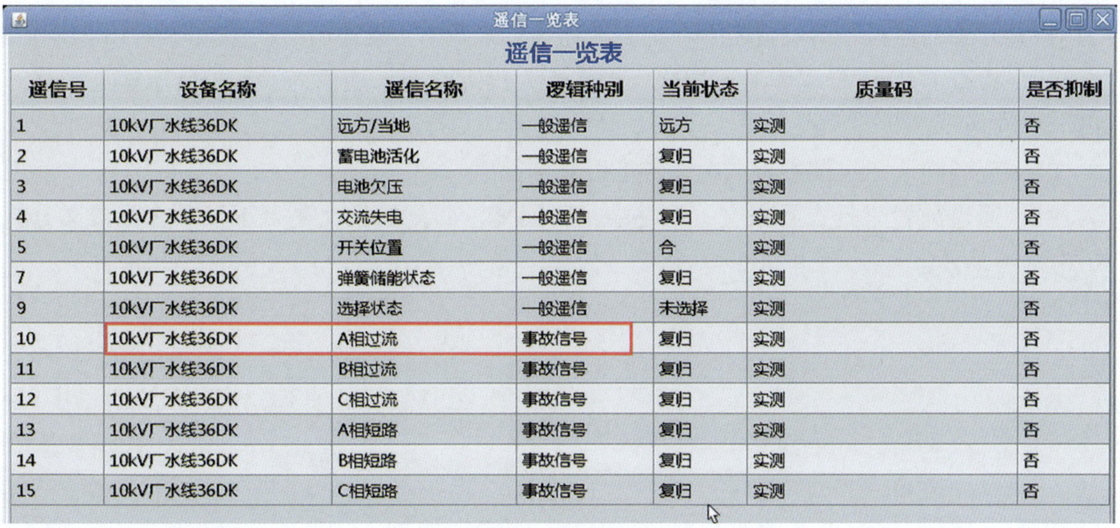

遥信一览表

遥信号	设备名称	遥信名称	逻辑种别	当前状态	质量码	是否抑制
1	10kV厂水线36DK	远方/当地	一般遥信	远方	实测	否
2	10kV厂水线36DK	蓄电池活化	一般遥信	复归	实测	否
3	10kV厂水线36DK	电池欠压	一般遥信	复归	实测	否
4	10kV厂水线36DK	交流失电	一般遥信	复归	实测	否
5	10kV厂水线36DK	开关位置	一般遥信	合	实测	否
7	10kV厂水线36DK	弹簧储能状态	一般遥信	复归	实测	否
9	10kV厂水线36DK	选择状态	一般遥信	未选择	实测	否
10	10kV厂水线36DK	A相过流	事故信号	复归	实测	否
11	10kV厂水线36DK	B相过流	事故信号	复归	实测	否
12	10kV厂水线36DK	C相过流	事故信号	复归	实测	否
13	10kV厂水线36DK	A相短路	事故信号	复归	实测	否
14	10kV厂水线36DK	B相短路	事故信号	复归	实测	否
15	10kV厂水线36DK	C相短路	事故信号	复归	实测	否

图 9-15　遥信列表中逻辑种别

9.6 终端遥控失败常见问题作业指导

（1）核查关联终端是否正确，遥控点号是否配置正确。三遥配置 – 遥控配置界面如图9–16所示。

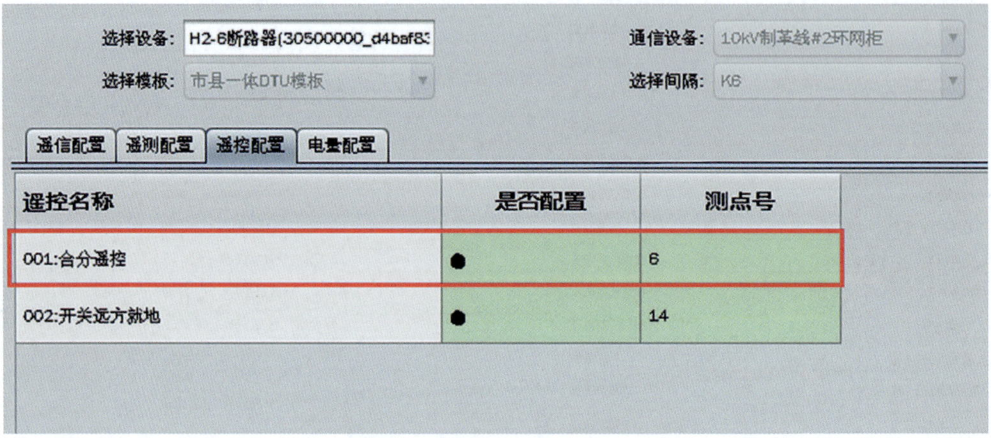

图9–16 三遥配置 – 遥控配置界面

（2）核查图资侧是否配置遥控权限。终端运行参数 – 是否遥控配置界面如图9–17所示。

（3）DTU检查设备本体的遥控手柄位置是否在远方，间隔的遥控手柄位置是否在远方。FTU检查开关的遥控手柄位置是否在远方。遥信列表远方/就地遥信状态如图9–18所示。

（4）检查DTU设备本体的遥控软压板是否为投入状态。遥信列表遥控软压板遥信状态如图9–19所示。

（5）现场确认一次设备与二次设备是否兼容。

（6）通过前置工具查看报文，看终端是否回复，回复的报文是否正确。前置报文分析如图9–20所示。

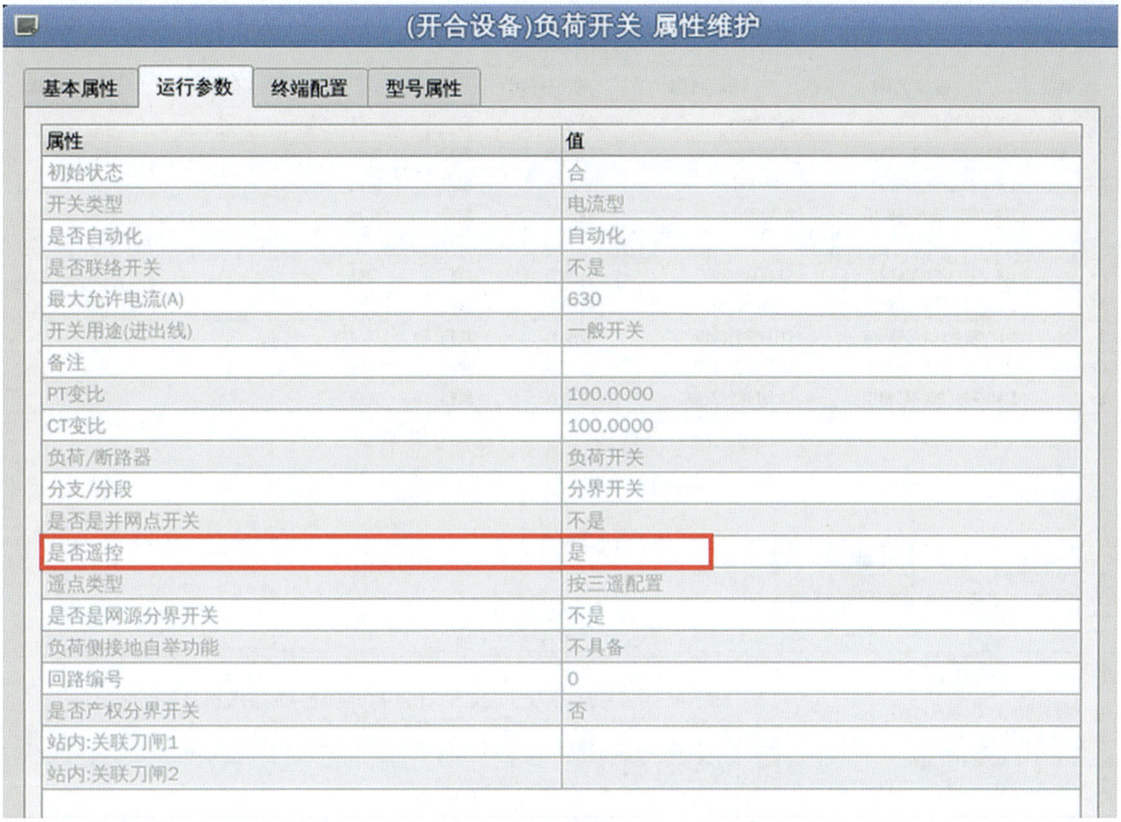

(开合设备)负荷开关 属性维护

基本属性　运行参数　终端配置　型号属性

属性	值
初始状态	合
开关类型	电流型
是否自动化	自动化
是否联络开关	不是
最大允许电流(A)	630
开关用途(进出线)	一般开关
备注	
PT变比	100.0000
CT变比	100.0000
负荷/断路器	负荷开关
分支/分段	分界开关
是否是并网点开关	不是
是否遥控	是
遥点类型	按三遥配置
是否是网源分界开关	不是
负荷侧接地自举功能	不具备
回路编号	0
是否产权分界开关	否
站内:关联刀闸1	
站内:关联刀闸2	

图 9–17　终端运行参数 – 是否遥控配置界面

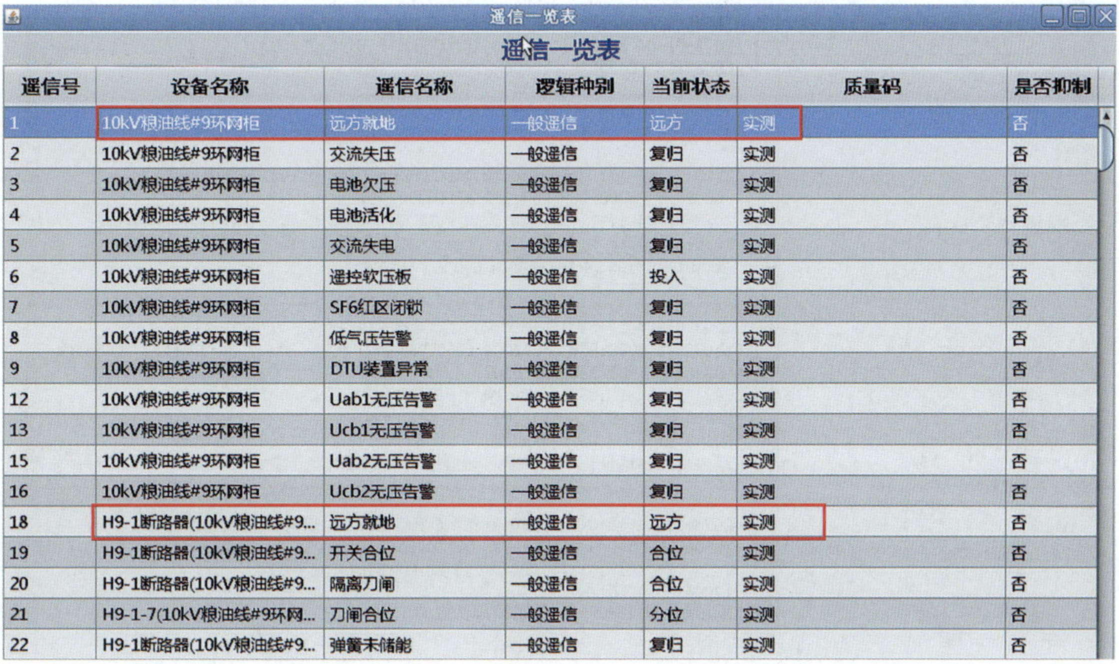

遥信一览表

遥信号	设备名称	遥信名称	逻辑种别	当前状态	质量码	是否抑制
1	10kV粮油线#9环网柜	远方就地	一般遥信	远方	实测	否
2	10kV粮油线#9环网柜	交流失压	一般遥信	复归	实测	否
3	10kV粮油线#9环网柜	电池欠压	一般遥信	复归	实测	否
4	10kV粮油线#9环网柜	电池活化	一般遥信	复归	实测	否
5	10kV粮油线#9环网柜	交流失电	一般遥信	复归	实测	否
6	10kV粮油线#9环网柜	遥控软压板	一般遥信	投入	实测	否
7	10kV粮油线#9环网柜	SF6红区闭锁	一般遥信	复归	实测	否
8	10kV粮油线#9环网柜	低气压告警	一般遥信	复归	实测	否
9	10kV粮油线#9环网柜	DTU装置异常	一般遥信	复归	实测	否
12	10kV粮油线#9环网柜	Uab1无压告警	一般遥信	复归	实测	否
13	10kV粮油线#9环网柜	Ucb1无压告警	一般遥信	复归	实测	否
15	10kV粮油线#9环网柜	Uab2无压告警	一般遥信	复归	实测	否
16	10kV粮油线#9环网柜	Ucb2无压告警	一般遥信	复归	实测	否
18	H9-1断路器(10kV粮油线#9...	远方就地	一般遥信	远方	实测	否
19	H9-1断路器(10kV粮油线#9...	开关合位	一般遥信	合位	实测	否
20	H9-1断路器(10kV粮油线#9...	隔离刀闸	一般遥信	合位	实测	否
21	H9-1-7(10kV粮油线#9环网...	刀闸合位	一般遥信	分位	实测	否
22	H9-1断路器(10kV粮油线#9...	弹簧未储能	一般遥信	复归	实测	否

图 9–18　遥信列表远方 / 就地遥信状态

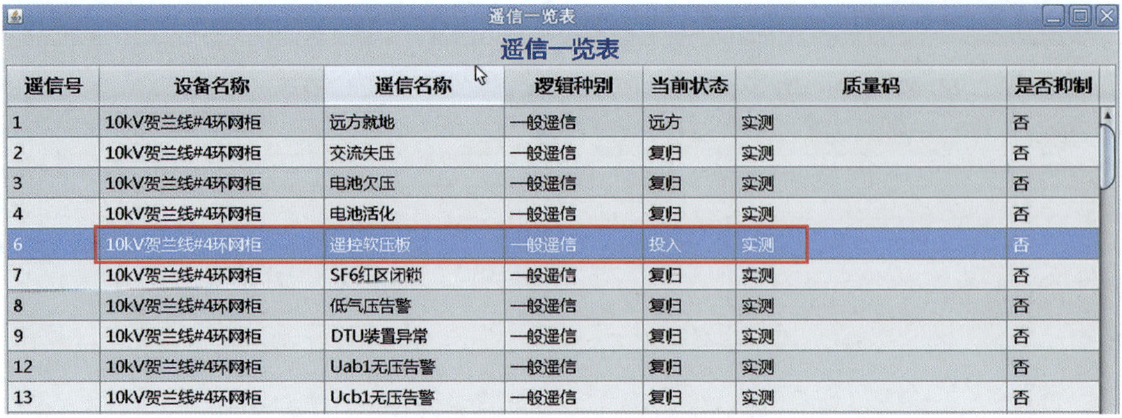

遥信一览表

遥信号	设备名称	遥信名称	逻辑种别	当前状态	质量码	是否抑制
1	10kV贺兰线#4环网柜	远方就地	一般遥信	远方	实测	否
2	10kV贺兰线#4环网柜	交流失压	一般遥信	复归	实测	否
3	10kV贺兰线#4环网柜	电池欠压	一般遥信	复归	实测	否
4	10kV贺兰线#4环网柜	电池活化	一般遥信	复归	实测	否
6	10kV贺兰线#4环网柜	遥控软压板	一般遥信	投入	实测	否
7	10kV贺兰线#4环网柜	SF6红区闭锁	一般遥信	复归	实测	否
8	10kV贺兰线#4环网柜	低气压告警	一般遥信	复归	实测	否
9	10kV贺兰线#4环网柜	DTU装置异常	一般遥信	复归	实测	否
12	10kV贺兰线#4环网柜	Uab1无压告警	一般遥信	复归	实测	否
13	10kV贺兰线#4环网柜	Ucb1无压告警	一般遥信	复归	实测	否

图 9-19　遥信列表遥控软压板遥信状态

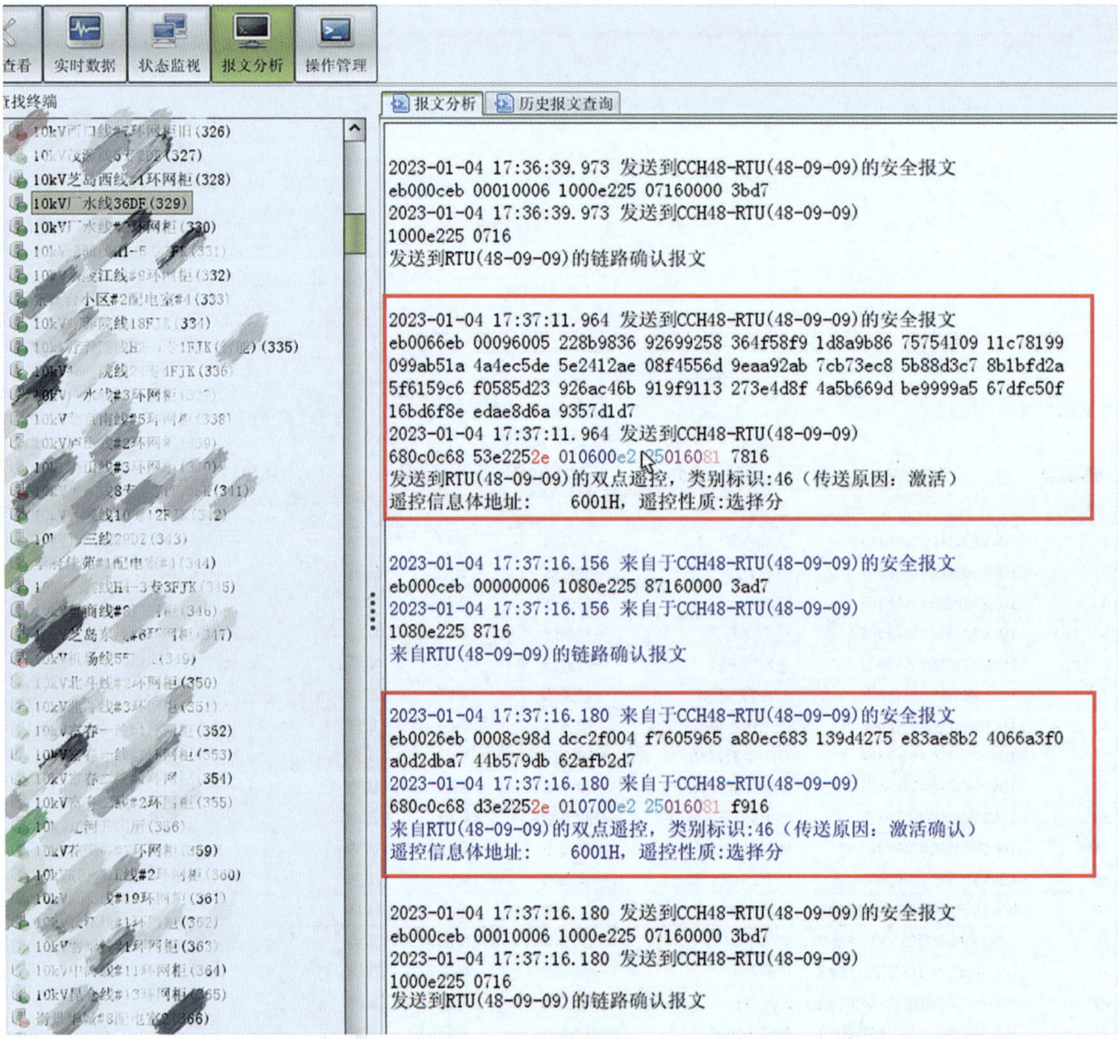

图 9-20　前置报文分析

9.7　可疑遥信排查

（1）配网监视菜单下的“频繁动作信号记录”功能，该功能统计当前遥信动作越限的设备和具体越限的遥信，高频的遥信变位会影响系统运行。发现终端缺陷必须及时消缺。对于特别高频的抖动又无法马上到现场消缺的终端，若是 DTU 需要在图资侧将抖动的遥信点去掉，若是 FTU 可以在图资侧临时改成非智能。频繁动作信号记录菜单如图 9–21 所示。

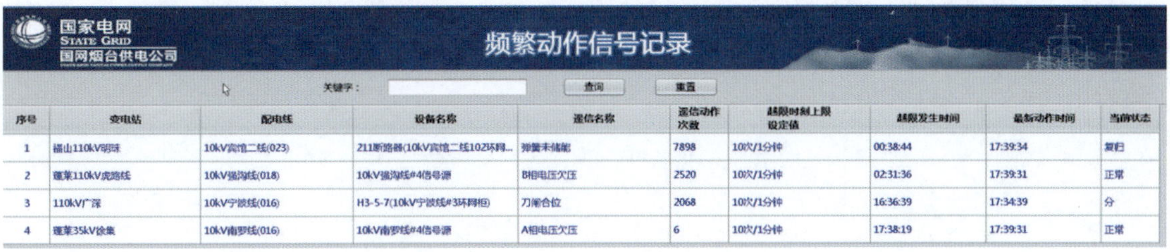

序号	变电站	配电线	设备名称	遥信名称	遥信动作次数	越限时刻上限设定值	越限发生时间	最新动作时间	当前状态
1	福山110kV明珠	10kV宾馆二线(023)	211断路器(10kV宾馆二线102环网...	弹簧未储能	7898	10次/1分钟	00:38:44	17:39:34	复归
2	蓬莱110kV虎路线	10kV强沟线(018)	10kV强沟线#4信号源	B相电压欠压	2520	10次/1分钟	02:31:36	17:39:31	正常
3	110kV广深	10kV宁波线(016)	H3-5-7(10kV宁波线#3环网柜)	刀闸合位	2068	10次/1分钟	16:36:39	17:34:39	分
4	蓬莱35kV徐集	10kV南罗线(016)	10kV南罗线#4信号源	A相电压欠压	6	10次/1分钟	17:38:19	17:39:31	正常

图 9–21　频繁动作信号记录菜单

（2）配网监视菜单下的“可疑故障信息”功能，该功能统计当前时刻保护信号处于动作状态但是未启动 FA 的终端，发现问题需要及时消缺；若跳闸前保护信号已动作，将会影响 FA 的启动和故障区间判断。可疑故障信息菜单如图 9–22 所示。

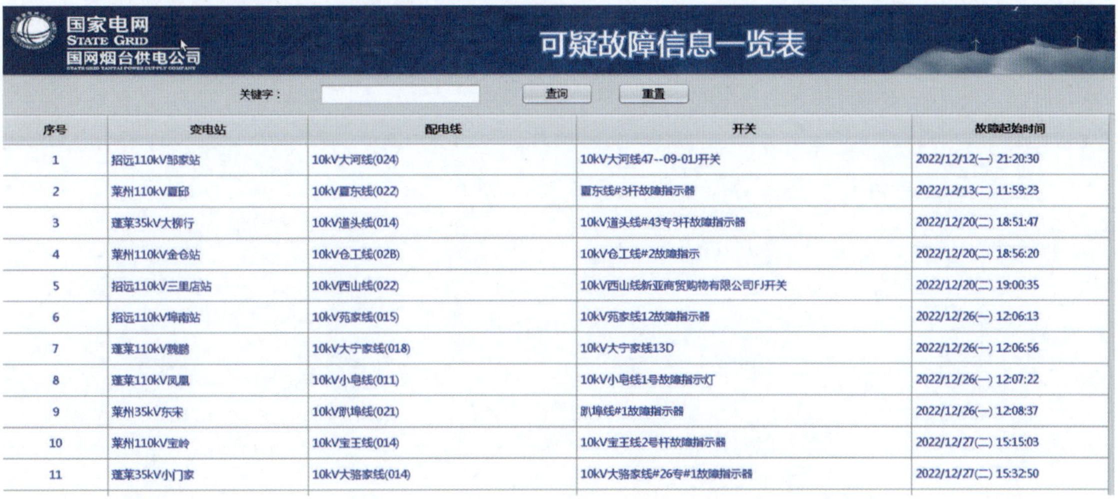

序号	变电站	配电线	开关	故障起始时间
1	招远110kV邹家站	10kV大河线(024)	10kV大河线47--09-01J开关	2022/12/12(一) 21:20:30
2	莱州110kV夏邱	10kV夏东线(022)	夏东线#3杆故障指示器	2022/12/13(二) 11:59:23
3	蓬莱35kV大柳行	10kV道头线(014)	10kV道头线#43专3杆故障指示器	2022/12/20(二) 18:51:47
4	莱州110kV金仓站	10kV仓工线(02B)	10kV仓工线#2故障指示	2022/12/20(二) 18:56:20
5	招远110kV三里店站	10kV西山线(022)	10kV西山线新亚商贸购物有限公司FJ开关	2022/12/20(二) 19:00:35
6	招远110kV埠南站	10kV苑家线(015)	10kV苑家线12故障指示器	2022/12/26(一) 12:06:13
7	蓬莱110kV魏鹏	10kV大宁家线(018)	10kV大宁家线13D	2022/12/26(一) 12:06:56
8	蓬莱110kV凤凰	10kV小皂线(011)	10kV小皂线1号故障指示灯	2022/12/26(一) 12:07:22
9	莱州35kV东宋	10kV趴埠线(021)	趴埠线#1故障指示器	2022/12/26(一) 12:08:37
10	莱州110kV宝岭	10kV宝王线(014)	10kV宝王线2号杆故障指示器	2022/12/27(二) 15:15:03
11	蓬莱35kV小门家	10kV大骆家线(014)	10kV大骆家线#26专#1故障指示器	2022/12/27(二) 15:32:50

图 9–22　可疑故障信息菜单

（3）配网监视菜单下的“可疑遥信”功能，该功能统计一段时间内事故信号动作但未启动 FA 的设备以及动作的具体遥信名。可疑遥信菜单如图 9–23 所示。

序号	遥信动作时间	变电站	配电线	设备名称	遥信名称
1	2023-01-04 17:24:58	莱州35kV城东	10kV滨河线	14开关(10kV滨河线世纪华府101环网箱)	过流二段
2	2023-01-04 17:11:48	莱州110kV西由	10kV光明线	光明线#1故障指示器	故指B相接地
3	2023-01-04 16:45:55	蓬莱110kV许马	10kV轿庄线	01(10kV轿庄线甸发2分201环网柜)	线路故障告警
4	2023-01-04 16:33:43	莱州35kV城东	10kV滨河线	14开关(10kV滨河线世纪华府101环网箱)	零序一段
5	2023-01-04 16:06:27	莱州35kV城东	10kV滨河线	14开关(10kV滨河线世纪华府101环网箱)	零序一段告警
6	2023-01-04 16:00:58	蓬莱110kV许马	10kV轿庄线	01(10kV轿庄线甸发2分201环网柜)	线路故障告警
7	2023-01-04 15:51:33	蓬莱110kV许马	10kV轿庄线	01(10kV轿庄线甸发2分201环网柜)	线路故障告警
8	2023-01-04 15:41:54	蓬莱35kV大柳行	10kV磁山线	10kV磁山线#19开关故障指示器	接地故障总
9	2023-01-04 15:15:30	蓬莱110kV许马	10kV轿庄线	01(10kV轿庄线甸发2分201环网柜)	线路故障告警

图 9-23 可疑遥信菜单